Hydrogeologische Gelände-
und Kartiermethoden

Wilhelm G. Coldewey • Patricia Göbel

Hydrogeologische Gelände- und Kartiermethoden

Wilhelm G. Coldewey
LS für Angewandte Geologie
Universität Münster Geologisch-
 Paläontologisches Inst.
Münster, Deutschland

Patricia Göbel
Geologisch-Paläontologisches Institut
Westfälische Wilhelms-Universität
Münster, Deutschland

ISBN 978-3-8274-1788-6
DOI 10.1007/978-3-8274-2728-1

ISBN 978-3-8274-2728-1 (eBook)

Die Deutsche Nationalbibliothek verzeichnet diese Publikation in der Deutschen Nationalbibliografie; detaillierte bibliografische Daten sind im Internet über http://dnb.d-nb.de abrufbar.

Springer Spektrum
© Springer-Verlag Berlin Heidelberg 2015
Das Werk einschließlich aller seiner Teile ist urheberrechtlich geschützt. Jede Verwertung, die nicht ausdrücklich vom Urheberrechtsgesetz zugelassen ist, bedarf der vorherigen Zustimmung des Verlags. Das gilt insbesondere für Vervielfältigungen, Bearbeitungen, Übersetzungen, Mikroverfilmungen und die Einspeicherung und Verarbeitung in elektronischen Systemen.

Die Wiedergabe von Gebrauchsnamen, Handelsnamen, Warenbezeichnungen usw. in diesem Werk berechtigt auch ohne besondere Kennzeichnung nicht zu der Annahme, dass solche Namen im Sinne der Warenzeichen- und Markenschutz-Gesetzgebung als frei zu betrachten wären und daher von jedermann benutzt werden dürften.

Planung und Lektorat: Merlet Behncke-Braunbeck, Dr. Christoph Iven, Carola Lerch
Redaktion: Dr. Peter Pascaly
Foto auf Seite II: © Frank Bartschat

Gedruckt auf säurefreiem und chlorfrei gebleichtem Papier

Springer Spektrum ist eine Marke von Springer DE. Springer DE ist Teil der Fachverlagsgruppe Springer Science+Business Media.
www.springer-spektrum.de

Vorwort

Gelände- und Kartierarbeiten stellen die wichtigsten Grundlagen für die Bearbeitung hydrogeologischer Fragestellungen dar. Hierbei sind alle im Gelände und beim Kartieren beobachteten Details und deren Deutung im Hinblick auf das Grundwasser und die hydrogeologischen Prozesse als Basis späterer Aussagen in Gutachten, Berichten und Veröffentlichungen zu dokumentieren.

Der Inhalt dieses Buches beruht auf den Erfahrungen des Erstautors im Bereich der Consulting-Tätigkeit, der hydrogeologischen Kartierung und der Kartenerstellung. Insbesondere sind die Erfahrungen zu nennen, die bei der Erstellung des Hydrologischen Kartenwerkes des Rheinisch-Westfälischen Steinkohlenbezirks, herausgegeben, von der Westfälischen Berggewerkschaftskasse, Bochum (heute Deutsche Montan Technologie GmbH & Co. KG (DMT), Essen) gewonnen wurden. Somit stellt diese Publikation auch eine Würdigung der Verdienste der Mitarbeiterinnen und Mitarbeiter dieses in vieler Hinsicht bemerkenswerten Kartenwerkes dar. Die Zweitautorin bringt ihre umfangreichen Erfahrungen aus den Bereichen der Gelände- und Laboruntersuchungen im Rahmen der studentischen Ausbildung und der Erwachsenen-Weiterbildung ein. Bei der Beschreibung der verschiedenen Messverfahren wurden bewusst auch einfache Methoden dargestellt, die geeignet sind, die Kosten für die Geländeuntersuchungen zu minimieren und Messungen auch unter einfachsten Bedingungen, z.B. in Entwicklungsländern, zu ermöglichen.

Von zahlreichen Kollegen haben wir Hilfe und Anregungen erhalten; so überarbeiteten folgende Autoren Kapitel aus ihrem Fachbereich: Dr.-Ing. Peter Goerke-Mallet „Höhen und Abstandsmessung des Geländes und der Gewässer", Prof. Dr.-Ing. Ulrich Maniak „Abflussmessung", Prof. Dr. Julius Werner „Messung der Wasserhaushaltsgrößen" und M.Sc.-Geow. Sebastian Westermann „Geohydraulik". Herzlich danken wir Frau M.Sc.-Geow. Ilka Delbanco, Herrn Prof. Dr.-Ing. Albert Jogwich†, Herrn Dr. Peter Pascaly, Herrn M.Sc.-Geow. Marius Römer, Frau Dipl.-Geol. Melanie Schwermann und Herrn MSc.-Geow. Dominik Wesche, die ihr Fachwissen und ihre Sorgfalt beim Schreiben der Texte und ihrer Durchsicht einbrachten und damit eine große Hilfe waren. Folgende Herren waren bereit, für ihr Fachgebiet Korrektur zu lesen: Michael Czechanowski, Dipl.-Wirtsch.-Ing., MBM Thomas Engstle, Dipl.-Geol. Jörg Hammer, Dr. Daniel Lattner, Frank Lehmann, Uwe Neuffer, Dr. Klaus Reithmayer und Dipl.-Ing. Stefan Siedschlag. Danken möchten wir Herrn B.A. Marcel Kreuzer und Frau Dipl.-Des. Barbara Fister für die Erstellung der zahlreichen neuen Abbildungen. Zur Reduzierung des Verkaufspreises wurde das Buch in einer druckfertigen Version durch die Autoren und ihre Mitarbeiterinnen und Mitarbeiter mit dem Programm InDesign erstellt. Allen Helfern gilt unser herzlichster Dank. Des Weiteren danken wir dem Verlag für die Unterstützung und Hilfe beim Druck.

Die Autoren sind zur Verbesserung zukünftiger Auflagen für jede konstruktive Kritik dankbar. Möge das vorliegende Buch dem Studierenden zur notwendigen Vertiefung seiner Geländeausbildung dienlich sein und den Praktiker bei seiner komplexen hydrogeologischen Arbeit im Gelände erfolgreich unterstützen.

Münster, Juli 2014
Wilhelm G. Coldewey, Patricia Göbel

Die Autoren

Anschrift der Autoren:
Prof. Dr. Wilhelm Georg Coldewey
Institut für Geologie und Paläontologie
Westfälische Wilhelms-Universität Münster
Corrensstr. 24
D-48149 Münster

PD Dr. Patricia Göbel
Abteilung Angewandte Geologie
Institut für Geologie und Paläontologie
Westfälische Wilhelms-Universität Münster
Corrensstr. 24
D-48149 Münster

Inhaltsverzeichnis

Vorwort		V
Inhaltsverzeichnis		VII
Abbildungsverzeichnis		X
Tabellenverzeichnis		XIII
Abkürzungen und Formelzeichen		XIV
Abkürzungen		XIV
Formelzeichen, Einheiten und Größen		XIV
1	Einleitung	1
2	Beschreibung der Messmethoden und -geräte	2
2.1	Höhen- und Abstandsmessung des Geländes und der Gewässer	2
2.1.1	Vorhandene Geländehöhen	4
2.1.2	Höhenmesser	5
2.1.3	Positionsbestimmungsgerät	5
2.1.4	Wasserwaage	6
2.1.5	Schlauchwaage	7
2.1.6	Nivelliergerät	8
2.2	Bestimmung der Gewässerabmessungen	10
2.2.1	Breite	11
2.2.2	Tiefe	11
2.2.3	Oberfläche	13
2.2.4	Strömungsquerschnitt	13
2.3	Grundwasserstandsmessung	15
2.3.1	Lot	18
2.3.2	Meterstab	19
2.3.3	Patscher	20
2.3.4	Brunnenpfeife	20
2.3.5	Tiefenlot	21
2.3.6	Elektrisches Lichtlot	23
2.3.7	Elektrisches Kabellichtlot	23
2.3.8	Messgeräte mit kontinuierlicher Registrierung	25
2.4	Flurabstandsmessung mittels Bohrungen	26
2.5	Messung der Wasserhaushaltsgrößen	30
2.5.1	Niederschlagsmessung	30
2.5.2	Verdunstungsmessung	33
2.5.3	Abflussmessung	36
2.6	Bestimmung der Vorflutereigenschaft eines Gewässers (Wechselwirkung zwischen Grundwasser und Oberflächenwasser)	67
2.6.1	Durchsickerungs-Messgerät	68
2.6.2	Minipiezometer	71
2.6.3	Schnitte an Oberflächengewässern	72

2.6.4	Vergleich von Abflussmessungen	72
2.6.5	Weitere Methoden der Abschätzung der Durchsickerung	72
2.7	Messungen der hydrochemischen Kenngrößen	74
2.7.1	Probennahmestellen	76
2.7.2	Probennahmegeräte	77
2.7.3	Probennahme	81
2.7.4	Vor-Ort-Analytik	82
2.7.5	Maßnahmen zur Stabilisierung und Konservierung von Wasserproben	86
2.8	Bestimmung der geohydraulischen Kenngrößen	92
2.8.1	Kurzzeitpumpversuch	95
2.8.2	Auffüllversuch	97
2.9	Messung der geophysikalischen Kenngrößen	101
3	Bestandsaufnahme	103
3.1	Sammlung von Daten	103
3.1.1	Topographische Informationen	104
3.1.2	Geologische Informationen	105
3.1.3	Hydrogeologische Informationen / Grundwasser	106
3.1.4	Hydrologische Informationen / Oberflächenwasser	106
3.1.5	Klimatische Informationen / Niederschlag und Verdunstung	107
3.1.6	Luft- und Satellitenbilder	107
3.1.7	Veröffentlichungen / Berichte / Gutachten	107
3.1.8	Befragung der Öffentlichkeit	108
3.2	Zusammenstellung der gesammelten Daten	108
3.3	Vorauswertung und Evaluierung der Daten	110
3.4	Vorbereitung der Geländearbeiten	110
3.5	Geographisches Informationssystem	110
3.6	Aufbewahrung und Sicherung	112
4	Geländearbeiten	113
4.1	Allgemeine Gesichtspunkte der Geländeaufnahme	113
4.2	Vorbereitungen	113
4.2.1	Übersichtsbegehung	114
4.2.2	Untersuchungsprogramm / Messprogramm	115
4.2.3	Organisation der Geländearbeiten	116
4.2.4	Überprüfung des Messnetzes	116
4.3	Durchführung der Geländearbeiten	117
4.3.1	Öffnung von Brunnenabdeckungen und Grundwassermessstellen	117
4.3.2	Funktionsprüfung einer Grundwassermessstelle	118
4.4	Durchführung der Kartierarbeiten	119
4.4.1	Kartierung geologischer Strukturen (Festgesteine / Lockergesteine) mit hydrogeologischer Relevanz	119
4.4.2	Kartierung oberirdischer Gewässer (Vorflutfunktion, Kolmation, Leakage)	120
4.4.3	Quellenkartierung	124
4.4.4	Flächendeckende Messung der Grundwasserstände (Stichtagsmessung, Durchführung von Messmethoden, Hydrogeologische Teilräume)	127

Inhaltsverzeichnis

4.4.5	Flächendeckende Ermittlung der Flurabstände	128
4.4.6	Abschätzung der Schwankungen der Grundwasserstände	128
4.4.7	Floristische und faunistische Hinweise	129
5	Auswertung und Darstellung der Daten	132
5.1	Auswertung der Daten	132
5.2	Archivplan	134
5.3	Nivellierplan	136
5.4	Geländehöhenplan	136
5.5	Grundwasserhöhenplan	138
5.6	Flurabstandsplan	142
5.7	Bohrplan	144
5.8	Probennahmeplan	144
5.9	Pläne der Wasserhaushaltsgrößen	147
6	Darstellung der Daten in Form von Karten und Schnitten	148
6.1	Hydrogeologische Karte	148
6.2	Hydrogeologischer Schnitt	150
6.3	Flurabstandskarte	151
6.4	Grundwasserdifferenzenkarte	153
6.5	Hydrochemische Karte	153
6.6	Wasserwirtschaftliche Karte	155
6.7	Karte der Wasserhaushaltsgrößen	155
6.8	Vulnerabilitätskarten	155
6.9	Konsequenzkarten	156
6.10	Nationale und internationale Hydrogeologische Kartenwerke	156
7	Erstellung von Berichten und Gutachten	157
8	Sicherheits- und Gesundheitshinweise	159
9	Literatur	163
9.1	Verwendete Literatur	163
9.2	Normen	166
9.3	Richtlinien und Merkblätter	167
9.3.1	Merkblätter des Deutschen Vereins des Gas- und Wasserfaches (DVGW)	167
9.3.2	Merkblätter der Deutschen Vereinigung für Wasserwirtschaft, Abwasser und Abfall e.V. (DWA)	167
9.3.3	Richtilinien der Bund/Länder-Arbeitsgemeinschaft Wasser (LAWA)	168
10	Adressen	169
10.1	Geologische Landesämter, Vermessungsämter, Umweltämter	169
10.2	Hersteller- und Lieferantenverzeichnis	172
10.3	Internetadressen	176
11	Anhang	177
12	Sachregister	218

Abbildungsverzeichnis

Abb. 2.1: Höhenmessung. Relative Höhenmessung am Gewässer. 1: Wasserwaage, 2: Schlauchwaage. 6

Abb. 2.2: Höhenmessung. Schlauchwaage. 7

Abb. 2.3: Höhenmessung. Nivelliergerät. 9

Abb. 2.4: Gewässerabmessungen. Strömungsquerschnitt. 1: Skizze Strömungsquerschnitt, 2: Ermittlung des Strömungsquerschnittes mittels Millimeterpapier, 3: Berechnung des Strömungsquerschnittes über Segmentberechnung, 4: Berechnung des Strömungsquerschnittes über Breiten- und Tiefenmessung. 14

Abb. 2.5: Messgrößen an Brunnen bzw. Grundwassermessstellen (HÖLTING & COLDEWEY 2013). 15

Abb. 2.6: Grundwasserstandsmessung. 1: Messgrößen an einer Messstelle in einem ungespannten Grundwasser, 2: Messgrößen an einer Messstelle in einem gespannten Grundwasser, 3: Messgrößen an einer Messstelle in einem artesisch gespannten Grundwasser (nach BRASSINGTON 1988). 17

Abb. 2.7: Grundwasserstandsmessung. Lot. 1: Messprinzip mit Lotkörper und Bindfaden, 2: Messprinzip bei räumlicher Enge mit Schraube als Lotkörper, 3: Selbstgebauter Schwimmer als Lotkörper. 19

Abb. 2.8: Grundwasserstandsmessung. Meterstab. 1: Messprinzip mit Meterband, 2: Detailskizze Übergang Messband-Meterstab, 3: Messprinzip mit Meterstab. 19

Abb. 2.9: Grundwasserstandsmessung. Patscher. 1: Skizze Patscher, 2: Skizze eines im oberen Teil beschwerten Patschers, 3: Skizze selbstgebauter Patscher aus Blechdose. 20

Abb. 2.10: Grundwasserstandsmessung. Brunnenpfeife. 1: Brunnenpfeife in Grundwassermessstelle, 2: Detailskizze Brunnenpfeife. 21

Abb. 2.11: Grundwasserstandsmessung. Tiefenlot der Firma SEBA Hydrometrie GmbH & Co. KG. 1: Skizze des Tiefenlots Aufsicht, 2: Skizze des Tiefenlots Seitenansicht, 3-4: Messung des Grundwasserstandes, 5-6: Messung der Sohle. 22

Abb. 2.12: Grundwasserstandsmessung. Lichtlot. 1: Detailskizze Elektrisches Lichtlot, 2: Messprinzip Elektrisches Lichtlot in Grundwassermessstelle, 3: Detailskizze Elektrisches Kabellichtlot, 4: Messprinzip Elektrisches Kabellichtlot in Grundwassermessstelle. 24

Abb. 2.13: Grundwasserstandsmessung. Messgeräte mit kontinuierlicher Registrierung. Differenzdruckaufnehmer. 26

Abb. 2.14: Flurabstandsmessungen mittels Bohrungen. 1: Schlitzsondiergerät nach PÜRCKHAUER, 2: Schlitzsondiergerät nach LINNEMANN. 27

Abb. 2.15: Flurabstandsmessungen mittels Bohrungen. 1: Bohrprinzip für Schlitzsondiergerät nach PÜRCKHAUER, 2: Feststellung der Klopfnässe. 28

Abb. 2.16: Niederschlagsmessgeräte. 1: Regenmesser nach HELLMANN, 2: Niederschlagsschreiber, 3: Regenwippe nach HORN. 31

Abb. 2.17: Verdunstungsmessung. Messgeräte zur direkten Messung der potentiellen Verdunstung. 1: Verdunstungswaage, 2: Verdunstungskessel „Class A-Pan". 34

Abb. 2.18: Verdunstungsmessung. Messgeräte zur direkten Messung der tatsächlichen Verdunstung. Messung der Verdunstung mittels Verdunstungstunnels. 1: Ruhezustand in der Mittelstellung, 2: Absenkung des Tunnels auf der rechten Messfläche – Messzustand (nach WERNER). 35

Abb. 2.19: Abflussmessung. Behältermessung. 1: Messprinzip der Behältermessung an schmalen und tiefen Oberflächengewässern, 2: Messprinzip der Behältermessung an breiten und flachen Oberflächengewässern. 39

Abbildungsverzeichnis XI

Abb. 2.20: Fließgeschwindigkeiten in einem Gewässer. Schwankung der Fließgeschwindigkeit (in m/s) in Bezug zur Oberfläche des Gewässers, zur Sohle und zu den Seiten (verändert nach WARD & ELIOT 1995). 40

Abb. 2.21: Abflussmessung. Schwimmkörpermessung. Verschiedene Schwimmkörper. 1: Orange, 2: Angelschwimmer, 3: Kunststoffflasche, 4: Schwimmstab. 41

Abb. 2.22: Abflussmessung. Schwimmkörpermessung. Durchführung. 1: Eingabe des Schwimmkörpers, 2: Start der Messzeit, 3: Stopp der Messzeit, 4: Bergung des Schwimmkörpers und Rückgabe. 42

Abb. 2.23: Abflussmessung. Messung des Abflusses mittels Messwehr und Lattenpegel. 44

Abb. 2.24: Abflussmessung. Hydrometrischer Messflügel. 1: Skizze des Messflügels, 2: Foto Anwendung des Messflügels, 3-4: Darstellung der Messmethode. 49

Abb. 2.25: Abflussmessung. Hydrometrischer Messflügel. Auswertung der Abflussmessung. 53

Abb. 2.26: Abflussmessung. Staurohr. 1: Skizze des PRANDTL-Rohres, 2: Durchführung der Messung. 55

Abb. 2.27: Abflussmessung. Durchflussmessung. Messungen in der Druckrohrleitung. Messungen in der Druckrohr- und Freispiegelleitung. 1: Ausflussmessung aus horizontalem Rohr, 2: Ausflussmessung aus vertikalem Rohr. Messungen mit Gefäßen, 3: Gefäß mit Bodenauslass (Danaide), 4: Gefäß mit Seitenauslass, 5: Überfall-Messkasten. 58

Abb. 2.28: Abflussmessung. Wasserstandsmessung. Graph der Wasserstands-Abfluss-Beziehung für ein beliebiges Gewässer. 61

Abb. 2.29: Abflussmessung. Wasserstand. Lattenpegel. 1: Lattenpegel, 2: Treppenpegel. 62

Abb. 2.30: Abflussmessung. Wasserstand. Pegelschreiber. 1: Umlenkrolle mit Messlatte, 2: Umlenkrolle mit Digitalanzeige, 3: Umlenkrolle mit Trommelschreiber. 63

Abb. 2.31: Abflussmessung. Markierungsstoffe. Prinzip der Abflussmessung durch die gleichmäßige Zugabe eines Markierungsstoffes. 66

Abb. 2.32: Messung der Durchsickerung. Durchsickerungs-Messgerät. 1: Durchsickerungs-Messgerät in einem Oberflächengewässer, 2: Detailansicht, 3: Messsituation bei Effluenz, 4: Messsitation bei Influenz. 69

Abb. 2.33: Messung der hydrochemischen Kenngrößen. Probennahmegerät. Einfaches Schöpflot mit Bodenventil. 1: Eintauchen in die Wasseroberfläche, 2: Weiteres Ablassen in der Wassersäule und Durchströmen der Schöpflotes, 3: Hochziehen des Gerätes mit der Wasserprobe aus der entsprechenden Tiefe. 78

Abb. 2.34: Messung der hydrochemischen Kenngrößen. Schöpfgerät nach RUTTNER mit Ventilen. 1: Eintauchen in die Wasseroberfläche, 2: Weiteres Ablassen in der Wassersäule und Durchströmen, 3: Hochziehen des Gerätes mit der Wasserprobe aus der entsprechenden Tiefe. 78

Abb. 2.35: Probennahmegeräte. 1: Hubkolbenpumpe; 2: Unterwassermotorpumpe. 80

Abb. 2.36: Kurzzeitpumpversuch. Begriffe und Kenngrößen von Pumpversuchen. 1: Gespanntes Grund-wasser; 2: Freies Grundwasser (HÖLTING & COLDEWEY 2013). 97

Abb. 2.37: Auffüllversuch. 1: Open-End-Test, 2: Doppelring-Infiltrometerversuch (HÖLTING & COLDEWEY 2013). 99

Abb. 3.1: Geographisches Informationssystem. Verschneidung der Daten im GIS. 112

Abb. 4.1: Kolmationsgrad eines Sees mit Angabe des Schnittpunktes der Kippungslinie. 1: Schnitt durch einen See mit vollkommen offenen Seeufern (zugehöriger Schnitt in Abb. 4.2, Bild 3), 2: Schnitt durch einen See mit teilweise kolmatierten Seeufern (zugehöriger Schnitt in Abb. 4.2, Bild 4), 3: Schnitt durch einen See mit vollkommen kolmatierten Seeufern (verändert nach AKADEMISCHER NATURSCHUTZ UND LANDSCHAFTSPFLEGE 1980). 123

Abb. 4.2: Grundwasserhöhengleichen an einem See mit Angabe der Grundwasserfließrichtung (Pfeile) und Angabe der Kippungslinie (gestrichelte Linie). 1: Gleichen eines mit seiner Längsachse quer zur Grundwasserfließrichtung angeordneten rechteckigen Sees mit offenem Seeufer, 2: Gleichen eines mit seiner Längsachse quer zur Grundwasserfließrichtung angeordneten rechteckigen Sees mit kolmatiertem Seeufer, 3: Gleichen eines mit seiner Längsachse parallel zur Grundwasserfließrichtung angeordneten rechteckigen Sees mit offenem Seeufer, 4: Gleichen eines mit seiner Längsachse parallel zur Grundwasserfließrichtung angeordneten rechteckigen Sees mit kolmatiertem Seeufer. 124

Abb. 5.1: Schematisches Beispiel eines Plans der vorhandenen Grundwassermessstellen. 133
Abb. 5.2: Schematisches Beispiel eines Archivplans. 135
Abb. 5.3: Schematisches Beispiel eines Nivellierplans. 137
Abb. 5.4: Schematisches Beispiel eines Grundwasserhöhenplans. 141
Abb. 5.5: Schematisches Beispiel eines Flurabstandsplans. 143
Abb. 5.6: Schematisches Beispiel eines Bohrplans. 145
Abb. 5.7: Schematisches Beispiel eines Probennahmeplans. 146
Abb. 6.1 Schematisches Beispiel einer Hydrogeologischen Karte. 149
Abb. 6.2: Schematisches Beispiel Hydrogeologischer Schnitte. 150
Abb. 6.3: Schematische Darstellung der Flurabstände in der Umgebung eines Gewässers. 151
Abb. 6.4: Schematisches Beispiel einer Flurabstandskarte. 152
Abb. 6.5: Schematisches Beispiel einer Hydrochemischen Karte. 154

Tabellenverzeichnis

Tab. I:	Abkürzungen.	XIV
Tab. II:	Formelzeichen.	XV
Tab. 2.1:	Grundwasserstandsmessung. Angaben zum Einsatzbereich und Messgenauigkeit unterschiedlicher Messgeräte.	16
Tab. 2.2:	Grundwasserstandsmessung. Tiefenlot. Beispiel für eine Korrekturtabelle.	22
Tab. 2.3:	Geschlossener Kapillarraum und mittlerer scheinbarer Grundwasserstand (verändert nach AD-HOC-AG BODEN 2005).	29
Tab. 2.4:	Abflussmessungen. Messbereiche unterschiedlicher Messmethoden.	37
Tab. 2.5:	Abflussmessung. Schwimmkörpermessung. Beispielberechnung der durchschnittlichen Fließgeschwindigkeit im Gewässer von Abbildung 2.22 Bild 1.	43
Tab. 2.6:	Abflussmessung. Messwehre. Abmessungen des Ausschnittes zweier hyperbolischer Messwehre (KESSLER 1959).	46
Tab. 2.7:	Abflussmessung. Messwehre. Unterschiedliche Typen von Messwehren und deren Berechnungsgleichungen (verändert nach COLDEWEY & MÜLLER 1985.)	46
Tab. 2.8:	Abflussmessung. Hydrometrischer Messflügel. Beispiel für eine Kalibriertabelle.	51
Tab. 2.9:	Abflussmessung. Hydrometrischer Messflügel. Vereinfachte Auswertung der Abflussmessung mittels Tabellenkalkulationsprogramm.	54
Tab. 2.10:	Wertetabelle zur Ermittlung des Ausflusses $\dot{V}$ (m³/s) an einem horizontalen Auslass (verändert nach DRISCOLL 1995).	57
Tab. 2.11:	Wertetabelle zur Ermittlung des Abflusses (m³/s) an einem senkrechten Ausfluss (verändert nach DRISCOLL 1995).	59
Tab. 2.12:	Bestimmungen oder empfohlene Zusätze bei der Probennahme, Transport-, Lagerfähigkeit und Probengefäße (verändert nach DWA-A 909, 2011).	87
Tab. 2.13:	Geohydraulische Tests. Vor- und Nachteile (nach COLDEWEY & KRAHN 1991).	93
Tab. 4.1:	Übersichtsbegehung. Gesichtspunkte.	114
Tab. 4.2:	Abschätzung der Schwankungen des Grundwasserstandes aus der Färbung des Bodens nach DIN 4021, Teil 3 (aus AD-HOC-AG BODEN 2005).	134
Tab. 4.3:	Zeigerpflanzen der höheren Pflanzen in Abhängigkeit zum Wassergehalt des Bodens.	135
Tab. 5.1:	Haupttabelle der Grundwasserstände.	144

Abkürzungen und Formelzeichen

Abkürzungen

Tab. I: Abkürzungen.

Abkürzung	Bedeutung
MOZ	Mittlere Ortszeit
DWD	Deutscher Wetterdienst
DIN	Deutsches Institut für Normung e.V.
DMT	Deutsche Montan Technologie GmbH & Co. KG
MP	Messpunkt

Formelzeichen, Einheiten und Größen

Tab. II: Formelzeichen.

Formelzeichen	Bedeutung
A	Querschnittsfläche (m²)
b	Breite (m)
C	Bereichsfaktor (m)
c_1	Salzkonzentration im Oberstrom (mg/l)
c_2	Salzkonzentration im Unterstrom (mg/l)
c_s	Konzentration der Salzlösung (mg/l)
d	lichte Weite der Ausflussöffnung/Durchmesser (m)
g	Erdbeschleunigung (g = 9,81 m/s²)
h	Wasserstand im Behälter (m)
h_1	Stauhöhe/Wasserstand zum Zeitpunkt t_1 (m)

Abkürzungen und Formelzeichen

Formelzeichen	Bedeutung
h_2	Stauhöhe/Wasserstand zum Zeitpunkt t_2 (m)
Δh	Druckhöhenunterschied (m)
$\dot{h}_{Ao}$	Oberflächenabfluss (mm/a)
$\dot{h}_{Ad}$	Direktabfluss (mm/a)
$\dot{h}_{Ai}$	Zwischenabfluss/Interflow (mm/a)
$\dot{h}_{AGW}$	Basisabfluss, grundwasserbürtiger Abfluss bzw. Grundwasserneubildung (mm/a)
$\dot{h}_N$	Niederschlag (mm/a)
$\dot{h}_S$	Speicheränderung (Rücklage/Aufbrauch von Wasser) (mm/a)
$\dot{h}_V$	Evaporation/Verdunstung (mm/a)
$\dot{h}_Z$	Zuleitung/Entnahme von Wasser (mm/a)
i	Gefälle der Wasseroberfläche (m/m)
k_f	Durchlässigkeitsbeiwert (m/s)
l	Mächtigkeit (m)
l_{Bl}	Länge der Filterstrecke im Brunnen (m)
n	Rauhigkeitsfaktor (Manning-Wert) (-)
r	hydraulischer Radius (m)
r_{BL}	Radius des Brunnens (m)
s	Absenkung (m)
T_{GW}	Transmissivität (m²/s)
t_1	Zeitpunkt zu Beginn (s)
t_2	Zeitpunkt am Ende oder im stationären Zustand (s)
Δt	Zeitspanne, $\Delta t = t_2 - t_1$ (s) bzw. (min)
v	Fließgeschwindigkeit (m/s)
V_0	Anfangsvolumen im Auffangbeutel (m³)
V_t	Endvolumen im Auffangbeutel (m³)
$\dot{V}$	Volumenstrom, hier Versickerungsrate/Infiltrationsrate (m³/s)
$\dot{V}_1$	Volumenstrom im Oberstrom (m³/s)
$\dot{V}_2$	Volumenstrom im Unterstrom (m³/s)
$\dot{V}_A$	Abfluss (l/s)
$\dot{V}_{GW}$	Durchsickerung bzw. Zusickerung des Grundwassers (m³/s)
$\dot{V}_{MW}$	gesamter Abfluss des Oberflächengewässers als Mischwasser (m³/s)
$\dot{V}_S$	Volumenstrom der Salzlösung (m³/s)
α	Leakage-Koeffizienten (1/s)
β	Öffnungswinkel (°)
ε	Natermann-Kennwert (1/min)
ϑ_{GW}	Temperatur des Grundwassers (°C)

Formelzeichen	Bedeutung
ϑ_{MW}	Temperatur des Mischwassers (°C)
π	Kreiszahl (3,14159…)
Ψ	Abflussbeiwert (-)

Weitere hilfreiche Hinweise zur korrekten Verwendung von physikalischen Größen mit deren Zahlenwert und Einheit (inklusiv Einheiten-Vorsätze und Umrechnungen) in Gleichungen (Einheitengleichung, Größengleichung und Zahlenwertgleichungen) finden sich in HÖLTING & COLDEWEY (2013).

1 Einleitung

Kenntnisse der Hydrogeologie sind fundamentaler Bestandteil der Erkundung und der Erschließung von Grundwasservorkommen. Unter dem Aspekt einer steigenden Weltbevölkerung nimmt die Versorgung mit Trinkwasser eine herausragende Bedeutung für das Überleben der Menschheit ein. Die Erkundung der geologischen und hydrogeologischen Verhältnisse eines potenziellen Grundwasservorkommens ist ein grundlegender Bestandteil der Arbeit eines Hydrogeologen. Das Spektrum der angewandten Methoden ist sehr breit, es reicht von der Messung der geodätischen Höhen, der Messung an Gewässern und Grundwassermessstellen, der Erkundung geohydraulischer Parameter bis zu hydrochemischen Fragestellungen. Die Ergebnisse aller dieser Untersuchungen stehen in einer engen Beziehung zueinander und sind hinsichtlich ihrer Informationsgehalte zu werten. Erst nach einer sorgfältigen Bestandsaufnahme aller notwendigen Daten kann in der nächsten Phase die eigentliche Erschließung des Grundwasservorkommens in Angriff genommen werden. Aus den Daten lässt sich ein konzeptionelles Modell erstellen, dass für die nächsten Schritte der Erschließung des Grundwasservorkommens unverzichtbar ist.

2 Beschreibung der Messmethoden und -geräte

Die Messung hydrologischer und hydrogeologischer Größen erfolgt mit unterschiedlichen Methoden und Geräten. Dafür werden im nachfolgenden die generellen Messmethoden sowie die speziellen Prinzipien einzelner ausgewählter Messgeräte beschrieben. Neben den Messungen gibt es indirekte Verfahren zur Bestimmung erforderlicher Kenngrößen sowie qualitative Abschätzungen.

2.1 Höhen- und Abstandsmessung des Geländes und der Gewässer

Die Messung der Höhen des Geländes und der Gewässer erfolgt über die Einmessung der Höhen ausgewählter Höhenfestpunkte. Das Messergebnis wird bezogen auf eine Bezugsebene. Das Höhensystem vor dem 1.1.2000 bezieht sich auf Normalnull (NN) am Amsterdamer Pegel (DHHN12). Das Höhensystem nach dem 1.1.2000 bezieht sich auf Normalhöhennull (NHN) und basiert auf einem Höhenfestpunkt an der Neuen St.-Alexander-Kirche Wallenhorst (bei Osnabrück) (DHHN92). Das Normalhöhennull ist gleichzeitig die Grundlage für das „United European leveling net" (UELN). Die Differenz zwischen NN und NHN beträgt durchschnittlich 4 mm. Das Höhensystem der osteuropäischen Staaten bezieht sich auf Höhennull des Kronstädter Pegels an der Festung Kronstadt (HN). Bei der Auswertung alter Karten der ehemaligen DDR gilt es zu berücksichtigen, dass NN je nach Ort durchschnittlich 12 bis 16 cm höher ist als HN. Das Meter (Einheit: m) ist die SI-Basiseinheit für die Länge. Für dezimale Vielfache und Teile des Meters gelten die Internationalen Vorsätze für die Maßeinheiten nach DIN 1301 (Tab. I).

Die Vermessung der Höhenlage eines Punktes erfolgt unter anderem mittels Wasserwaage, Schlauchwaage, Nivelliergerät oder Tachymeter. Bei einem geometrischen Nivellement wird der Höhenunterschied zwischen einem waagrecht aufgestellten Nivelliergerät zu den skalierten Messlatten abgelesen, die senkrecht auf die einzumessenden Messpunkte gestellt werden. Eine einfache Methode stellt das hydrostatische Nivellement mit einer Schlauchwaage dar (Kap. 2.1.5). Um einen gemeinsamen Höhenbezug bei einem örtlichen Nivellement herzustellen, werden von den zuständigen Ämtern (z.B. Katasteramt, Vermessungsamt) Höhenfestpunkte festgelegt, vermarkt und mit dem übergeordneten Höhennetz verknüpft. Die Höhen und Lagen der einzelnen Höhenpunkte lassen sich bei den gemannten Behörden erfragen bzw. aus Karten ablesen.

Höhen- und Abstandsmessung des Geländes und der Gewässer

Die Kenntnis der Geländehöhen und Abstände ist z.B. für die Bestimmung der Grundwasserfließrichtung aber auch bei der Erstellung von Karten und für großräumige Vergleiche unverzichtbar.

Die Messmethoden lassen sich generell in relative und absolute Höhenmessungen unterteilen. Die Abschätzung der Gelände- bzw. Gewässerhöhe aus einer Topographischen Karte (Kap. 2.1.1) ist die einfachste, aber ungenaueste Methode der absoluten Höhenbestimmung. Höhenmesser (Kap. 2.1.2) und Positionsbestimmungsgerät (GPS, Kap. 2.1.3) lassen eine absolute Höhenmessung zu, die jedoch mit entsprechenden systembedingten Ungenauigkeiten behaftet ist. Die satellitengestützten Systeme „Global Navigation Satellite Systems"(GNSS) gewinnen dabei zunehmend an Genauigkeit. Sie erlauben derzeit eine Einmessung mit Zentimetergenauigkeit.

Als Messgeräte für die relative Höhenmessung werden im Folgenden die Wasserwaage (Kap. 2.1.4) und die Schlauchwaage (Kap. 2.1.5) vorgestellt. Beim Einsatz eines Nivelliergerätes (Kap. 2.1.6) bedarf es bei der Auswertung der Messung einer Ankopplung an einen bereits bestehenden Höhenfestpunkt, damit die relativen Messergebnisse als absolute Höhen umgerechnet werden können. Diese Methode liefert die genaueste Höhenangabe.

Die einzumessenden Höhenfestpunkte werden im Zuge der Gelände- und Kartierarbeiten festgelegt und in den Nivellierplan (Kap. 5.3) eingetragen und z.B. für die Erstellung des Grundwasserhöhenplans verwendet.

Die Messergebnisse der Gelände- und Gewässerhöhenmessung finden Eingang in die Berechnungen der Grundwasser-Höhenlage und somit in die Hydrogeologische Karte (Kap. 6.1). Der Abstand zweier Punkte ist ableitbar aus deren Lage auf der Erde. Die Lage eines Punktes auf der Erde wird durch seine Koordinaten in einem Koordinatensystem beschrieben. Je nach Fachrichtung und Fragestellung kommen unterschiedliche Koordinatensysteme (u.a. Geographisches Koordinatensystem, Gauß-Krüger-Koordinatensystem, UTM-Koordinatensystem) zum Einsatz, die auf unterschiedlichen Bezugssystemen basieren. Die Koordinatenangabe setzt sich aus einem Rechts- und einen Hochwert zusammen. Als Rechtswert wird der in Ost-West-Richtung ermittelte Abstand bezeichnet (y-Achse). Als Hochwert wird der in Nord-Süd-Richtung ermittelte Abstand bezeichnet (x-Achse). In der Hydrogeologie haben sich in der Vergangenheit die winkeltreuen GAUSS-KRÜGER-Koordinaten bewährt. Diese lassen sich sowohl aus den Topographischen Karten (Kap. 2.1.1) als auch mittels Positionsbestimmungsgerät (Kap. 2.1.3) ermitteln. In der jüngeren Vergangenheit wird zunehmend das „Universal Transverse Mercator-Koordinatensystem" (=UTM-Koordinatensystem) verwendet.

Die Messung des Abstandes zweier Punkte im Raum wird durch den direkten oder indirekten Vergleich mit einer Längenmaßeinheit, dem Meter, durchgeführt. In vielen Fällen kann eine direkte Messung mit Hilfe eines Bandmaßes oder eines Meterstabes nicht durchgeführt werden. Dann kommen andere Methoden zum Einsatz. Eine einfache und alte Methode der indirekten Längenmessung ist die Hodometrie. Hierbei werden die Umdrehungen eines Rades mit einem bekannten Umfang gezählt, das auf der Messstrecke abgerollt wird. Die Anzahl der Umdrehungen multipliziert mit dem Umfang ergibt die gemessene Entfernung. Eine relativ einfache Vermessungsmethode stellt auch die Triangulation dar. Hierbei wird der gesuchte Messpunkt von mindestens zwei verschiedenen Standorten mit bekanntem Abstand mit Hilfe eines Theodoliten oder eines anderen Winkelmessers eingemessen. Der Messpunkt und die beiden Standorte bilden ein Dreieck, dessen Basislänge und Basiswinkel bekannt sind. Aus diesen Werten lassen sich die anderen Messgrößen in diesem Dreieck errechnen. Eine weitere Methode stellt die Laufzeitmessung elektromagnetischer oder akustischer Wellen mit einer bekannten Geschwindigkeit dar. Durch die Messung der Laufzeit zwischen zwei Punkten lässt sich deren Abstand bestimmen. Das Verfahren findet z.B. in der Lotung von Gewässern mit dem Echolot Anwendung.

Seit ca. zwei Jahrzehnten gibt es hochauflösende Laser-Messgeräte für den Einsatz in Gebäuden und im Gelände. Solche Geräte mit verschiedenen Genauigkeiten sind unter anderem unter dem Produktnamen LEICA DISTO auf dem Markt vertreten.

Weiterführende Literatur:

BEZIRKSREGIERUNG KÖLN, ABTEILUNG GEOBASIS NRW (2012): SAPOS® – Satellitenpositionierungsdienst der deutschen Landesvermessung. – 6 S.; (Internet: http://www.bezreg-koeln.nrw.de/brk_internet/presse/publikationen/geobasis/index.html).

BILL, R. & RESNIK, B. (2009): Vermessungskunde für den Planungs-, Bau- und Umweltbereich. – 3. Aufl., 330 S.; (Wichmann).

DEUMLICH, F. & STAIGER, R. (2002): Instrumentenkunde der Vermessungstechnik. – 9. Aufl., 426 S., 814 Abb., 75 Tab.; (Wichmann).

http://www.adv-online.de/Startseite/
http://www.bezreg-koeln.nrw.de/brk_internet/organisation/abteilung07/produkte/raumbezug/index.html

2.1.1 Vorhandene Geländehöhen

Die Geländehöhe kann einerseits aus Topographischen Karten als analoge Quelle abgeschätzt werden; die Genauigkeit dieser Abschätzung beträgt aber nicht mehr als die Hälfte der Höhenlinienabstände. In Karten mit einem Maßstab von 1 : 25.000 besitzen die Höhenlinien einen Abstand von 10 m. Eine Genauigkeit von 5 m bei der Abschätzung der Höhe des Geländes ist aber für die meisten hydrogeologischen Belange nicht ausreichend. Die Deutsche Grundkarte im Maßstab 1 : 5.000 (DGK 5) ist aufgrund ihrer Detailgenauigkeit am besten zur Kartierung geeignet. Zur besseren Handhabbarkeit sollte diese Karte auf den Maßstab 1 : 10.000 verkleinert werden.

Informationen über Geländehöhen sind andererseits auch über digitale Informationsquellen zu beziehen. Hierfür gibt es Datensätze in Form von digitalen Höhenmodellen, die in ein Geographisches Informationssystem (GIS) integriert werden können. Es wird bezüglich der gemessenen Höhen in zwei Modelle unterschieden.

Das Digitales Geländemodell (DGM), auch Digitales Terrainmodell (DTM) genannt, beschreibt anhand von georeferenzierten Höhenpunkten die natürliche Geländeform der Erdoberfläche. Hierbei werden anthropogen geschaffene Objekte (z.B. Gebäude) und die Vegetation nicht dargestellt. Die Lage der regelmäßig angeordneten georeferenzierten Höhenpunkte richtet sich nach der Gitterweite des Geländemodells. Unregelmäßig verteilte Höhenpunkte kommen in Form sogenannter Messpunktwolken zur Ergänzung des DGM hinzu. Für das Bundesland Nordrhein-Westfalen sind diese Daten als DGM1, DGM10, DGM25 und DGM50 (DGM10 beträgt die Gitterweite 10 m) über die Internetseite der Bezirksregierung Köln zu beziehen.

Die tatsächliche Höhe der Geländeoberfläche mit Bewuchs und anthropogenen Objekten wird in einem digitalen Oberflächenmodell (DOM) wiedergegeben. Für das Bundesland NRW ist dieses Modell als DOM1L mit einer Punktdichte von mindestens vier Punkten pro Quadratmeter bei der Bezirksregierung Köln über das Internet zu beziehen. Anders als bei dem DGM wird hier kein regelmäßiges Gitter bei der Festlegung von Höhenpunkten verwendet. Hier werden die originär erfassten Höhenpunkte, sogenannte First-Pulse-Punkte, in Form einer Punktwolke verarbeitet. Dies sind die lagemäßig höchsten Punkte in einem bestimmten Bereich.

In Nordrhein-Westfalen wird für die Aufnahme der Geländehöhen das *Airborne Laserscanning* (ALS) angewendet. Hierbei wird von einem am Flugzeug installierten Laserscanner ein hochfrequenter Lichtblitz zur Geländeoberfläche gesendet, der dort reflektiert wird. Dieser reflektierte Strahl wird durch einen im Laserscanner integrierten Detektor registriert, sodass bei gleichzeitiger Messung der Zeitdifferenz zwischen Senden und Empfangen die Strecke zwischen Flugzeug und Geländeoberfläche berechnet werden kann. Bei bekannter Flughöhe und Position des Flugzeugs lässt sich hieraus die Höhe der Geländeoberfläche errechnen.

Höhen- und Abstandsmessung des Geländes und der Gewässer

2.1.2 Höhenmesser

Ein Höhenmesser zeigt eine höhere Genauigkeit als die Topographische Karte. Der Höhenmesser ist eigentlich ein Barometer mit einer Meterskalierung für die Höhen. Vor und auch nach einem Messeinsatz ist der Höhenmesser an einem Ort mit bekannter Höhe (topographischer Festpunkt) zu kalibrieren. Allerdings beeinflussen die Luftdruckschwankungen während des Einsatzes die Höhenmessung. Bei großen Luftdruckschwankungen z.B. während eines Wetterwechsels müssen die ermittelten Höhen korrigiert werden oder die Messung abgebrochen und wiederholt werden. Kleinere Luftdruckschwankungen lassen sich am besten mit einem kontinuierlichen Messgerät mit Registriereinrichtung, das neben den Höhen auch gleichzeitig die Luftdruckänderungen registriert, berücksichtigen. In vielen Ländern verfügen meteorologische Stationen (z.B. bei Behörden, Flughäfen oder Hochschulen) über Aufzeichnungen der Luftdruckschwankungen. Höhenmesser sind als robuste Multifunktions-Uhren, als Applikation für Smartphones verfügbar oder in Navigations- und GNSS-Geräte integriert. Der Einsatz im Gelände mit geringen Reliefunterschieden ist wegen der Messungenauigkeiten stark eingeschränkt bis unmöglich.

2.1.3 Positionsbestimmungsgerät

Unter Nutzung eines Positionsbestimmungsgerät (GPS „**G**lobal **P**ositioning **S**ystem", GLONASS „**Glo**balnaja **Na**wigazionnaja **S**putnikowaja **S**istema") kann auf sehr einfache Art und Weise die Position des Gerätes und somit auch die Höhenlage des zu messenden Punktes bestimmt werden. Die Nutzung des GPS wird durch immer kleinere und kostengünstigere Geräte auch für den Privatanwender immer erschwinglicher und ist auch in der Geologie von großer praktischer Bedeutung.

Die Positionserfassung auf der Basis von GPS erfolgt durch insgesamt 24 Satelliten sowie weitere Ersatz- und Zusatzsatelliten, welche die Erde in einer Entfernung von ca. 20.000 km auf sechs festgelegten Bahnen umkreisen. Das Satelliten-Navigationssystem operiert damit weltweit, zu jeder Zeit, bei jedem Wetter und mit sehr großer Genauigkeit (KUMMER 2012). Vom Verteidigungsministerium der USA in den 70er Jahren für militärische Zwecke entwickelt, wurden die GPS-Signale für die zivile Nutzung zunächst bewusst verfälscht (Selective Availability) und damit die Standortgenauigkeit gemindert. Erst seit Mitte 2000 ist diese willkürliche Signalverfälschung aufgehoben, sodass heute für die zivile Nutzung Genauigkeiten von ca. 3 m bis 5 m erreicht werden. Diese hohe Genauigkeit der Position wurde wesentlich durch geostationäre Satelliten, die Korrektursignale an die GPS-Empfänger senden, verbessert. In Nordamerika gibt es seit 1999 das WAAS-System („**W**ide **A**rea **A**ugmentation **S**ystem"), in Europa nahm im Oktober 2009 das System EGNOS („**E**uropean **G**eostationary **N**avigation **O**verlay **S**ervice") den Vollbetrieb auf (KUMMER 2012). Derzeitig befindet sich das europäische Gemeinschaftsprojekt GALILEO im Aufbau, das eine Unabhängigkeit vom amerikanischen Signal gewährleisten soll. Bis zum Jahr 2014/2015 soll ein Netz aus 18 Satelliten entstehen, welches im Jahr 2019 den Vollbetrieb aufnehmen soll.

Das amtliche deutsche Vermessungswesen der Arbeitsgemeinschaft der Vermessungsverwaltungen der Länder der Bundesrepublik Deutschland (AdV) hat einen Satellitenpositionierungsdienst (SAPOS®) entwickelt. Hierbei werden in mehreren, bundesweit stationierten Referenzstationen die Signale der GPS- und GLONASS-Satelliten empfangen und hieraus Korrekturdaten ermitteln. Diese Daten werden wiederum für differenzielle satellitengeodätische Messverfahren zur Verfügung gestellt, sodass eine Positionsbestimmung mit einer Genauigkeit von wenigen Millimetern ermöglicht wird. Dieser Dienst wird nach Inbetriebnahme durch das europäische Satellitensystem GALILEO ergänzt.

In der Geologie ergeben sich vielfältige Anwendungen für raumbezogene und/oder zeitkritische Untersuchungen. Die Positionsbestimmung mit einfachen Handgeräten und die Echtzeit-

Einbindung in GIS-Systeme bieten ideale Voraussetzungen für die anschließende Datenverarbeitung (Kap. 5 und 6). Auch im Vermessungswesen wird mittlerweile neben der terrestrischen Trigonometrie das Einmessen mittels GNSS als Standardverfahren in der Katastervermessung eingesetzt.

2.1.4 Wasserwaage

Über kurze Distanzen lässt sich die relative Höhe auch mittels einer langen Wasserwaage oder einer kurzen Wasserwaage kombiniert mit einer Aluminiumlatte (Setzlatte, Abrichtlatte) mit einer maximalen Länge von 4 m übertragen. Diese Anordnung kann zum Beispiel zur Vermessung von Gewässerprofilen oder des Strömungsquerschnittes genutzt werden (Kap. 2.2). Aufgrund der kurzen Distanzen werden Wasserwaagen in der Regel zur relativen Höhenbestimmung verwendet. Durch Einführung von Zwischenpunkten z.B. an eingeschlagenen Pflöcken lässt sich eine Höhe über mehrerer 10er Meter übertragen. Die Ungenauigkeit liegt bei 1 cm je Lattenwechsel. Für die Messung werden folgende Arbeitsmittel benötigt: Wasserwaage, 2 Holzpflöcke, 2 Meterstäbe (oder Messlatten), Messband, Schreibzeug und idealerweise 2 Personen.

Die Höhenmessung am Gewässer dient der relativen Höhenbestimmung der Gewässersohle, der Wasseroberfläche, der Höhe der Uferböschungen sowie von Bohransatzpunkten von Sondierbohrungen (Kap. 2.4). Als Bezugsebene für eine kurzfristige relative Höhenbestimmung bei der Erstellung von Gewässerprofil bzw. Strömungsquerschnitt (Kap. 2.2) kann die einheitliche Wasseroberfläche eines Gewässers herangezogen werden. Hierfür ist jedoch die konstante Lage der Wasseroberfläche eine grundlegende Voraussetzung.

Für die relative Höhenbestimmung wird ein Holzpflock in die Gewässersohle geschlagen. Die Wasserwaage oder die Aluminiumlatte mit aufgelegter Wasserwaage wird mit dem einen Ende auf den Holzpflock gelegt. Durch Auf- oder Abbewegen des anderen freien Endes der Wasserwaage wird die Libelle in der Wasserwaage in der Horizontalen ausgerichtet. Mittels Meterstab wird der Abstand zwischen der Wasseroberfläche und der Wasserwaage gemessen. Der Abstand zwischen der Wasserwaage und dem zu messenden Punkt (z.B. Bohransatzpunkt) kann ebenfalls mittels Meterstab gemessen oder an einer Messlatte abgelesen werden (Abb. 2.1 Bild 1).

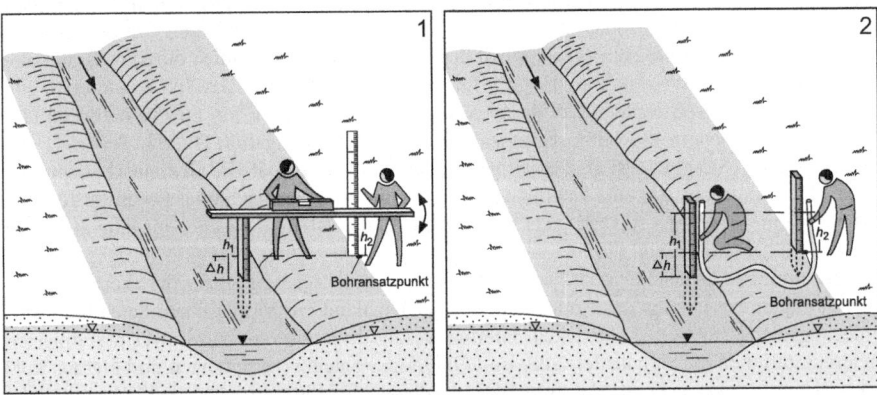

Abb. 2.1: Höhenmessung. Relative Höhenmessung am Gewässer. 1: Wasserwaage, 2: Schlauchwaage.

Höhen- und Abstandsmessung des Geländes und der Gewässer

Die Auswertung der relativen Höhenmessung am Gewässer kann direkt im Gelände erfolgen. Folgender Rechenschritt ist pro Messschritt durchzuführen:

h_1 (Höhenunterschied zwischen Wasseroberfläche und Wasserwaage) - h_2 (Höhenunterschied zwischen Wasserwaage und Bohransatzpunkt) = Δh (relativer Höhenunterschied zwischen Wasseroberfläche und Bohransatzpunkt).

2.1.5 Schlauchwaage

Die Schlauchwaage funktioniert nach dem Prinzip der kommunizierenden Röhren und ist somit ein Instrument zur hydrostatischen Höhenmessung. In einem transparenten Plastikschlauch lässt sich der Wasserspiegel, dessen Meniskus sich bei offenen Schlauchenden auf dem gleichen Niveau einstellt, ablesen und über längere Distanzen auch ohne Sichtkontakt übertragen. Schlauchwaagen sind mit maximalen Längen von 25 m erhältlich; einige Schlauchwaagen verfügen über transparente und skalierte Plastikröhrchen an den Schlauchenden. Hochpräzise Druckschlauchwaagen sind in der heutigen Setzungs- und Deformationsanalyse von Baukörpern von immer größerer Bedeutung.

Zur Vorbereitung der Messung wird der transparente Plastikschlauch luftblasenfrei mit Wasser befüllt. Dies geschieht z.B. dadurch, dass durch Versenkung in einem Gewässer der Plastikschlauch befüllt wird, bis alle Luftblasen ausgetreten sind. Durch Verbindung eines Schlauchendes mit einem Wasserhahn lässt sich der Plastikschlauch ebenfalls luftblasenfrei befüllen. Bei Wasserverlusten durch einen unvorsichtigen Umgang mit der Schlauchwaage lässt sich diese mit Hilfe eines kleinen Trichters nachfüllen.

Für die Messung im Gelände werden folgende Arbeitsmittel benötigt: Schlauchwaage, Trichter und Flasche mit Wasser zum Nachfüllen, zwei Holzpflöcke zum Fixieren, zwei Meterstäbe, Messband, Schreibzeug und idealerweise zwei Personen.

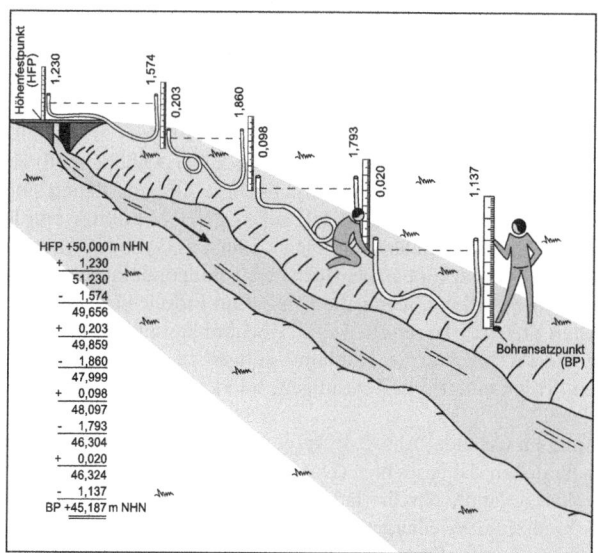

Abb. 2.2: Höhenmessung. Schlauchwaage.

Bei der Durchführung der Messung im Gelände (Abb. 2.1 Bild 2 und Abb. 2.2) wird das eine Ende der Schlauchwaage auf einen Messpunkt mit bekannter Höhe (Höhenfestpunkt = HFP, z.B. an Brücken) oder an einem festen und unveränderlichen Bezugspunkt (z.B. Straßenoberkante, Fundamentkanten) fixiert. Das andere Ende der Schlauchwaage wird auf den zu messenden Punkt (z.B. Bohransatzpunkt) fixiert, welcher auch ein Zwischenpunkt im Zuge eines Nivellements darstellen kann. Die senkrechte Fixierung der Schlauchenden ist z.B. an einem Holzpflock möglich. Die Lagerung des mit Wasser befüllten Mittelteils des Schlauches sollte möglichst eben sein und Verknotungen und Knicke sollten unbedingt vermieden werden. Nach dem Öffnen der Schlauchenden stellt sich in der Schlauchwaage nach wenigen Sekunden ein einheitlicher Wasserspiegel ein. Je länger die Schlauchwaage und je größer die Höhenunterschiede, desto mehr wird der Wasserspiegel schwanken bevor er sich einstellt. Der einheitliche Wasserspiegel in der Schlauchwaage stellt für jeden einzelnen Messschritt die Bezugsebene dar. Mittels Meterstab wird der Abstand zwischen dem Messpunkt und der Bezugsebene (gleichzusetzen mit dem Rückblick bei einem Nivellement) bzw. dem zu messenden Punkt und der Bezugsebene (gleichzusetzen mit dem Vorblick bei einem Nivellement) gemessen.

Die Auswertung der Messung kann direkt im Gelände erfolgen. Folgender Rechenschritt ist pro Messschritt durchzuführen:

Absolute Höhe Messpunkt + h_1 (Höhenunterschied zwischen Messpunkt und einheitlichem Wasserspiegel in der Schlauchwaage) - h_2 (Höhenunterschied zwischen Bohransatzpunkt und einheitlichem Wasserspiegel in der Schlauchwaage) = Absolute Höhe des Bohransatzpunktes.

Die Schlauchwaage kommt ebenfalls für die relative Höhenbestimmung an Gewässern zum Einsatz. Die Vorgehensweise ist vergleichbar mit dem Ablauf mittels Wasserwaage (Abb. 2.1).

Für den Transport sind die beiden Öffnungen der Schlauchwaage sicher zu verschließen, da sonst das Wasser ausläuft. Bei einer sorgfältigen Anwendung der Schlauchwaage sind Genauigkeiten von wenigen Zentimetern zu erreichen.

2.1.6 Nivelliergerät

Die höchsten Genauigkeiten bei der Höhenmessung von Gelände- und Gewässeroberfläche über Distanzen von bis zu mehreren 100 m liefert ein Nivelliergerät. Dabei handelt es sich um ein Fernrohr, welches auf einem verstellbaren Fuß montiert ist und bei horizontaler Ausrichtung einen horizontalen Rundumblick erlaubt. Die Höhenmessung erfolgt über Abmessung der vertikalen Abstände gegenüber der horizontalen Ebene des Nivelliergerätes mit Hilfe von Meterstäben mit Zentimetereinteilung (Nivellierlatte).

Zur Bestimmung der absoluten Höhe (z.B. Höhe über Normalhöhennull) eines bestimmten Punktes ist immer eine Ausgangshöhe erforderlich. Diese Ausgangshöhen sind an Höhenbolzen (HB) und Trigonometrischen Punkten (TP) auf ± m NHN bestimmt worden. Bei den Höhenbolzen handelt es sich um Metallbolzen, die an Hauswänden oder an Brücken angebracht sind. Trigonometrische Punkte können als Hoch- oder Bodenpunkte ausgebildet sein. Bei den Bodenpunkten handelt es sich um Steine, die 1 m tief im Erdreich fest eingesetzt sind und mit einer eingemeißelten Kreuzmarke versehen sind. Hochpunkte sind dagegen markante, deutlich sichtbare Punkte wie z.B. Kirchtürme. Höhenmessungen zu anderen Punkten können durch Winkelmessungen (Trigonometrische Messungen) oder, wie in den meisten Fällen, durch ein Nivellement erfolgen.

Für eine Messung im Gelände (Abb. 2.3) werden folgende Arbeitsmittel benötigt: Nivelliergerät, Stativ, Nivellierlatten, Lattenrichter (Dosenlibelle an einem Winkeleisen zur lotrechten Aufstellung der Nivellierlatte), Nivellierlattenuntersätze (Metallplatte mit Füßen, „Frosch"), Messband, und Schreibzeug. Nivelliergeräte und Nivellierlatten gibt es – je nach der Aufgabenstellung – in verschiedenen Ausführungen. Die einfache Messlatte ist in Meterbereichen durch schwarz-weiße bzw. rot-weiße Farbgebung unterteilt. Die Dezimeterbereiche sind durch Zahlen markiert und die Zentimeter blockweise dargestellt. Die Millimeter müssen bei der Ablesung geschätzt werden. Gebräuchliche Lattenlängen sind 3 m oder 4 m.

Für eine genaue Messung werden mindestens zwei, besser drei Personen benötigt. Eine Person (Vermessungstechniker bzw. -ingenieur) bedient das Vermessungsgerät (Nivelliergerät oder

Höhen- und Abstandsmessung des Geländes und der Gewässer

Tachymeter). Die andere Person (Vermessungsgehilfe) hält die Nivellierlatte so, dass deren Fuß präzise auf der einzumessenden Fläche aufliegt. Bei weichem Untergrund kann als Fixpunkt ein „Frosch" verwendet werden.

Zunächst wird das Nivellierinstrument auf das dreibeinige Stativ geschraubt. Durch drei Fußschrauben in der Fußplatte kann das Instrument mittels Libellen so eingestellt werden, dass die optische Geräteachse horizontal ist. Für die Messung wird das Instrument etwa mittig zwischen dem Höhenbolzen und dem zu messenden Punkt aufgestellt.

Durch das horizontal gestellte Fernrohr (Instrumentenachse) und Fadenkreuz erfolgt die Ablesung von der auf dem Höhenbolzen aufgestellten und senkrecht gehaltenen Latte – sog. Rückblick (R). Danach wird die Latte auf den neu zu messenden Punkt aufgesetzt – sog. Vorblick (V) – und ebenfalls abgelesen. Die abgelesenen Werte werden in ein Formular eingetragen.

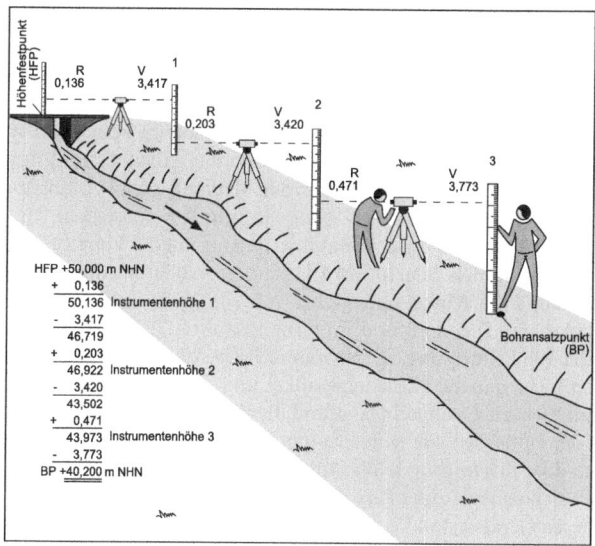

Abb. 2.3: Höhenmessung. Nivelliergerät.

Ist die Entfernung zwischen dem Höhenbolzen und dem neuen Punkt größer als durch nur eine Aufstellung erreichbar, wird ein sog. Zug aus beliebig vielen Aufstellungen erforderlich. Dabei bleibt jeweils die Latte der Vorwärtslesung auf dem „Frosch" stehen (= Wechselpunkt) und wird bei der nächsten Instrumentenaufstellung für die Rückwärtslesung benutzt. Die Distanzen von Rück- und Vorblick sollten möglichst gleich sein und 50 m nicht überschreiten. Auch wenn zwischen Höhenbolzen und neuem Punkt der Höhenunterschied größer ist, als es Instrumentenhöhe und Lattenlänge zulassen, müssen mehrere Aufstellungen vorgenommen werden. Da die Ablesungen in einer horizontalen Linie erfolgen, ergibt die Differenz zwischen beiden Ablesungen den Höhenunterschied zwischen dem Höhenbolzen und dem zu bestimmenden Punkt. Ist der Rückblick größer, so liegt der neue Punkt höher als der Höhenbolzen. Ist der Vorblick größer, so liegt der neue Punkt tiefer als der Höhenbolzen.

Bei Messungen mit mehreren Aufstellungen sind folgende Fälle möglich:
- Ist die Summe der Vorblicke größer als die Summe der Rückblicke, so liegt der neue Punkt tiefer als der Höhenbolzen und die Differenz beider Summen muss von der Bolzen-Höhe abgezogen werden.
- Ist die Summe der Vorblicke kleiner als die Summe der Rückblicke, so liegt der neue Punkt höher als der Höhenbolzen und die Differenz beider Summen muss zur Bolzen-Höhe zugerechnet werden.

Die Höhe des neuen Punktes lässt sich berechnen, wenn die Messung vom Höhenbolzen bis zum neuen Punkt erfolgt ist. Zur Überprüfung, ob die Messung fehlerhaft ist, muss in jedem Fall vom neuen Punkt zum Ausgangs-Höhenbolzen zurück gemessen werden. Wenn beide Messungen den gleichen Höhenunterschied ergeben, ist die Messung korrekt. Die tolerierbare Fehlergrenze ist vom Zweck des Nivellements abhängig und beträgt einige mm bis cm pro Kilometer.

Für Hin- und Rückweg spielt es keine Rolle, ob derselbe oder einen anderer Weg gewählt wird. Auch eine unterschiedliche Zahl von Aufstellungen beim Hin- und Rückweg spielt für die Auswertung keine Rolle, da der Höhenunterschied zwischen Höhenbolzen und neuem Punkt eine feststehende Größe ist.

Mit einem einfachen Nivelliergerät lassen sich leicht Genauigkeiten von 1 bis 2 cm pro Kilometer erreichen; Vermessungsingenieure erreichen mit besseren Vermessungsgeräten Genauigkeiten von wenigen Millimetern. Für die Messung von Entfernungen zweier Punkte und auch zur Bestimmung der Lage eines Punktes können unter anderem auch Tachymeter verwendet werden.

Bei dem Theodoliten handelt es sich um ein Winkelmessinstrument zur Messung von Horizontalwinkeln und Zenit- und Vertikalwinkeln. Der Theodolit besteht im Wesentlichen aus einem Zielfernrohr, einem Vertikal- und einem Horizontal-Teilkreis und mehreren Libellen. Wie beim Nivelliergerät ist das Instrument vor der Messung genau zu horizontieren und zusätzlich zentrisch über dem Vermessungs- oder Messpunkt aufzustellen. Die Horizontierung erfolgt über Libellen, sodass die Stehachse des Instruments mit der Lotrichtung zusammen fällt. Die Zentrierung erfolgt mittels Senklot. Mit Hilfe des drehbaren Messfernrohrs werden alle Zielpunkte anvisiert und die Winkel gemessen.

Eine Kombination aus Theodolit und Entfernungsmesser stellt das Tachymeter dar. Es ermöglicht neben der Winkelmessung die trigonometrische Höhenmessung. Es ist ein Messgerät, mit dem sich also nicht nur die Horizontalwinkel und der Vertikalwinkel, sondern auch die Schrägstrecke zum Zielpunkt ermitteln lässt und dient der schnellen Ein- und Aufmessung von Punkten. Neben den optischen Tachymetern gibt es neuerdings elektronische Tachymeter, die die Richtung nach dem Zielvorgang selbständig messen und die Distanzen ermitteln. Moderne Tachymeter lassen sich von nur einer Person bedienen, da der Zielvorgang selbständig durchgeführt wird. Bei diesen Geräten sind Verarbeitungsprogramme und die entsprechenden Speicher integriert, sodass die Daten mit Hilfe der entsprechenden Computerprogramme zwei- oder sogar dreidimensional abgebildet werden können (DEUMLICH & STAIGER 2002).

2.2 Bestimmung der Gewässerabmessungen

Die Bestimmung der Geometrie eines Gewässers erfolgt über die Ermittlung der Breite (m) (Kap. 2.2.1), der Tiefe (m) (Kap. 2.2.2) und der Oberfläche (± m NHN) (Kap. 2.2.3). Aus diesen Abmessungen ergibt sich der Strömungsquerschnitt A (m²) (Kap. 2.2.4) sowie der benetzte Umfang des Gewässers U (m) (Kap. 2.2.4). Die Gewässerlänge und die Kilometrierung der Gewässer sind in Gewässerstationierungskarten verzeichnet.

Messungen an stehenden Gewässern z.B. Seen oder fließenden Gewässern z.B. Flüssen dienen in erster Linie zur Bestimmung der Wassertiefe, der Ausdehnung der Wasseroberfläche und daraus abgeleitet des Wasservolumens und des Abflusses (Kap. 2.5.3). Die durch die Messungen bestimmte Morphologie des Gewässers bzw. des Gewässerbettes wird zur Ermittlung des Fassungsvermögens und des abfließenden Wasservolumens genutzt. In Fließgewässern wird die Gewässergeometrie durch Tiefenmessungen an Längs- und Querprofilen bestimmt. Diese wiederum stellt die Grundlage zur Bestimmung des Abflusses dar.

Die Abflussmessungen lassen Aussagen über den Zustrom von Grundwasser (Vorflutfunktion) oder Verlust von Oberflächenwasser an das Grundwasser (Leakage) zu. Die Messergebnisse

Bestimmung der Gewässerabmessungen

finden Eingang in die Hydrogeologische Karte insbesondere in den Verlauf der Grundwasserhöhengleichen.

Die Gewässerabmessungen an definierten Strömungsquerschnitten der Oberflächengewässer (z.B. an Messwehren) werden in der Regel von den zuständigen Wasserbehörden ermittelt und können dort abgefragt werden.

Die Wahl der Methode zur Messung ist sowohl von den zu messenden Entfernungen abhängig als auch von den örtlichen Gegebenheiten. Als Messgeräte kommen von einem sehr einfachen Messband oder Lot bis hin zu technisch anspruchsvollem Echolot oder Laser unterschiedliche Methoden und Messgeräte zum Einsatz.

2.2.1 Breite

Die Breite eines Gewässers verändert sich mit dem Abfluss (Erosion bzw. Sedimentation). Der Abfluss unterliegt in hohem Maße witterungsbedingten Schwankungen. Ebenso kann sich der Abfluss mit wechselndem Gewässeruntergrund (z.B. durch Leakage) ändern. Wegen des Zusammenhanges der Änderung von Gewässerbreite und Abfluss sollte bei jeder Messung der Breite eine Abflussmessung (Kap. 2.5.3) durchgeführt werden und umgekehrt.

Bei starken Änderungen der Gewässerbreite und des -verlaufes sind mehrere Messungen entlang des Gewässers zu unterschiedlichen Zeiten erforderlich. Bei schmalen Gewässern ist die Messung der Breite leicht mit einem Messband durchzuführen. Diese sollte immer senkrecht zur Strömung und senkrecht zum Ufer durchgeführt werden. Um die Messergebnisse nicht zu verfälschen ist es notwendig, das Messband möglichst straff zu halten. Ein Eintauchen in das Wasser ist aufgrund der Rostbildung bei Messbändern aus Metall zu vermeiden. Bei größerer Gewässerbreite und -tiefe sind häufig Brücken die einzige Möglichkeit, diese genau und sicher zu messen.

Messbänder sind generell pfleglich zu behandeln, egal ob diese aus Stahl oder glasfaserverstärktem Gewebe bestehen. Ein Kontakt mit dem Boden ist wegen einer möglichen Verschmutzung und Beschädigung zu vermeiden. Nach der Messung sind die Bänder stramm aufzuwickeln. Metallbänder dürfen nicht geknickt werden, da sonst Bruchgefahr besteht. Sollte dennoch ein Messband beschädigt sein, so kann dieses repariert werden. Bei Metallbändern geschieht das durch Hartlötung oder Vernietung der Bruchstelle. Für die glasfaserverstärkten Gewebebänder gibt es Reparatursets. Sollte sich bei der Reparatur die Länge ändern, ist die auftretende Differenz auf dem Gehäuse bzw. dem Griff des Messbandes zu vermerken.

Neuerdings gibt es preiswerte Lasermessgeräte, die über Laufzeitmessung, Messung der Phasenlage und Lasertriangulation in der Lage sind, Distanzen zu messen. Diese Verfahren eignen sich besonders bei breiten Gewässern und wenn ein Sichtkontakt zum anderen Ufer gegeben ist. Ist keine Einblickmessung möglich, können Brücken oder kleine Inseln bei der klassischen Triangulierung (Dreiecksmessung) hilfreich sein.

2.2.2 Tiefe

Generell ändert sich mit dem Abfluss die Breite und die Tiefe eines Gewässers. Besonders Tiefenänderungen können in kurzer Zeit auftreten. Mäandrierende Gewässer sind am Prallhang (Außenseite der Kurve) immer tiefer als am Gleithang (Innenseite der Kurve). Durch die Strömungen kann es zur Ausbildung von Auskolkungen oder Untiefen kommen. Auch bei einem scheinbar gleichmäßigen Verlauf des Gewässers kann das Gewässerbett ungleichmäßig ausgebildet sein. Die Messung der Gewässertiefen ist möglichst genau durchzuführen, da diese bei der Abflussmessung und -berechnung eine wichtige Rolle spielen. Wegen der Änderung des

Gewässerbettes durch Erosion und Ablagerung sollte die Tiefenbestimmung regelmäßig wiederholt werden.

In schmalen Gewässern kann die Tiefe mit skalierten Peilstangen aus Kunststoff oder Metall gemessen werden. Ein einfacher Meterstab aus Kunststoff (z.B. Zollstock) ist ebenfalls sehr praktisch für diesen Einsatz. Die Peilstangen lassen sich auch günstig selber herstellen. Die Skalierung wird in Form von alternierend schwarzen und weißen Markierungen im Dezimeterabstand angebracht; jeder volle Meter wird durch einen roten Ring markiert. Um ein Eindringen der Peilstange in den häufig weichen Untergrund zu verhindern, ist das untere Ende mit einer horizontalen Grundplatte z.B. aus Eisen oder Kunststoff versehen. Wenn die Peilstange lang genug ist, kann sie von einer Brücke oder Plattform aus herunter gelassen werden. In diesem Fall sollte das Ende der Peilstange mit einem massiven Eisen- oder Bleigewicht versehen werden, damit eine senkrechte Stellung im Wasser gewährleistet wird.

Ein skaliertes Lotseil mit Lotkörper (Gewicht) ist die einfachste Methode zur Ermittlung der Gewässertiefe. Das Gewicht des Lotkörpers sollte das Doppelte bis Dreifache des Seilgewichtes bei voller Seillänge betragen. Die Tiefe lässt sich durch eine Zugentlastung des Seils feststellen. Voraussetzung für eine einwandfreie Messung ist ein eindeutiger Gewichtsunterschied zwischen Lotköper und Seil, damit das Aufsetzen des Lotkörpers auf das Gewässerbett bemerkbar ist. Ist das Gewicht zu gering, besteht die Gefahr, dass die Strömung das Lotseil stromabwärts zieht und damit die Messung ungenau wird.

Das Lotseil mit Lotkörper lässt sich auch von einem Boot aus einsetzen. Hierbei ist es wichtig, die genaue Position des Messpunktes zu bestimmen. So kann z.B. das Boot entlang eines Seils geführt werden, das von einer Seite des Gewässers zur anderen gespannt ist. Ähnlich wie bei der Abflussmessung sollte das Seil mit kleinen Klebebändern oder Markierungsschildchen in einheitlichen Abständen versehen sein, um die Messpunkte festzulegen. Seilereien liefern Drahtseile mit fertiger Metereinteilung. Bei größeren Spannbreiten sollte das Seil durch Schwimmkörper (Kork, Holz oder Kunststoff) an der Wasseroberfläche gehalten werden, ansonsten kann es zur Abdrift des Seiles durch Strömung und/oder Wind kommen. Am Ufer lassen sich die Messpunkte mit Fluchtstäben festlegen. Diese können dann vom Boot aus angepeilt werden bzw. die Position des Boots kann vom Ufer aus festgelegt werden. Bei größerer Genauigkeit lässt sich die Position des Bootes mit einem Vermessungsgerät (Kap. 2.1.6) bestimmen. Darüberhinaus kann durch ein GPS (Kap. 2.1.3) die Lage bestimmt werden.

Eine komfortable Methode, die Gewässertiefe zu bestimmen, stellt der Einsatz von Echolot-Geräten dar, die sehr preisgünstig für Motorbootfahrer angeboten werden. Professionelle Geräte werden von Fachfirmen für hydrographische Untersuchungen vertrieben. Bei der Echolotmessung wird von einem Sender ein Ultraschall-Signal gesendet, vom Untergrund des Gewässers reflektiert und im Empfänger wieder empfangen. Aus der Laufzeit des Signals lässt sich die Tiefe des Gewässers bestimmen.

Für ein genaues Bild ist es aus bereits erwähnten Gründen wichtig, viele Messungen durchzuführen, um eine über ein Gewässerquerprofil – und manchmal auch über ein Gewässerlängsprofil – genaue Aussage über die Gewässergeometrie treffen zu können. Die Lage des Profils ist vor der Messung festzulegen. Dabei müssen die Profile z.B. in einem See nicht unbedingt parallel zueinander laufen. Der Abstand der Profile ist bedingt durch die Gewässerstruktur und die erforderliche Genauigkeit zur Lösung der hydrogeologischen Fragestellung. Über die gesamte Gewässerbreite sollten 10 bis 20 Messpunkte verteilt werden (Kap. 2.5.3.5). Dies ist insbesondere im Zusammenhang mit der Messung der Breite und der Abschätzung der Abflussmenge von großer Wichtigkeit.

Bei Messungen in der Nähe von Brückenpfeilern, großen Steinen oder anderen Konstruktionen im Gewässer ist auf Strömungswirbel zu achten, die das Messergebnis verfälschen können. Die Strömungswirbel ändern die Fließrichtung des Oberflächengewässers lokal, die manchmal sogar stromauf gerichtet sein kann. An solchen Stellen sollte die Zahl der Messungen erhöht werden.

Bestimmung der Gewässerabmessungen

2.2.3 Oberfläche

Die Messung der Gewässeroberfläche ist für die Konstruktion von Grundwasserhöhenplänen von größter Wichtigkeit, da unter normalen Bedingungen die Grundwasserhöhe und die Gewässeroberfläche entlang des Gewässerrandes übereinstimmen. Die Bestimmung der Gewässeroberfläche kann unter Verwendung von Höhenfestpunkten mittels Nivelliergerät an ausgewählten Messpunkten erfolgen. Geeignete Messpunkte sind Brücken, Straßenüberquerungen oder Rohrdurchlässe. Des Weiteren können Ergebnisse vorhandener Messstellen wie Lattenpegel, Pegelschreiber etc. und auch andere Wasserstandsaufzeichnungen genutzt werden. Aus den einzelnen Messwerten lässt sich auch der Gewässergradient bestimmen. Unter dem Gewässergradienten ist die Höhenänderung der Gewässeroberfläche zwischen zwei Messpunkten, dividiert durch den horizontalen Abstand dieser Punkte entlang des Gewässerverlaufes, zu verstehen. Der Gewässergradient ändert sich im Gewässerverlauf, sodass der Gesamtgradient eines Gewässers im Allgemeinen anders ist als die Einzelgradienten an bestimmten Stellen. Über den Gesamtgradienten eines Gewässers lässt sich die Gewässeroberfläche zwischen zwei Messpunkten durch Interpolation festlegen.

2.2.4 Strömungsquerschnitt

Der Strömungsquerschnitt eines Gewässers ist die Fläche, die von der Wasserströmung senkrecht durchflossen wird. Dieser variiert entlang des Gewässerlaufes, beeinflusst die Fließgeschwindigkeit und lässt sich aus der Breite und der Tiefe des Gewässerquerprofils bestimmen. Wenn das Gewässerquerprofil ermittelt ist, lässt sich die Fläche des Strömungsquerschnitts wie folgt bestimmen:

- Berechnung des Strömungsquerschnitts unter der Annahme, dass dieser ein Trapez bildet, das durch Gewässeroberfläche, Gewässerbett und zwei Gewässertiefen begrenzt wird. Die Fläche jedes Trapezes lässt sich berechnen aus der Summe der beiden Tiefenmessungen dividiert durch zwei und multipliziert mit dem Abstand der beiden Tiefenmessungen (Trapez-Messmethode). Die Summe aller Trapezflächen ergibt den Strömungsquerschnitt des Gewässers (Abb. 2.4 Bild 1).
- Auftragung des verkleinerten Gewässerquerprofils auf Millimeter-Papier, Auszählung der Kästchen im Strömungsquerschnitt und Umrechnung unter Berücksichtigung des Verkleinerungs-Maßstabes (Abb. 2.4 Bild 2).
- Berechnung des Strömungsquerschnittes mittels Segmentberechnung unter der Annahme, dass das Gewässerbett einer Kreisform ähnelt. Die Auswertung hierzu ist im Formblatt 4 (Anh. 5) enthalten (Abb. 2.4 Bild 3).
- Berechnung des Strömungsquerschnittes mittels Tiefenmessung unter der Annahme, dass das Gewässerbett einer Rechteckform ähnelt. Die Auswertung hierzu ist ebenfalls im Formblatt 4 (Anh. 5) enthalten (Abb. 2.4 Bild 3).
- Verwendung eines Planimeters. Das Planimeter ist ein Gerät zur mechanischen Ausmessung krummlinig begrenzter ebener Flächen. Bei der gebräuchlichen Form des Polar-Planimeters wird durch die Umfahrung der Fläche (längs der Umrandungslinie) mit einem am freien Ende des Fahrarms befestigten Fahrstift eine Messrolle so bewegt, dass an einer Skala der Zahlenwert des Flächeninhaltes abgelesen werden kann (bzw. der Wert sich nach Multiplikation mit einer Instrumentenkonstante ergibt). Der Fahrarm ist am Leitpunkt über ein Gelenk mit dem Polararm verbunden, an dessen oberen Ende ein schweres Metallstück als ruhender Pol dient. Der Leitpunkt bewegt sich also beim Umfahren der Fläche auf einem Kreis um den Pol.
- Verwendung eines PC-Zeichenprogramms oder Geoinformationsystems (Kap. 3.4) zur Bestimmung von Flächen mit unregelmäßigem Umfang.

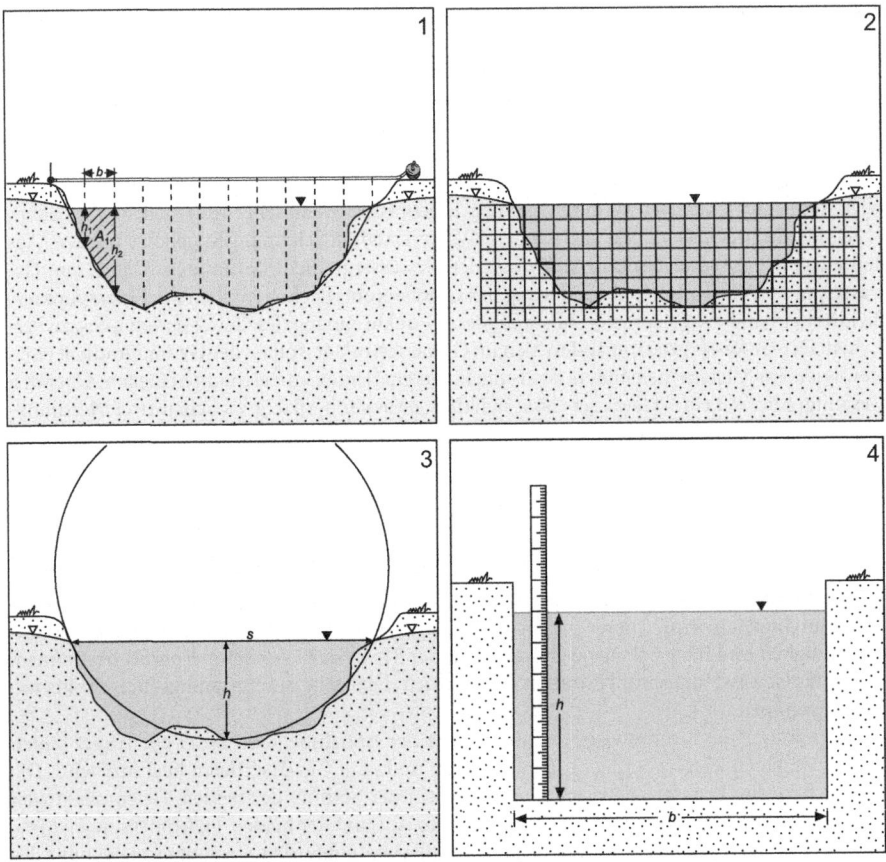

Abb. 2.4: Gewässerabmessungen. Strömungsquerschnitt. 1: Skizze Strömungsquerschnitt, 2: Ermittlung des Strömungsquerschnittes mittels Millimeterpapier, 3: Berechnung des Strömungsquerschnittes über Segmentberechnung, 4: Berechnung des Strömungsquerschnittes über Breiten- und Tiefenmessung.

Der Strömungsquerschnitt lässt sich auch durch den benetzten Umfang (Perimeter) beschreiben. Der benetzte Umfang ist die Länge einer Linie, die sich senkrecht zum Abfluss entlang des Teils des Gewässers erstreckt, welcher sich unter der Wasseroberfläche befindet. Der benetzte Umfang ist immer größer als die Gewässerbreite. Dies gilt insbesondere für schmale und tiefe Gewässer. Die Bestimmung des benetzten Umfanges wird mittels eines genauen Gewässerquerprofils über die gesamte Breite des Gewässers durchgeführt. Insbesondere mehrfach verzweigte und damit naturbelassene Gewässer mit vielen schmalen vereinzelten Gerinnen sollten je nach hydrogeologischer Fragestellung entweder in der Summe oder als einzelne Gerinne betrachtet werden. Der benetzte Umfang schwankt mit dem Wasserstand und der Gewässerbreite, welche wiederum mit dem Abfluss variieren. Der benetzte Umfang sollte mit Abflussmessungen am selben Ort und zum selben Zeitpunkt korreliert werden.

Der hydraulische Radius wird aus dem Strömungsquerschnitt A (m²) dividiert durch den benetzten Umfang U (m) ermittelt. Seine Größe wird zur Abschätzung des Abflusses mittels MANNING-STRICKLER-Gleichung (Kap. 2.5.3.11) benötigt.

2.3 Grundwasserstandsmessung

Die Messung des Grundwasserstandes ist zur Beurteilung hydrogeologischer Probleme von großer Bedeutung und erfolgt in Grundwassermessstellen oder Brunnen (Abb. 2.5). Die Messung des Grundwasserstandes erfasst den Höhenunterschied (m) zwischen Messpunkt an der Grundwassermessstelle und Wasserspiegel in der Grundwassermessstelle (= Grundwasserspiegel). Das Messergebnis wird auf den Messpunkt der Messstelle als Abstich (m) oder auf eine Bezugsebene als Grundwasserstand (± m NHN) bezogen.

Im Allgemeinen ist die Messung des Grundwasserstandes eine Abstandsmessung. Es kommen Messgeräte für periodische Messungen und solche für kontinuierliche Messungen zum Einsatz. Unter periodischen Messungen wird ein Messvorgang verstanden, bei dem mit einem tragbaren Gerät der Wasserspiegel in der Messstelle von Hand ermittelt wird. Kontinuierliche Messungen erfolgen mit Hilfe von Registriereinrichtungen.

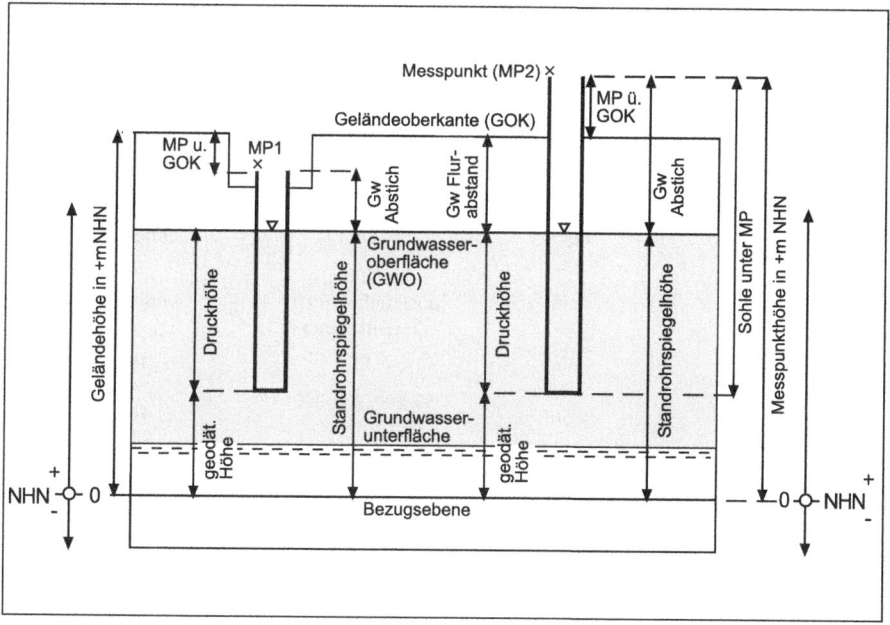

Abb. 2.5:   Messgrößen an Brunnen bzw. Grundwassermessstellen (HÖLTING & COLDEWEY 2013).

Die Messung des Grundwasserstandes kann generell mit den folgenden Geräten erfolgen:
- Lot (Kap. 2.3.1),
- Meterstab (Kap. 2.3.2),
- Patscher (Kap. 2.3.3),
- Brunnenpfeife (Kap. 2.3.4),
- Tiefenlot (Kap. 2.3.5),
- Elektrisches Lichtlot (Kap. 2.3.6),
- Elektrisches Kabellichtlot (Kap. 2.3.7),
- Messgerät mit kontinuierlicher Registrierung (Kap. 2.3.8), wie z.B. Grundwasseranzeigepegel (Kap. 2.3.8.1), Differenzdruckaufnehmer (Kap. 2.3.8.2).

Die Wahl des geeigneten Messgerätes hängt vom Einsatzbereich, dem zu messenden Grundwasserabstich, der Grundwasserstandsschwankung sowie der gewünschten Genauigkeit ab (Tab.

2.1). Viele dieser Messeinrichtungen werden überwiegend mit einer kontinuierlichen Registriereinrichtung ausgestattet.

Als Messpunkt kommt die Oberkante eines Brunnens oder einer Grundwassermessstelle bei geöffnetem Deckel in Frage. An größeren und ungleichmäßigen Brunnenrändern (Einfassung mit Bruchsteinmauerwerk) empfiehlt es sich, den Messpunkt für spätere Nachmessungen mit Signierkreide, Signierfarbe oder Farbspray (z.B. Forstmarkierspray oder Försterkreide mit extra großem Pigmentanteil) zu markieren, damit immer an der gleichen Stelle gemessen wird. Als Messpunkt wird bei Bohrungen die Geländeoberkante verwendet. Die Durchführung von Sonderuntersuchungen kann höhere Messgenauigkeiten erfordern. Unter schwierigen Verhältnissen müssen dagegen auch größere Toleranzen in Kauf genommen werden. Vor der Fahrt ins Gelände sollten in jedem Fall die zum Einsatz kommenden Geräte (Lampe, Messband, Messuhr, etc.) auf ihre Funktionstüchtigkeit überprüft und eventuell defekte Teile (Batterien) ausgetauscht werden.

Tab. 2.1: Grundwasserstandsmessung. Angaben zum Einsatzbereich und Messgenauigkeit unterschiedlicher Messgeräte.

Messgerät	kontinuierliche Registrierung möglich	Grundwasserabstich (m)	Messgenauigkeit (mm)
Lot	nein	bis 25	sehr ungenau
Meterstab	nein	bis 2	sehr ungenau
Nadellot	nein	1 bis 3	ungenau
Patscher	nein	bis 5 (Ton) auch tiefer durch Zugentlastung	ungenau
Brunnenpfeife	nein	30	10
Tiefenlot	(nein)	50, 100, 200, 300 und mehr	10
Elektrisches Lichtlot	(ja)	n.b.	n.b.
Elektrisches Kabellichtlot	nein	15 bis 500	kleiner 5
Pegelschreiber	ja	n.b.	kleiner 5
Pneumatischer Pegelschreiber (Einperlmethode)	ja	bis 30	1
Differenzdruckaufnehmer	ja	0,01 bis 500	kleiner 1

n.b. = nicht bekannt

Der Grundwasserstand an Grundwassermessstellen oder Brunnen (Abb. 2.6) mit artesisch gespanntem Grundwasser (Abb. 2.6 Bild 3) lässt sich – nach Montage eines Aufsatzrohrs auf die Messstelle bis oberhalb des Druckwasserspiegels – messen. Die Messstelle kann auch durch ein Ventil verschlossen und über die Manometermessung des Überdruckes die Höhe des Grundwasserstandes berechnet werden.

Der zeitliche Abstand zwischen zwei Messungen – der Messturnus – ist so festzulegen, dass die Schwankungen des Grundwasserstands mit deren Zyklen bzw. Perioden und Amplituden erfasst werden. Sind rasch wechselnde Grundwasserstände zu erwarten (z.B. im Karst oder unter Einfluss der Tide und/oder oberirdischen Gewässern) und werden Messstellen in hydrogeologisch nicht näher bekannten Gebieten neu eingerichtet, sind kontinuierliche Messungen zu empfehlen. In der Regel ist eine Messung pro Woche ausreichend, in diesem Fall soll im-

Grundwasserstandsmessung 17

mer am gleichen Wochentag (häufig Montag) gemessen werden. Unter bestimmten Voraussetzungen reichen auch vierzehntägliche, monatliche und halbjährliche (z.b. hydrologisches Sommerhalbjahr April und Oktober, hydrologisches Winterhalbjahr November bis März des Folgejahres) Messungen aus. Für die Betrachtung eines zeitgleichen Zustandes sind Stichtagsmessungen erforderlich.

Rasch wechselnde Grundwasserstände können eine kontinuierliche Registrierung erforderlich machen. In diesem Fall ist die Aufzeichnung durch Einzelmessungen manuell zu kontrollieren, die in der Regel halbmonatlich durchzuführen sind. Der durch die Kontrollmessung erhaltene maßgebliche Messwert ist mit Datum, Uhrzeit und Unterschrift zu dokumentieren. Bei mehr als 2 cm Unterschied zwischen kontinuierlich registriertem und manuell im Rahmen der Kontrolle erfassten Wert ist die Registriereinrichtung vom Beobachter richtig einzustellen. Besteht diese Möglichkeit nicht, sind entsprechende Eintragungen in einem Erfassungsbeleg vorzunehmen.

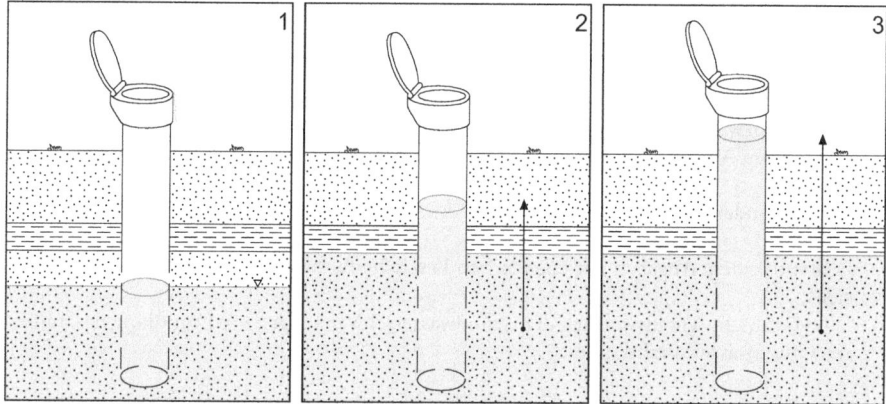

Abb. 2.6: Grundwasserstandsmessung. 1: Messgrößen an einer Messstelle in einem ungespannten Grundwasser, 2: Messgrößen an einer Messstelle in einem gespannten Grundwasser, 3: Messgrößen an einer Messstelle in einem artesisch gespannten Grundwasser (nach BRASSINGTON 1988).

Die Datenübertragung aus der Registriereinrichtung erfolgt mit einem „geländetauglichen" Speicherbaustein, einem PC, einem Notebook oder per Funk. Nach dem Datentransfer stehen die Daten als Listen mit Datum/Uhrzeit und Messwert (Wasserstand als Abstich oder Flurabstand in mm oder cm) zur Verfügung und können mit Standardsoftware (z.B. MS EXCEL oder MS ACCESS) weiterverarbeitet werden.

Die Grundwasserhöhen sind ein wichtiger Bestandteil der Gelände- und Kartierarbeiten. Die Grundwasserstandsmessungen bezogen auf Normalhöhennull finden Eingang in den Grundwasserhöhenplan, aus dem die Flurabstandskarte sowie die Hydrogeologische Karte generiert werden.

Zur Kostenreduzierung empfiehlt sich ein Datenaustausch mit anderen Institutionen oder Firmen. Generell sollte eine Funktionsprüfung der Messstellen (Kap. 4.3.2) erfolgen. Insbesondere wenn es sich um Fremdmessstellen handelt. Aber auch die eigenen Messstellen können aufgrund von Alterungsprozessen ihre Funktionstüchtigkeit verlieren und sind daher in bestimmten Abständen zu prüfen.

Der Messwert des Grundwasserstandes ist in einem Protokoll zu vermerken. Im Formblatt sind unter „Bemerkungen" alle Vorkommnisse festzuhalten, die den Grundwasserstand beeinflussen können (z.B. Witterung). Ebenso ist jede Veränderung an der Messstelle, die sich auf den Messwert auswirken kann, anzugeben. Mängel an der Messstelle und den Messgeräten sind festzuhalten. Das Protokoll einer Grundwasserstandsmessung (Anhang 1, Formblatt 1) sollte

neben den eigentlichen Messwerten des Grundwasserstandes (bezogen auf den Messpunkt, auf eine Bezugsebene oder auf die Geländeoberkante) folgende Angaben enthalten:
- Bezeichnung der Messstelle (Name, Nummerierung, Eigentümer),
- Nennung des TK 25 Blattes (nur zur groben Einordnung),
- Koordinaten der Messstelle,
- Beschreibung des Messpunktes (im nachfolgenden mit MP abgekürzt: Oberkante Rohr, Oberkante Brunnenkappe, Oberkante Schachtdeckel),
- Höhe des Messpunktes (bezogen auf Bezugsebene Normalhöhennull),
- Name des Bearbeiters (Name mit Unterschrift),
- Datum und Uhrzeit der Messung,
- Name des Auswerters (Name mit Unterschrift),
- Datum und Uhrzeit der Auswertung,
- Höhe des Geländes (bezogen auf MP, und bezogen auf die Bezugsebene Normalhöhennull),
- Tiefe der Sohle (bezogen auf MP),
- Tiefe der Filter (von bis bezogen auf MP),
- Filterlänge (m),
- Bemerkungen (Witterungsverhältnisse, verwendetes Messgerät, Besonderheiten, etc.),
- Lageplan bzw. Skizze der Umgebung der Messstelle, mit Angabe der am besten rechtwinklig gemessenen Abstände zu markanten Objekten, z.B. Straßenrand, Hausecke, Grundstücksecke,
- falls vorhanden: Beschreibung oder Skizze des Bohrprofils / Ausbauzeichnung der Messstelle,
- falls vorhanden: Angaben zur chemischen Beschaffenheit des Grundwassers an der Messstelle,
- falls gewünscht: Vorauswertung der Grundwasserschwankungen mit Ermittlung des mittleren Grundwasserflurabstandes,

2.3.1 Lot

Die einfachste Art der Grundwasserstandsmessung besteht darin, einen Bindfaden mit einem Gewicht (z.B. Bleigewicht, Schraubenmutter) zu beschweren und diesen in die Grundwassermessstelle soweit herab zu lassen, bis der Lotkörper in das Grundwasser eintaucht (Abb. 2.7 Bild 1 und 2). Nach Beendigung des Absenkvorganges ist am Bindfaden die Position des Messpunktes zu markieren und der Bindfaden mit dem Lot schnellstmöglich wieder heraus zu ziehen. Die Länge des abgelassenen Bindfadens bis zur Markierung abzüglich der Länge des befeuchteten Teiles gibt den Abstich an. Diese einfache Art der Messung ist häufig unumgänglich, wenn die Zugangsöffnung zum Brunnen bzw. zur Grundwassermessstelle sehr klein ist. Dies ist häufig bei Weidebrunnen der Fall. Der Bindfaden kann erst nach Trocknung wieder verwendet werden. Sollten weitere Messungen notwendig sein, sind diese mit einem anderen Bindfaden durchzuführen. Dieses Verfahren ist langsam und fehleranfällig. Es lässt sich durch den Einsatz eines Vermessungs-Messbandes optimieren. Das Verfahren ist nur bis in Tiefen möglich, in denen das Eintauchen in das Wasser durch Zugentlastung erfasst werden kann (ca. 25 m Tiefe).

Eine weitere Art des Tiefenlotes lässt sich aus einer handelsüblichen Kunststoffflasche mit Schraubverschluss selber bauen. Am besten eignen sich dafür handelsübliche PET-Flaschen (Abb. 2.7 Bild 3). Die Flasche wird soweit mit Sand gefüllt, dass diese noch gut im Wasser schwimmt. Verbunden mit einem Messband wird diese Konstruktion vor dem Messeinsatz kalibriert. Die Kalibrierung erfolgt am besten in einem Wassereimer, in welchen die Kunststoffflasche soweit eingetaucht wird, bis das Gewicht am Messband sich durch Zugentlastung reduziert und die Kunststoffflasche aufzuschwimmen beginnt. Dabei ist der Abstand zwischen

Grundwasserstandsmessung

dem Wasserspiegel und dem Nullpunkt des Messbandes zu messen. Dieser Wert ist bei jeder anschließenden Messung des Grundwasserstandes zum abgelesenen Wert zu addieren.

Die Sohle der Grundwassermessstelle unter Messpunkt (Abb. 2.5) lässt sich beim Auftreffen des Lotkörpers auf die Sohle durch Zugentlastung erfassen.

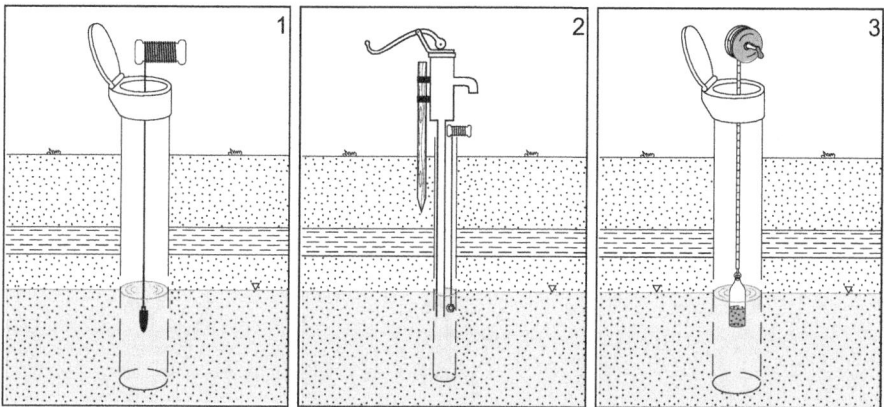

Abb. 2.7: Grundwasserstandsmessung. Lot. 1: Messprinzip mit Lotkörper und Bindfaden, 2: Messprinzip bei räumlicher Enge mit Schraube als Lotkörper, 3: Selbstgebauter Schwimmer als Lotkörper.

2.3.2 Meterstab

Eine veraltete Messmethode besteht darin, ein Meterband (Abb. 2.8 Bild 1) oder einen Meterstab aus Metall (Abb. 2.8 Bild 3) mit Schreibkreide einzureiben, an einem Messband zu befestigen und in der Messstelle herunter zu lassen. Die Messbandlänge zuzüglich der Stablänge bis zur Eintauchgrenze ergibt den Abstich. Hier ist eine Zweitmessung relativ zeitnah nach Abtrocknen des Meterstabes und erneutem Einreiben mit Schreibkreide möglich. Besondere Beachtung ist beim Meterstab auf die genaue Erfassung des Überganges vom Messband zum Meterstab zu legen (Abb. 2.8 Bild 2).

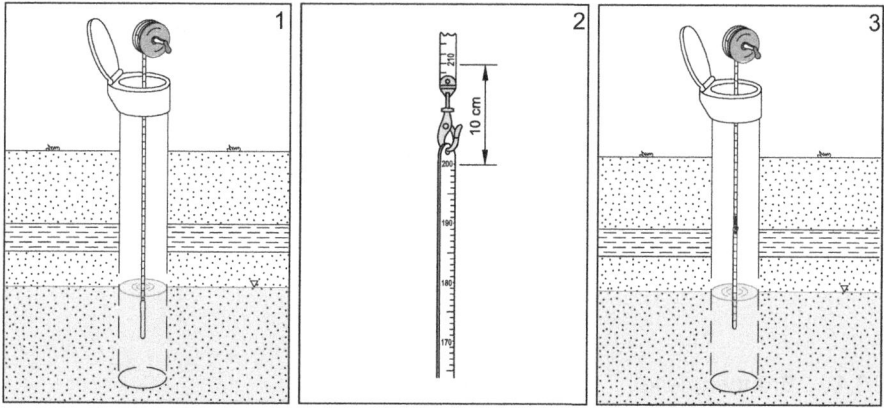

Abb. 2.8: Grundwasserstandsmessung. Meterstab. 1: Messprinzip mit Meterband, 2: Detailskizze Übergang Messband-Meterstab, 3: Messprinzip mit Meterstab.

2.3.3 Patscher

Zur Messung geringer Flurabstände kann auch ein nach unten offener Hohlkörper benutzt werden. Als Hohlkörper lassen sich Eisenzylinder (Abb. 2.9 Bild 1), eine mit einem Gewicht beschwerte Konservendose (Abb. 2.9 Bild 3), eine Kunststoffflasche mit herausgeschnittenem Boden oder eine Flasche mit gewölbtem Boden verwenden (Abb. 2.9). Der Hohlkörper wird an einem Messband befestigt und in der Messstelle herab gelassen. Beim Auftreffen auf die Grundwasseroberfläche entsteht ein dumpfer Ton, daher der Name Patscher, Klatscher oder Aufklatscher. Durch wiederholtes Anheben und Fallenlassen kann der Grundwasserstand auf den Zentimeter genau bestimmt werden. Ein Patscher ist einfach herzustellen, wartungsfrei und preisgünstig. Einfache Klatscher können im Handel käuflich erworben werden. Ein Nachteil ist, dass er nur bis Messtiefen von ca. 5 m geeignet ist, da ansonsten das Geräusch nicht mehr wahrzunehmen ist. An Standorten mit starken Störgeräuschen ist er ebenfalls nicht einsetzbar.

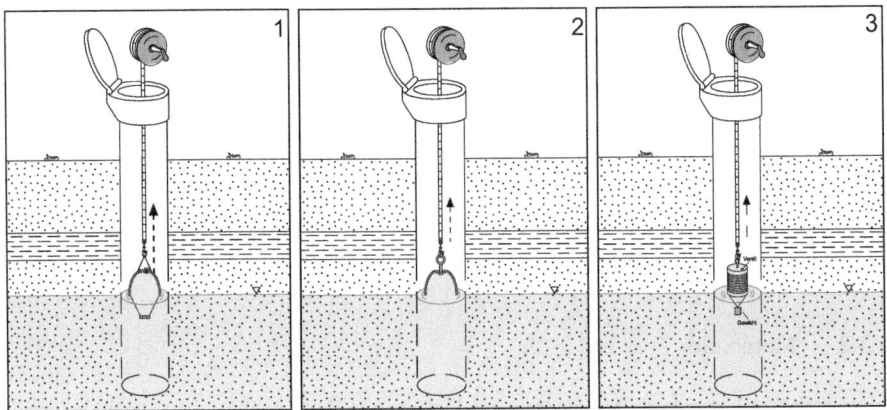

Abb. 2.9: Grundwasserstandsmessung. Patscher. 1: Skizze Patscher, 2: Skizze eines im oberen Teil beschwerten Patschers, 3: Skizze selbstgebauter Patscher aus Blechdose.

Bei größeren Tiefen lässt sich der Hohlkörper aber dennoch durch Anwendung eines anderen Messprinzips weiter einsetzen. Dabei wird ein im oberen Teil beschwerter Hohlkörper senkrecht in das Grundwasser eingetaucht, der sich durch eine Kippbewegung komplett mit Wasser füllt (Abb. 2.9 Bild 2). Beim Anheben mittels Messband dreht sich der mit Wasser gefüllte Hohlkörper in eine senkrechte Position. Das Wasser bleibt aufgrund des atmosphärischen Drucks solange im Hohlkörper bis der untere Rand des Hohlkörpers die Grundwasseroberfläche erreicht. Dann fließt das Wasser plötzlich aus dem Hohlkörper heraus und eine Zugentlastung tritt schlagartig ein. Die Tiefe lässt sich durch diese Zugentlastung am Messband ablesen. Diese Messung sollte zwei- oder dreimal wiederholt werden, bevor der Mittelwert notiert wird. Zu dem Messwert muss der Abstand zwischen dem Wasserspiegel und dem Nullpunkt des Messbandes addiert werden. Dieser Abstand ist in einer vorausgehenden Kalibrierung, am besten in einem mit Wasser gefüllten Eimer zu ermitteln. Da der Füllvorgang durch Drehung des Hohlkörpers erfolgt, muss bei der Anwendung dieser Methode ein entsprechender Durchmesser des Brunnens bzw. der Messstelle gegeben sein.

2.3.4 Brunnenpfeife

Die Brunnenpfeife ist ein Hohlkörper aus Messing, der im oberen Bereich einen Aufschnitt mit scharf abgekantetem Labium, ähnlich einer Blockflöte, aufweist. An der Außenseite befinden

Grundwasserstandsmessung

sich 10 bis 14 becherförmige Rillen im Abstand von 10 mm (Abb. 2.10 Bild 1). Der Nullpunkt der Brunnenpfeife kann sich oben oder unten an der Pfeife befinden und stellt den Nullpunkt des Bandmaßes dar. Wenn sich der Nullpunkt unten am der Pfeife befindet, sind die Rillen von unten nach oben durchnummeriert (Abb. 2.10 Bild 2). Beim Eintauchen der Brunnenpfeife in das Wasser entweicht die Luft aus dem Hohlkörper, bricht sich an der Kante des Labiums und erzeugt einen schrillen Pfeifton. Bei Ertönen des Pfeiftons wird das Bandmaß sofort angehalten und die Position des Messbandes am Messpunkt abgelesen. Durch das Eintauchen der Brunnenpfeife in das Grundwasser werden die unteren Rillen mit Wasser gefüllt und stellen somit ein Maß für die Eintauchtiefe dar. Nachdem die Pfeife wieder hochgezogen wurde, kann die genaue Tiefe durch Abzählen und Subtraktion der wassergefüllten Rillen von der Messbandlänge festgestellt werden. Wenn der Nullpunkt der Brunnenpfeife oben ist, müssen die nicht wassergefüllten Rillen hinzugerechnet werden. Brunnenpfeifen haben im Allgemeinen Außendurchmesser von 27 mm, 20 mm oder 15 mm. Der Rohrdurchmesser der Grundwasser-messstelle sollte mindestens 50 mm betragen; es gibt allerdings für geringere Durchmesser auch schmalere Brunnenpfeifen. Wie beim Patscher ist das Einsatzgebiet aufgrund der akustischen Wahrnehmung eingeschränkt. Die Brunnenpfeife kann bis ca. 30 m Tiefe eingesetzt werden. Die Messgenauigkeit lässt sich mit etwas Übung auf ca. +/- 1 cm verbessern. Auch hier sollte die Messung mehrmals wiederholt werden. Hierfür muss das Wasser aus den Rillen nach jeder Messung entfernt werden. Die Tiefe der Sohle der Grundwassermessstelle lässt sich am Messband anhand der Zugentlastung beim Auftreffen der Brunnenpfeife auf die Sohle ablesen.

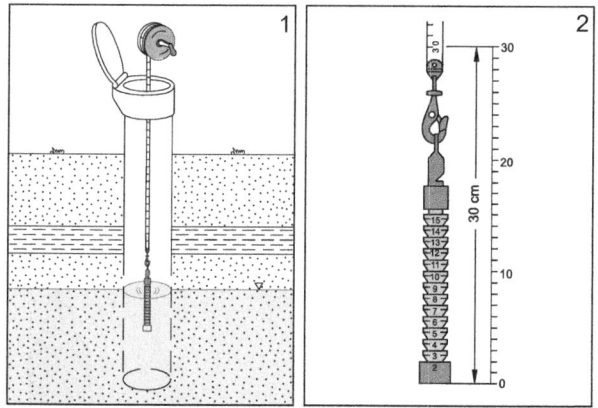

Abb. 2.10: Grundwasserstandsmessung. Brunnenpfeife. 1: Brunnenpfeife in Grundwassermessstelle, 2: Detailskizze Brunnenpfeife.

2.3.5 Tiefenlot

Das Tiefenlot besteht aus einem auf einer Seiltrommel aufgespulten Edelstahlseil (Durchmesser 0,5 mm), das über eine Ablaufvorrichtung mit Fliehkraftbremse eine Tiefenanzeige ermöglicht (Abb. 2.11 Bild 1 und 2). Mit dem Gerät kann sowohl die Grundwasseroberfläche als auch die Sohle der Grundwassermessstelle gemessen werden.

Zur Messung des Grundwasserstandes wird ein Kunststoffschwimmer am Arretierstern (Übergangsstück vom Seilende zum jeweiligen Aufsatz) befestigt. Zur Messung der Sohle der Grundwassermessstelle wird ein Edelstahllot eingesetzt. Der Ausgangspunkt für die Messung ist die Unterfläche des Gerätes, das auf die Rohroberkante aufgesetzt wird. Je nach Durchmesser des Beobachtungsrohres und des Lotes ist eine Korrektur notwendig. Diese Korrekturwerte können den mitgelieferten Einstelltabellen entnommen und manuell am Zählwerk vor der eigentlichen Messung eingestellt werden (Tab. 2.2). Durch leichtes Antippen der Kurbel entgegen der Ablaufrichtung wird das Gerät in Betrieb gesetzt und das Stahlseil abgespult (Abb. 2.11 Bild 3). Die Fliehkraftbremse gewährleistet einen Seilablauf mit konstanter Geschwindigkeit. Beim Auftreffen des Kunststoffschwimmers auf die Grundwasseroberfläche arretiert die Fliehkraftbremse das Zählwerk (Abb. 2.11 Bild 4). Die Tiefe wird daraufhin an einer fünfstelligen Analoganzeige abgelesen.

Tab. 2.2: Grundwasserstandsmessung. Tiefenlot. Beispiel für eine Korrekturtabelle.

Rohr-Durchmesser	Lot-Durchmesser	Einstellung des Zählwerkes vor Beginn der Messung auf
2 Zoll	40 mm	4 cm
3 Zoll		1 cm
1 Zoll	20 mm	9 cm
1,5 Zoll		4 cm
Messung mit Edelstahlgewicht		11 cm

Zur Messung der Sohle der Grundwassermessstelle wird ein Edelstahlgewicht am Arretierstern befestigt. Die Messung erfolgt analog zur Messung des Grundwasserstandes, allerdings arretiert die Fliehkraftbremse in diesem Fall beim Auftreffen des Edelstahlgewichtes auf der Sohle der Grundwassermessstelle (Abb. 2.11 Bild 5 und 6).

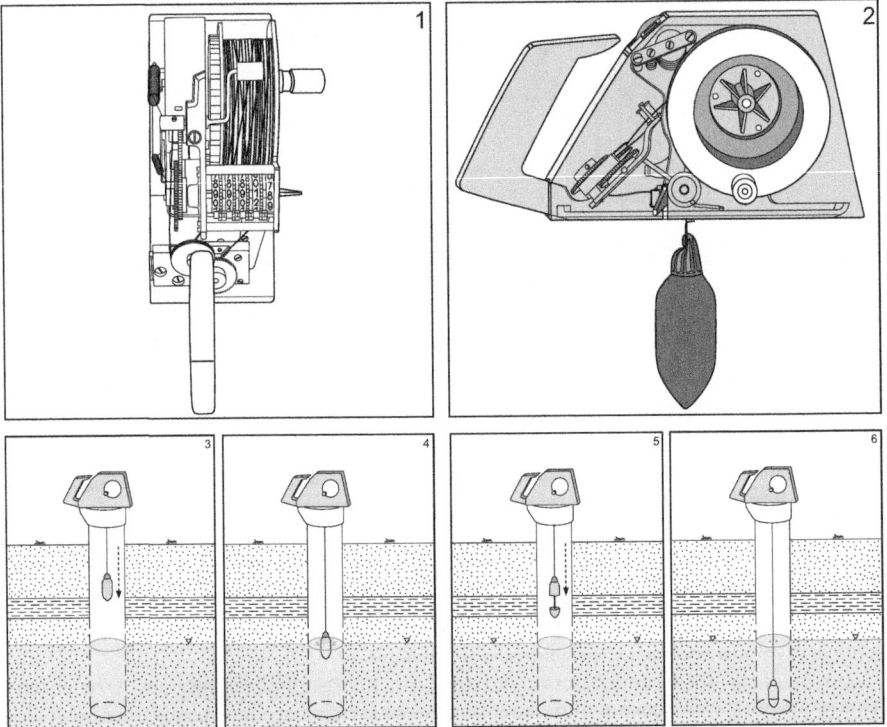

Abb. 2.11: Grundwasserstandsmessung. Tiefenlot der Firma SEBA Hydrometrie GmbH & Co. KG. 1: Skizze des Tiefenlots Aufsicht, 2: Skizze des Tiefenlots Seitenansicht, 3-4: Messung des Grundwasserstandes, 5-6: Messung der Sohle.

Grundwasserstandsmessung

Das Tiefenlot ist für verschiedene Messbereiche von 50 m, 100 m, 200 m und 300 m lieferbar; es kann jedoch als Sonderanfertigung für noch größere Tiefen hergestellt werden. Für größere Wassertiefen (von 50 m bis über 1.000 m Länge) z.B. beim Loten von Schächten werden lange Stahlbänder oder drallfreie Spezialdrahtseile mit hoher Zugfestigkeit verwendet, die auf großen Trommeln mit stabilem, verzinktem Standrahmen aufgewickelt sind. Die Ablesung erfolgt über Ösen mit Meterzahlangabe, die am Seil befestigt sind. Der Einsatz des Gerätes ist in Beobachtungsrohren ab einem Durchmesser von 25 mm möglich.

Das Gerät zeichnet sich durch einfache Handhabung, geringes Gewicht und hohe Genauigkeit aus. Es ist relativ kostspielig in der Anschaffung und bedarf guter Pflege. Bei Messstellen, die nicht lotrecht ausgebaut sind, können Stahlseil, Schwimmer bzw. Lot die Rohrwandung berühren und eine vorzeitige Arretierung bewirken; dies führt zu Fehlmessungen.

2.3.6 Elektrisches Lichtlot

Das elektrische Lichtlot besteht aus einem einadrigen Kabel (Kunststoffaderleitung, Schaltdraht, Klingeldraht), an dessen Ende ein Metallhohlkörper angebracht ist, in dem sich zwei runde Schwimmkörper befinden. Diese schwimmen beim Auftreffen auf den Wasserspiegel auf und schließen einen Kontakt zu einer Stromquelle (CC). Durch das Verstärken des elektrischen Signals über einen Transistor leuchtet eine Glühlampe bzw. LED am oberen Teil des Gerätes auf. Durch Ab- und Aufwärtsbewegungen (wechselweises Aufleuchten und Erlöschen der Glühlampe) wird die Elektrode genau auf die Wasserspiegelhöhe gebracht (Abb. 2.12 Bild 1 und 2). Die mögliche Messtiefe ist groß. Es kann allerdings bei Dunstbildung im Brunnen zu Fehlmessungen durch Kurzschluss kommen. Fehlmessungen dieser Art treten beim elektrischen Kabellichtlot (Kap. 2.3.7) nicht auf.

2.3.7 Elektrisches Kabellichtlot

Das elektrische Kabellichtlot (oftmals kurz als Lichtlot bezeichnet) besteht aus einem zweiadrigen Kabel (Flachbandkabel) mit aufgeprägter Zentimetereinteilung. Das Kabel ist auf einer Trommel aufgespult. Am unteren Ende befindet sich ein Lot, meist Edelstahl, mit eingebauter Elektrode, die in der Regel über das Flachkabel eine Glühlampe an der Außenseite der Trommel schaltet (Abb. 2.12 Bild 3).

Beim Eintauchen der Elektrode in das Grundwasser wird der elektrische Stromkreis geschlossen und die Glühlampe an der Kabeltrommel leuchtet auf. Durch Ab- und Aufwärtsbewegungen (wechselweises Aufleuchten und Erlöschen der Glühlampe) wird die Elektrode genau auf Wasserspiegelhöhe gebracht (Abb. 2.12 Bild 4). Je nach Modell kann anstelle des Lichtsignals auch ein akustisches Signal erzeugt werden. Die Tiefe der Sohle der Messstelle lässt sich beim Auftreffen auf die Sohle durch Zugentlastung messen. In einer Sonderausführung kann der untere Teil des Lotes (Gewichtsteil) als Grundtaster ausgebildet werden; bei Grundberührung erlischt die bis dahin leuchtende Glühlampe. An dem Kunststoff-Flachbandkabel mit Zentimetereinteilung wird der Abstich bzw. die Sohltiefe unmittelbar in Höhe des Messpunktes abgelesen.

Das Gerät wird mit Batterien betrieben, die im Handgriff der Kabeltrommel untergebracht sind. Sein Einsatz ist in fast allen Messstellen möglich. Probleme können bei sehr niedrigen elektrischen Leitfähigkeiten κ von < 30 µS/cm des Grundwassers auftreten. Durch das Verwenden einer Spezialkappe ist die Messung des Grundwasserstandes jedoch auch bei niedrigen elektrischen Leitfähigkeiten möglich. Die Messvorgänge sind einfach und relativ schnell im Rahmen der geforderten Messgenauigkeit durchführbar. Bei Tiefen von 15 m bis 500 m (je nach Kabellänge) liegt die Messgenauigkeit unter 0,5 cm.

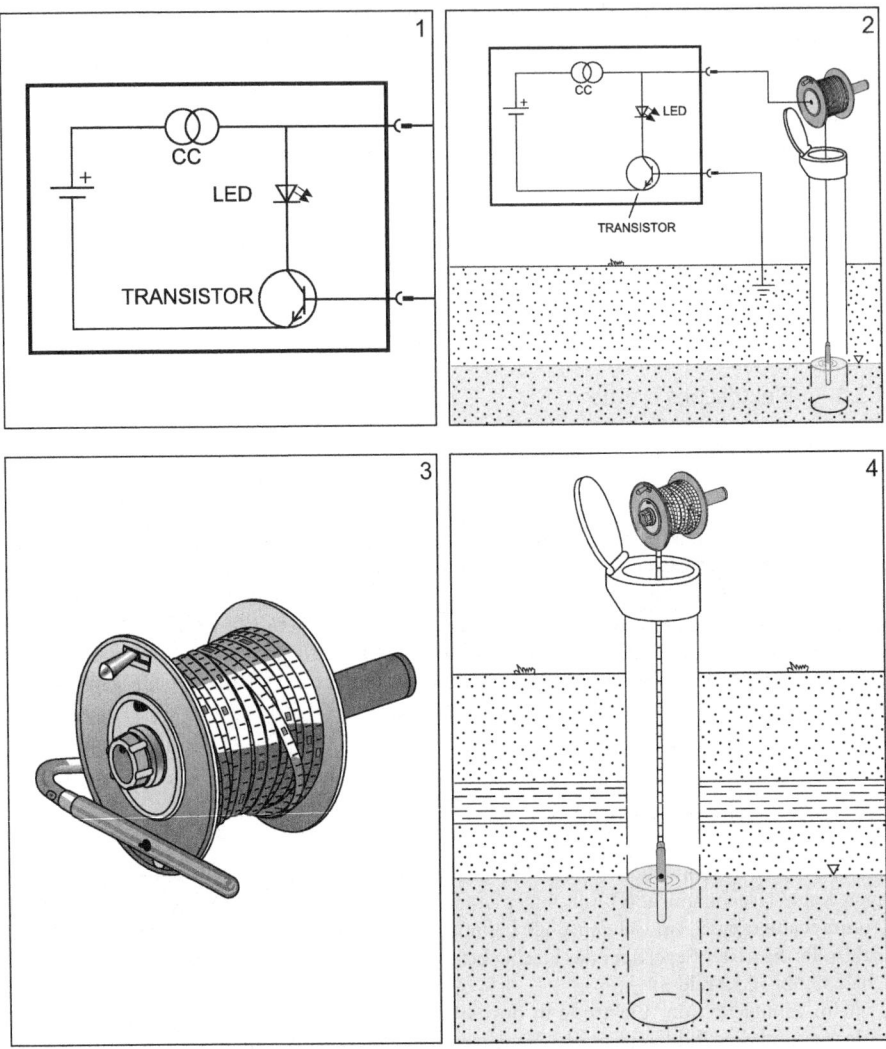

Abb. 2.12: Grundwasserstandsmessung. Lichtlot. 1: Detailskizze Elektrisches Lichtlot, 2: Messprinzip Elektrisches Lichtlot in Grundwassermessstelle, 3: Detailskizze Elektrisches Kabellichtlot, 4: Messprinzip Elektrisches Kabellichtlot in Grundwassermessstelle.

Ein Nachteil des Gerätes ist, dass es beim Übergang vom Flachbandkabel zum Lot zu Kabelbrüchen kommen kann. Zur Reparatur solcher Brüche werden Reparatursets angeboten. Bei einer Verkürzung des Messbandes ist dieses auf dem Gerät zu vermerken. Ebenfalls kann es nachteilig sein, wenn bei großen Tiefen das Kabel an der z.B. nicht lotrecht gebohrten Wandung der Grundwassermessstelle anhaftet und somit keine exakte Messung durchführbar ist.

Eine Sonderausführung stellt ein Kabellichtlot mit Temperatursonde dar. Dieses Gerät ermöglicht nicht nur die Messung des Grundwasserstandes, sondern auch der Grundwassertemperatur in verschiedenen Tiefen bei einer einmaligen Messfahrt (Temperaturprofil mit der Tiefe). Das Gerät besteht aus einer mit Hartgummi oder Kunststoff ummantelten Trommel mit einem polyamidbeschichteten Stahlband mit Zentimetereinteilung. Beim Auftreffen auf den Grundwasserspiegel leuchtet an dem Gerät eine von zwei Glühlampen auf und der Abstich kann

Grundwasserstandsmessung

am Messband abgelesen werden. Zur Bestimmung der Wassertemperatur in verschiedenen Teufen wird eine Skalenscheibe an der Trommel so lange gedreht bis die zuerst aufgeleuchtete Glühlampe erlischt und die zweite Lampe aufleuchtet. An der Skala lässt sich die Wassertemperatur mit einer Genauigkeit von 0,1°C ablesen. Zur Stromversorgung werden handelsübliche Batterien verwendet. Modernere Kabellichtlote mit Temperatursonde besitzen an der Trommel eine digitale Anzeige der Wassertemperatur. Diese lässt sich über einen Schalter aktivieren und deaktivieren.

Wenn kein handelsübliches Gerät zur Verfügung steht, lässt sich ein Kabellichtlot mit Hilfe eines zweiadrigen Flachbandkabels selbst herstellen.

2.3.8 Messgeräte mit kontinuierlicher Registrierung

Messgeräte mit kontinuierlicher Registrierung zeigen den Wasserstand fortlaufend an. Der Abstich muss zu jeder Zeit abgelesen und durch Einzelmessungen kontrolliert werden können.
Das registrierende Gerät besteht aus:
- Messeinrichtung bzw. Messwertaufnehmer (Schwimmer mit Gegengewicht, Differenzdruckaufnehmer),
- Registriereinrichtung (analog z.B. Trommelregistrierungen, Bandschreiber; digital z.B. Datenlogger).

Wird digital registriert, ist zur Überprüfung außerdem eine Messwertanzeige erforderlich.
Digitale Daten lassen sich auch mittels Fernübertragung (z.B. Mobilfunknetz) auslesen und somit die Grundwassersituation überwachen.

Die Registriereinrichtungen sollten – sofern sie nicht in wassergeschützter Bauweise gefertigt sind – hoch genug über dem Wasserspiegel angebracht werden, um diese vor Überflutung zu schützen. Eine kleine Hütte mit Tür und Sicherheitsschloss zum Schutz der Registriereinrichtung ist sinnvoll.

2.3.8.1 Grundwasseranzeigepegel

Der traditionelle Grundwasseranzeigepegel basiert auf der Schwimmertechnik und ist vergleichbar mit dem Pegelschreiber zur Ermittlung des Wasserstandes für die Abflussmessung (Kap. 2.5.3.8). Das Gerät wird zur Messung auf die Grundwassermessstelle aufgesetzt.

2.3.8.2 Differenzdruckaufnehmer

Die Messung des Grundwasserstandes mittels Differenzdruckaufnehmer erfolgt über eine Membran, welche zwischen zwei Messkammern befestigt ist. Diese Membran erfährt bei einer Druckänderung eine Auslenkung aus ihrer Ruhelage, welche als Maß für die Größe der Druckdifferenz steht. Alle Druckaufnehmer messen den Druck der über ihnen stehenden Wassersäule, woraus sich der Wasserstand ermitteln lässt. Eine Korrektur der Einflüsse der Luftdruckänderung erfolgt entweder über einen zweiten Druckaufnehmer, der oberhalb des Grundwasserspiegels den Luftdruck erfasst und der anschließenden Verrechnung der beiden Werte (z.B. DIVER der Firma Schlumberger) oder durch eine Druckausgleichskapillare im Sondenkabel (z.B. Orpheus Mini oder ecoLog der Firma OTT, Dipper-PT der Firma SEBA und Datensammler der Firma Hydrotechnik, HydraECO der Firma DMT). Eine Änderung der Dichte des überstehenden Grundwassers aufgrund von Temperaturschwankungen oder Änderungen der hydrochemischen Eigenschaften (Kap. 2.7) kann in Bereichen mit starkem Witterungseinfluss oder Einfluss von Oberflächenwasser beobachtet werden. Hier kann eine Korrektur der Temperatur- oder Leitfähigkeitsänderungen bei einigen Druckaufnehmern mithilfe eines integrierten Temperatur- oder Leitfähigkeitssensors erfolgen.

Druckänderungen werden vom Messwandler in eine Änderung der elektrischen Spannung umgesetzt. Das Messsignal wird über ein Kabel einer Registriereinrichtung bzw. einem Datensammler zugeführt. Der Vorteil dieser Messung liegt darin, dass kontinuierlich – auch in kurzen Zeitabständen – Werte gemessen und digital gespeichert werden können. Dies erleichtert die Auftragung der Werte und die spätere Auswertung mittels EDV. Neben einer zeitabhängigen Messung (festes Zeitintervall Δt im Bereich 1 Sekunde bis 4 Stunden) kann bei einigen Druckaufnehmern auch die Messeinheit so programmiert werden, dass nur bei bestimmten Wasserspiegeländerungen (Δh) – sozusagen ereignisbasiert – der gemessene Wert registriert wird. Dies trägt zu einer beträchtlichen Reduktion der Messdatenzahl bei und bietet sich bei Grundwassermonitoring (z.B. Grundwassermanagement für Großbauten) oder in verkarsteten Gebieten mit plötzlichen Grundwasseranstiegen nach Regenereignissen an. Bei einigen Datensammlern ist die Speicherung von 280.000 Messdaten möglich. Die Messgenauigkeit des Druckaufnehmers hängt von der Bauart, aber auch von dem gewählten Messbereich (0 bis 4 m, 0 bis 10 m, 0 bis 20 m, 0 bis 40 m, 0 bis 100 m, 0 bis 200 m, 0 bis 300 m Wassersäule) ab. Je größer der Messbereich desto geringer die absolute Messgenauigkeit; die relative Messgenauigkeit liegt meist bei 0,005 bis 0,05 %. Die Stromversorgung der Messeinheit erfolgt entweder im Batterie-, Akku- oder Netzbetrieb mit sehr unterschiedlichen Laufzeiten.

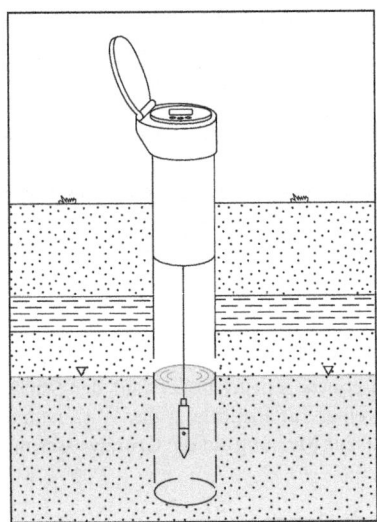

Abb. 2.13: Grundwasserstandsmessung. Messgeräte mit kontinuierlicher Registrierung. Differenzdruckaufnehmer.

2.4 Flurabstandsmessung mittels Bohrungen

Generell werden Bohrungen zur Erkundung oberflächennaher Schichten des Untergrundes und des Flurabstandes des Grundwassers im Rahmen der Hydrogeologischen Kartierung (Kap. 4) durchgeführt. Hierdurch können neben ihrer Tiefenlage die geologischen und hydrogeologischen Eigenschaften der Schichten ermittelt werden. Der Flurabstand ist der lotrechte Höhenunterschied zwischen einem Punkt an der Geländeoberfläche und der Grundwasseroberfläche des oberen Grundwasserstockwerkes.

Mit Bohrungen im Allgemeinen lassen sich u.a. folgende Fragestellungen untersuchen:
- Verbreitung geologischer/hydrogeologischer Einheiten,

Flurabstandsmessung mittels Bohrungen

- Verlauf von Störungen,
- Sickereigenschaften und Schutzfunktion des Bodens und oberflächennaher Gesteine,
- Ausbildung der (äußeren und inneren) Kolmationszone in oberirdischen Gewässern,
- Flurabstand, Grundwasserstand,
- Anbindung oberirdischer Gewässer an das Grundwasser (Vorflutfunktion).

Zur Messung des Flurabstandes ist die Wahl der geeigneten Bohrmethode von der zu erwartenden Bohrtiefe abhängig. Bis zu einer Teufe von 1 m können Schlitzsondierungen von Hand mit dem Schlitzsondiergerät nach PÜRCKHAUER durchgeführt werden (Abb. 2.14 Bild 1). Bei einer zu erwartenden Teufe von 1 bis ca. 10 m werden Schlitzsondierungen mittels Bohrhammer (z.B. verlängerbare Schlitzsonde nach LINNEMANN) eingesetzt (Abb. 2.14 Bild 2). Beide Bohrmethoden liefern Bodenproben in Form von Bohrkernen und werden somit auch als Rammkernsondierungen bezeichnet. Zur Gewinnung größerer Probenmengen können Rammkernsonden mit größerem Durchmesser (50, 60, 80 mm) eingesetzt werden. Diese sind jedoch ausschließlich mit elektrischem bzw. motorbetriebenem Bohrhammer durchzuführen, sodass der Einsatz im Gelände deutlich aufwändiger ist.

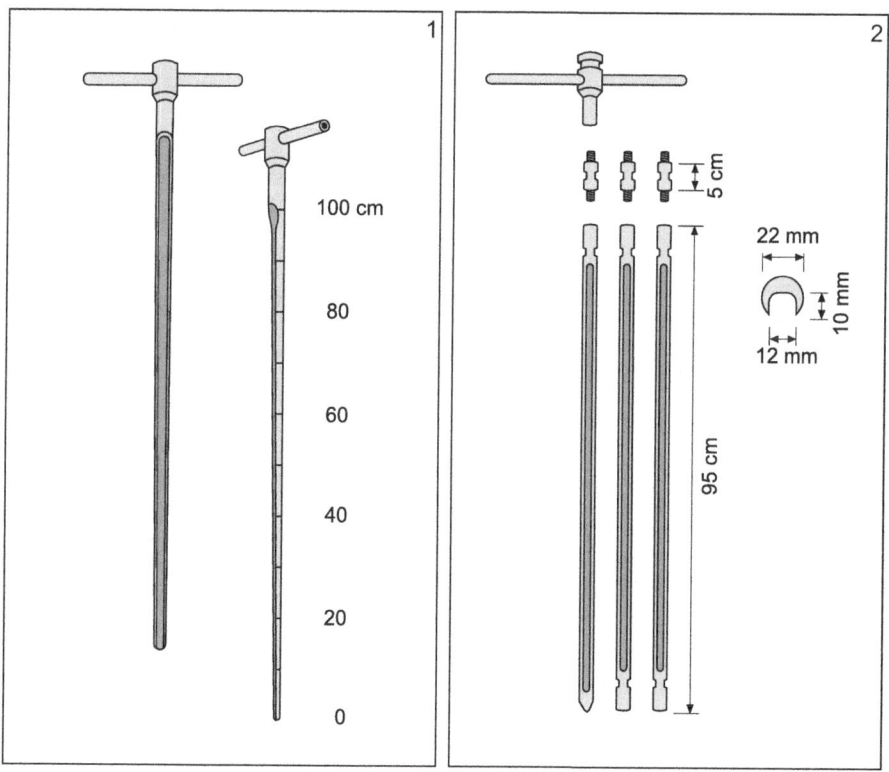

Abb. 2.14: Flurabstandsmessungen mittels Bohrungen. 1: Schlitzsondiergerät nach PÜRCKHAUER, 2: Schlitzsondiergerät nach LINNEMANN.

Die Schlitzsonde besteht aus einem hohlen, unten spitz zulaufenden oder unten offenen Stahlrohr, das seitlich etwa zu einem Drittel in der Länge aufgeschlitzt ist. Die Schlitzsonde wird mittels eines speziellen Hammers, der meist aus Kunststoff besteht, in den Boden gedrückt oder gerammt (Abb. 2.15 Bild 1). Ist die entsprechende Tiefe erreicht, wird der Griff in den Schlagkopf eingeführt und die Schlitzsonde durch eine Drehung um die eigene Achse im Uhrzeigersinn vom umgebenden Boden abgeschnitten und per Hand oder einem Ziehgerät herausgezogen. Um eine Bodenansprache durchführen zu können, wird die oberste Schicht an der offenen Seite der Sonde mit einem Messer abgeschält (Abb. 2.15 Bild 2). Die einzelnen Schichten werden so sichtbar und können einer Tiefe unter der Geländeoberkante zugeordnet werden. Bei den Bodenproben handelt es sich um gestörten Proben; es kann jedoch auch zu Stauchungen des Bodens in der Sonde kommen. Dringt die Sonde in die wassergesättigte Zone ein, kann es hier zu Bohrkernverlusten kommen. Das bedeutet, dass der Boden aufgrund des hohen Wassergehaltes aus der Sonde herausfließt. Um Aussagen über den Wassergehalt des Bodens machen zu können, wird bei horizontaler Lage mit einem Griff oder einem Abstreifer leicht an die Sondenstange geklopft (Klopfprobe, Abb. 2.15 Bild 2). Tritt Wasser an die Oberfläche der Probe, so ist von klopfnassem Boden die Rede. Es wird grundsätzlich zwischen trockenem, erdfeuchtem, klopfnassem und nassem Boden unterschieden. Dieses Phänomen des Wasseraustritts aus der Probe ist bei nicht bindigem Material sehr deutlich, bei bindigem weniger deutlich.

Die Bestimmung des Flurabstandes des Grundwassers erfolgt über die Klopfprobe. Die Grenze zum klopfnassen Boden stellt die Obergrenze des geschlossenen Kapillarraums (= scheinbaren Grundwasserstand) dar. Der geschlossene Kapillarraum liegt oberhalb der Grundwasseroberfläche und zählt ebenfalls zur wassergesättigten Zone. Mit den Angaben zur Mächtigkeit des geschlossenen Kapillarraums aus Tabelle 2.3 kann auf den tatsächlichen Grundwasserstand bzw. den Flurabstand geschlossen werden.

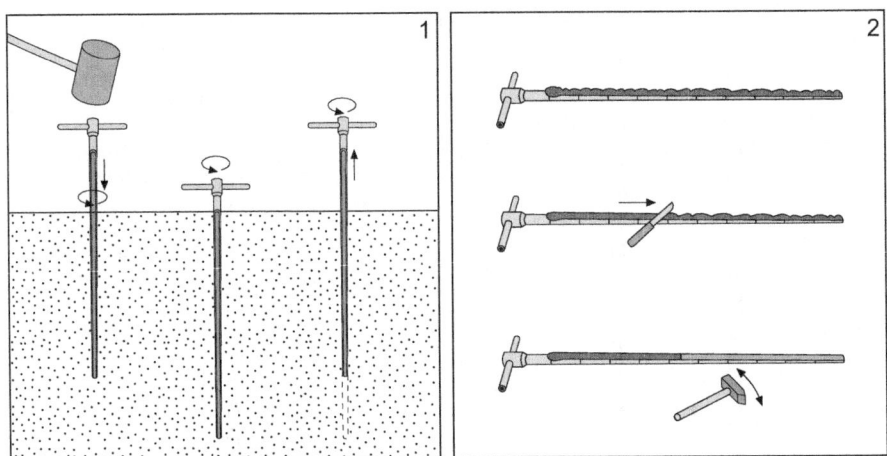

Abb. 2.15: Flurabstandsmessungen mittels Bohrungen. 1: Bohrprinzip für Schlitzsondiergerät nach PÜRCKHAUER, 2: Feststellung der Klopfnässe.

Bei größerem Flurabstand des Grundwassers sowie bei schwer erbohrbaren Gesteinen (Festgestein) kommen größerer Bohrgeräte zum Einsatz. Generell lassen sich die Bohrverfahren in Trocken- und Spülbohrverfahren unterscheiden.

Die Trockenbohrverfahren werden überwiegend bei Lockergesteinen eingesetzt. Zur Lösung des Gesteines werden spezielle Bohrwerkzeuge wie z.B. Schappe, Schnecke, Kiespumpe und Greifer verwendet. Diese Bohrwerkzeuge nehmen aufgrund ihrer speziellen Ausformung das gelöste Gestein auf. Dieses wird durch Ziehen des Gestänges an die Oberfläche gefördert.

Im Festgestein wird das Spülbohrverfahren angewendet. Hierbei wird das Gestein durch das Bohrwerkzeug zertrümmert und die Gesteinsbruchstücke mittels einer Spülung an die Oberfläche gefördert. Zur Stabilisierung der Bohrlöcher empfiehlt sich das Mitführen einer Verrohrung. Nach Abschluss der Bohrung und anschließender Ziehung der Verrohrung kann das Bohrloch durch Einbringen von Filterrohren zu einer Grundwassermessstelle ausgebaut werden. Hinwei-

Flurabstandsmessung mittels Bohrungen

se auf die verschiedenen Bohrverfahren und ihre Anwendungsmöglichkeiten finden sich bei HÖLTING & COLDEWEY (2013) sowie COLDEWEY & KRAHN (1991).

Tab. 2.3: Geschlossener Kapillarraum und mittlerer scheinbarer Grundwasserstand (verändert nach AD-HOC-AG BODEN 2005).

Mächtigkeit des geschlossenen Kapillarraums		Bodenart
Bezeichnung	cm	
gering	< 10	Kies, Grobsand
	~ 10	Mittelsand, fein sandiger Mittelsand
mittel	~ 20	Feinsand, schwach lehmiger Sand, schwach schluffiger Ton, reiner Ton
	~ 30	mittel lehmiger Sand, schwach bis stark schluffiger Sand, stark sandiger Lehm, mittel bis stark schluffiger Ton, (schluffiger Lehm), (schwach bis mittel toniger Lehm)
hoch	~ 40	stark lehmiger Sand, stark toniger Schluff, schluffiger Lehm, mittel sandiger Lehm, (schwach toniger Lehm), (mittel schluffiger Ton), stark schluffiger Ton
	~ 50	mittel toniger Schluff, (sandig lehmiger Schluff), reiner Schluff

Wird in einem Bohrloch der Grundwasserstand gemessen, muss solange mit der Messung gewartet werden bis sich durch Ausgleich des Wasserspiegels zwischen Bohrloch und umgebender Grundwasseroberfläche der repräsentative Grundwasserstand eingestellt hat. Die Zeitdauer bis zum Ausgleich hängt vor allem vom Durchlässigkeitsbeiwert des durchteuften Gesteins und der Verschmierungsneigung des Untergrundes sowie von der Art des verwendeten Bohrverfahrens ab. In bindigem Boden wird die Bohrlochwandung leicht verschmiert, insbesondere bei der Verwendung konischer Bohrer. Flügelbohrer führen zu einer geringeren Verschmierung der Bohrlochwandung. Nicht standfeste Bohrlochwandungen und der Zutritt von Oberflächen- und Stauwasser führen zu falschen Messergebnissen. Bei nicht standfesten Böden ist daher eine einfache Verrohrung, z.B. mittels Dränrohren erforderlich.

Als provisorische Grundwassermessstellen können bei geringen Flurabständen (z.B. in Talauen) Rammfilterbrunnen gesetzt werden. Der Vorteil dieser Vorgehensweise liegt im geringen zeitlichen und finanziellen Aufwand; dies erlaubt ein engmaschiges Bohrraster. Diese Verfahren eignen sich somit besonders für flächenhafte Untersuchungen. Für besondere Fragestellung, die Wiederholungsmessungen erfordern, ist die Anlage von ausgebauten Grundwassermessstellen allerdings zweckmäßig.

Die Bohransatzpunkte, die im Zuge der Gelände- und Kartierarbeiten als notwendig erachtet werden, werden in den Bohrplan (Kap. 5.7) eingetragen. Die Informationen aus den Bohrergebnissen finden Eingang in die Hydrogeologische Karte (Kap. 6.1) und die Hydrogeologischen Schnitte (Kap. 6.2). Die Ergebnisse einer Bohrung werden als Schichtenverzeichnis aufgenommen (Anh. 5, Formblatt 3) und können als Bohrprofil visualisiert werden. Die im Rahmen der hydrogeologischen Kartierung erbohrten Schichten werden mit

- Tiefe der Schicht (m unter Gelände),
- Mächtigkeit (m),
- Bodenart und Beimengungen (Benennung der Korngrößen nach EN ISO 14688),
- Farbe (Benennung mittels Bodenfarbtafeln nach MUNSELL (1954)),
- Festigkeit beim Bohren (Hinweise zur Lagerungsdichte bei nicht bindigen Böden (fest [hart], halbfest [bröckelig], steif [-plastisch], weich [-plastisch], breiig [-plastisch], zähflüssig); Hinweise zur Konsistenz bei bindigen Böden),
- Wassergehalt bzw. Bodenfeuchtezustand (trocken, schwach feucht, feucht, sehr feucht/klopfnass, nass, sehr nass) sowie

- geologische Benennung

angegeben.

Weiterführende Literatur:
AD-HOC-AG BODEN (2005): Bodenkundliche Kartieranleitung. – Bundesanstalt für Geowissenschaften und Rohstoffe in Zusammenarbeit mit den Staatlichen Geologischen Diensten [Hrsg.], 5. Aufl., 438 S., 41 Abb., 103 Tab., 31 Listen; Hannover.

2.5 Messung der Wasserhaushaltsgrößen

Für zahlreiche Fragestellungen auf den Gebieten der Hydrologie, Hydrogeologie und Wasserwirtschaft sind detaillierte Kenntnisse über das Klima unverzichtbar. Es gilt die einzelnen Wasserhaushaltsgrößen wie Niederschlag, Verdunstung (Evaporation), Transpiration und Temperatur exakt zu erfassen. Die Bezeichnung der jeweiligen Messgröße ist in der Literatur nicht immer einheitlich. Die DIN 4049-1 gibt im Anhang B eine Vorgabe für die zu verwendenden Wortendungen und der damit verbundenen Einheiten und somit auch deren Bedeutung an, wonach die Messgrößen im Folgenden benannt sind.

2.5.1 Niederschlagsmessung

Die Bestimmung des Niederschlags erfolgt über die Messung der Niederschlagshöhe h_N (mm). Aus der Niederschlagshöhe und der Messzeit (z.B. Niederschlagsdauer) ergibt sich die Niederschlagsrate $\dot{h}_N$ (mm/a oder mm/h). Wenn Wassertropfen oder Eiskristalle aus der Atmosphäre infolge der Schwerkraft zum Boden streben, wird dies als Niederschlag bezeichnet (DIN 4049-3). Die fallenden Niederschläge werden in flüssige Formen (Regen, Sprühregen oder Nebelniederschlag) oder feste Formen (Schnee, Graupel, Hagel, Reif) unterteilt. Wasser, das sich an der Erdoberfläche durch Kondensation oder Sublimation abscheidet, wird als abgesetzter Niederschlag bezeichnet. Dazu gehören als flüssige Form der Tau und als feste Formen Reif oder Nebelfrost. Von den genannten Niederschlagsarten sind wasserwirtschaftlich besonders Regen und Schnee von Bedeutung.

Seit langer Zeit werden, oftmals im Rahmen systematischer Wetterbeobachtungen, Messungen des Niederschlags durchgeführt. In Deutschland werden erst seit ca. 140 Jahren gezielt Wetterdaten gesammelt und ausgewertet. Allerdings hat es hier bereits vorher Sammlungen von Wetterdaten etwa für den Weinbau sowie seit dem 19. Jh. für den deutschen Steinkohlenbergbau (ehem. „Westfälische Berggewerkschaftskasse" in Bochum) gegeben. So lange Messreihen sind selten und deshalb für die Untersuchung zeitlicher Trends im langjährigen Wettergeschehen von großer Bedeutung.

Generell stellt der Niederschlag jene hydrologische Größe dar, die zur Bestimmung der Grundwasserneubildung unverzichtbar ist. Da dieses Element des hydrologischen Wasserkreislaufs direkt messbar ist, liegen hierüber die meisten Daten vor. Die anderen Basisgrößen wie Verdunstung und Abfluss erfordern einen höheren Erfassungsaufwand.

Die Messung des Niederschlags kann flächenhaft oder punktförmig erfolgen. Zur flächenhaften Ermittlung des Niederschlags, besonders zur Hochwasservorhersage, werden Radarsondierungen durchgeführt. Die punktförmige Bestimmung basiert entweder auf nicht registrierenden (Niederschlagsmesser) oder aufzeichnenden Geräten (Niederschlagsschreiber).

In Deutschland sind die Klimamessstationen i.d.R. mit HELLMANN-Regenmessern (Abb. 2.16 Bild 1) ausgestattet. Diese Geräte bestehen aus einem Metallzylinder, dessen kreisförmige Auffangfläche eine Öffnung von 200 cm² aufweist und 1,0 m über der Geländeoberfläche montiert ist. Das Niederschlagswasser gelangt über den Auffangtrichter durch eine Verengung (zur

Messung der Wasserhaushaltsgrößen

Vermeidung von Verdunstungsverlusten) in ein Sammelgefäß. Dessen Inhalt kann mittels eines geeichten Messzylinders auf 0,1 mm genau bestimmt werden. Die Niederschlagshöhen werden i.d.R. täglich ermittelt.

In Gebieten, die schwer zugänglich oder dünn besiedelt sind (z.B. Hochgebirge), wird auf tägliche Ablesungen verzichtet. Hier wird der Niederschlag in größeren Wannen mit einer Auffangfläche von i.d.R. 500 cm² (sog. Totalisatoren) gesammelt und in monatlichen oder längeren Abständen gemessen. Die Verdunstung des gesammelten Wassers kann durch eine Schicht Paraffinöl, die auf der Wasseroberfläche aufschwimmt, verhindert werden. Zum Schutz des Einfrierens von Regenwasser und zum Schmelzen des aufgefangenen Schnees wird eine CaCl-Lösung zugegeben. Die meist mit Windschutzvorrichtungen ausgestatteten Totalisatoren werden je nach Anwendungsbereich in Höhen bis zu 6 m über Gelände aufgestellt. Messfehler von bis zu 50 % sind hier keine Seltenheit.

Zur Registrierung der Niederschlagsdauer werden Regenschreiber (Abb. 2.16 Bild 2) verwendet. Bei der ältesten, rein mechanischen Variante gelangt der Niederschlag in ein Auffanggefäß, das mit einem Schwimmer versehen ist, an dem sich eine Schreibspitze befindet. Letztere überträgt die zeitabhängigen Schwimmerbewegungen auf eine sich stetig drehende Trommel (i.d.R. mit Tages-, Wochen- oder Monatsumlauf). Ein Überlaufrohr sorgt für die selbständige Entleerung des Auffanggefäßes; dabei geht die Schreibspitze in ihre Ausgangsstellung zurück. Auf diese Weise können Menge, Dauer und Intensität der Niederschläge über größere Zeiträume registriert werden.

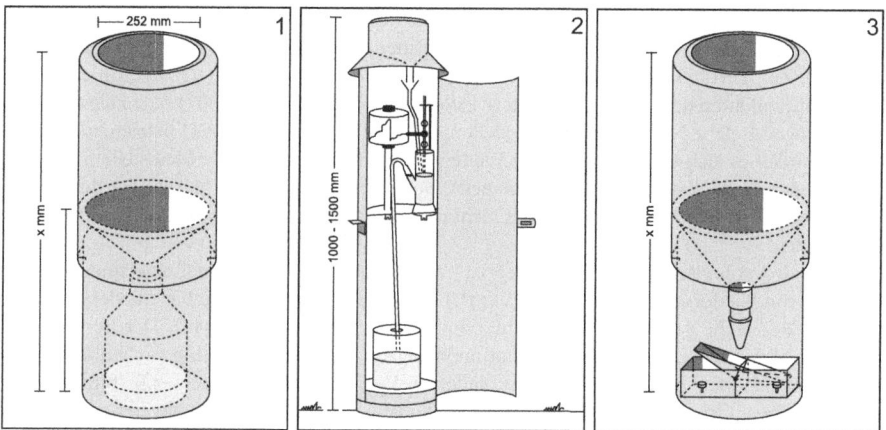

Abb. 2.16: Niederschlagsmessgeräte. 1: Regenmesser nach HELLMANN, 2: Niederschlagsschreiber, 3: Regenwippe nach HORN.

Hochauflösende Ganglinien der Niederschlagshöhen können mit Regenmessern erzeugt werden, die eine digitale Datensammlung und -fernübertragung erlauben. Bei der Regenwippe nach HORN (Abb. 2.16 Bild 3) fällt der Niederschlag aus dem Auffangtrichter auf eine Wippschale. Diese besteht aus zwei Gefäßen, die abwechselnd 2 ml Niederschlag aufnehmen. Nach Füllung eines Gefäßes kippt die Wippe und löst einen elektrischen Impuls aus. Beim Kippen wird das eine Gefäß entleert und das zweite Gefäß unter den Auffangtrichter gebracht. Ein Wippenschlag – mit Magneten über einen Reed-Kontakt erfasst und somit elektrisch zählbar – entspricht hier also (bei 200 cm² Auffangfläche) 0,1 mm Niederschlag.

Neben heizbaren Tropfenzählern setzen sich Geräte zur fortlaufenden Erfassung aller Formen von Niederschlag mittels sehr genauer elektronischer Wägesysteme mit Datenfernübertragung durch. Hagel und Schnee werden sofort in den Geräten geschmolzen und als Wasseräquivalent mit einer Auflösung bis zu 0,01 mm erfasst.

Die Bestimmung des „Wasserwertes" einer Schneedecke im Gelände ohne Niederschlagsmesser erfolgt mittels eines sog. Schneestechers. Dieser besteht aus einem zylindrischen Metallrohr mit gezahnter Schneide und einer Ausstichsfläche von 200 cm². Das Rohr wird durch den Schnee bis auf die Geländeoberfläche vorgetrieben. Der im Stecher zurückgebliebene Schnee wird geschmolzen und das Wasseräquivalent mit dem kalibrierten Messgefäß eines 200 cm²-Niederschlagsmessers ermittelt. Dieser Messwert, dividiert durch die Schneehöhe, ergibt die mittlere Schneedichte. Letztere ist abhängig von der Temperatur, dem Wind und dem Alter der Schneedecke. Sie schwankt etwa zwischen 0,1 und 0,8 g/cm³. Gemäß DIN 4049 ist das Wasseräquivalent einer Schneedecke jenes Wasser, das in einer Schneedecke enthalten ist, ausgedrückt als Wasserhöhe (mm) über einer horizontalen Fläche.

Die Mächtigkeit einer Schneedecke (als Schneehöhe) wird mit sog. Schneepegeln bestimmt. Deren Ablesung erfolgt wie die Niederschlagsmessung einmal täglich i.d.R. um 7:00 Uhr MOZ. Aus der gemessenen Schneehöhe und ihrem Gewicht, bezogen auf die Einheitsfläche, lässt sich das Wasseräquivalent der Schneedecke bestimmen.

Zu den abgesetzten Niederschlägen (DIN 4049) gehört neben den festen Formen Reif oder Nebelfrost auch der Tau als flüssige Form. Im hydrogeologischen Kontext spielen letztere jedoch nur eine untergeordnete Rolle (HÖLTING & COLDEWEY 2013).

Zu Einzelheiten der Niederschlagsmessung sowie zu den Fehlerquellen ist die weiterführende Fachliteratur einzusehen. Auch im Internet ist eine sehr umfangreiche Homepage von DIETRICH, J. & SCHÖNINGER, M. zu finden.

Die systematischen Niederschlags-Messfehler, wie sie von RICHTER (1995) untersucht wurden, werden u.a. in der Abteilung Hydrometeorologie des Deutschen Wetterdienstes (DWD) vor der Bereitstellung von Niederschlagsdaten routinemäßig korrigiert und sind im Internet zu beziehen. Zur Verfügbarkeit meteorologischer Messreihen und aufbereiteter hydrometeorologischer Spezialdaten des DWD sind weitere Informationen in KLÄMT (2007) nachzulesen.

Es gibt zahlreiche Niederschlagsmessstellen, die unabhängig vom DWD betrieben werden. Dabei handelt es sich um kommerzielle Wetterstationen, aber auch viele Messstellen, die von Institutionen (z.B. Wasserwerke, Kläranlagen), Behörden und Schulen betreut werden. Auch interessierte Privatleute sammeln oftmals recht professionell Klimadaten, die durchaus hilfreich sein können.

Für hydrogeologische Untersuchungen ist häufig die Bestimmung von Gebietsniederschlägen oder von Niederschlagsspenden (l/(s·km²)) notwendig. Unter dem Gebietsniederschlag ist die über die Fläche gemittelte Niederschlagshöhe zu verstehen (DIN 4049). Der Berechnung liegen die Messwerte der Niederschlagsstationen zugrunde. Die Bestimmung flächenbezogener Niederschlagshöhen lässt sich mit verschiedenen Verfahren durchführen, z.B. Bildung des arithmetischen Gebietsmittelwertes, THIESSEN-Polygon-Methode oder Isohyeten-Verfahren. Die einfachste Methode ist die Bildung des arithmetischen Mittelwerts aus den Messwerten aller Stationen des jeweiligen Gebietes. Die Ergebnisgenauigkeit dieses Verfahrens hängt u.a. von der Engmaschigkeit des Messnetzes und einer möglichst gleichmäßigen Stationsverteilung ab.

Eine weitere Methode stellt das THIESSEN-Verfahren dar. Bei diesem werden in einer Lagekarte die einzelnen Stationen markiert und mit Geraden verbunden, auf denen die Mittelsenkrechten der Strecke zwischen je zwei benachbarten Niederschlagsmessstellen errichtet werden. Durch die Mittelsenkrechten werden die sich so ergebenden Teilflächen verhältnisgleich den Messwerten der entsprechenden Niederschlagsstationen zugeordnet (HÖLTING & COLDEWEY 2013).

Die regionale Niederschlagsverteilung lässt sich auch aus Isohyeten-Karten, d.h. aus kartographischen Darstellungen von Linien gleicher Niederschlagshöhe, ermitteln. Letztere beruhen auf Stationsmessungen, aus denen die Isohyeten i.d.R. auf Monats-, Jahres- oder Langjahresmittel-Basis konstruiert werden. Aus einer Isohyeten-Karte kann der Gebietsniederschlag durch Planimetrieren der Flächengrößen zwischen den Isohyeten und Multiplikation mit dem jeweiligen Flächenmittelwert zwischen den Isohyeten bestimmt werden (HÖLTING & COLDEWEY 2013).

Zur Regionalisierung korrigierter Stationsniederschläge benutzt der DWD seit 2005 das Modell REGNIE, um so – bezogen auf die räumlichen Unterschiede – der hydrologischen Realität möglichst nahe zu kommen.

Karten zur Niederschlagsverteilung – i.d.R. auf Stationsmittelwerten der Standardreihe 1961-1990 beruhend – finden sich u.a. im Teil 1 (1999) des vom DWD herausgegebenen „Klimaatlas Bundesrepublik Deutschland". Auch die Klimaatlanten der Bundesländer sowie insbesondere der „Hydrologische Atlas von Deutschland (HAD)" enthält u.a. detaillierte Isohyeten-Farbschichtenkarten auf Jahres-, Jahreszeiten- und Monatsbasis.

Weiterführende Literatur:
BUNDESMINISTERIUM FÜR UMWELT, NATURSCHUTZ UND REAKTORSICHERHEIT (Hrsg.)(1998, 2001, 2003): Hydrologischer Atlas von Deutschland (HAD) (in Teillieferungen). Berlin.
DEUTSCHER WETTERDIENST: http://www.dwd.de (Datenservice).

2.5.2 Verdunstungsmessung

Die Verdunstung wird i.d.R. in Form der Verdunstungshöhe h_V (mm) ermittelt und angegeben. Aus der Verdunstungshöhe und der Messzeit ergibt sich die Verdunstungsrate $\dot{h}_V$ (z.B. in mm/a oder mm/h). Dabei ist es die Summe aus Evaporation und Transpiration, welche die Gesamtverdunstung ausmacht. Unter Evaporation ist die Verdunstung der Erdoberfläche, benetzter Pflanzenoberflächen (sog. Interzeptionsverdunstung) sowie von freien Wasseroberflächen zu verstehen. Die Transpiration ist nach DIN 4049-3 die Verdunstung lebender (nicht benetzter) Pflanzenoberflächen aufgrund biotischer Vorgänge. So nimmt die Pflanze Wasser aus dem Boden auf und transportiert es in ihrem Gefäßsystem zu den Spaltöffnungen, aus denen Wasser verdunstet.

Generell stellt die Verdunstung den Übergang von Wasser aus seinem flüssigen oder festen Zustand in die gasförmige Phase bei Temperaturen unterhalb des Siedepunktes dar. Sowohl bei der Evaporation, als auch bei der Transpiration kühlen sich die verdunstenden Oberflächen ab; hier geht Energie aus der „fühlbaren" in die „latente" (d.h. im Wasserdampf „verborgene") Form über. Bei dem umgekehrten Vorgang (Kondensation, Sublimation) wird die „latente" Wärme wieder frei, was als Temperaturerhöhung messbar ist.

Die Verdunstungsrate kann mit verschiedenen Messmethoden bzw. Geräten direkt bestimmt werden. Daneben existiert eine Vielzahl indirekter, d.h. auf Formeln basierender, Verfahren zur Ermittlung der Verdunstung. Sowohl bei der Direktmessung, als auch bei der Verdunstungsberechnung – etwa ausgehend von meteorologischen und klimatologischen Daten – wird zwischen der aktuellen (d.h. tatsächlichen) und der potentiellen (d.h. größtmöglichen) Verdunstung unterschieden. Bei letzterer wird das zur Verfügung stehende Wasser berücksichtigt. Die potentielle Verdunstung wird dann erreicht, wenn keine Begrenzung der Wasserverfügbarkeit existiert. Dies ist z.B. immer auf freien Wasseroberflächen gewährleistet; hier ist die tatsächliche gleich der potentiellen Verdunstung. Nur bei ausreichender Feuchtigkeit des Bodens oder vollständiger Benetzung von z.B. Pflanzen-, Gebäude- und Straßenoberflächen wird die tatsächliche Evaporation gleich der potentiellen Verdunstung sein.

Zur Direktmessung der potentiellen Verdunstung wird auf sog. Evaporimeter oder Atmometer zurück gegriffen. Hier werden wassergesättigte poröse Körper (z.B. Filterpapier- oder Keramikscheiben) der Verdunstung ausgesetzt, wobei der Wasserverlust pro Zeiteinheit als Maß für die (potentielle) Verdunstungsrate gelten soll. Letztere kann auch durch Wägung bestimmt werden. Das älteste Messgerät dieser Art ist die Verdunstungswaage nach WILD (Abb. 2.17 Bild 1) als Variante einer Neigungs-Briefwaage. Die aus der offenen Schale verdunstete Wassermenge, gemessen in mm Verdunstungshöhe, wird als Gewichtsabnahme abgelesen oder registriert; 2 g Gewichtsverlust entsprechen – bei 200 cm² Schalenoberfläche – 0,1 mm Verdunstungshöhe.

Eine besondere Evaporimeter-Variante stellen die Verdunstungskessel dar, die sowohl an Land, als auch in Binnengewässern (auf Flößen oder bis zu einer geringen Randhöhe eingesenkt) benutzt werden. Hierbei wird die Wasserstandsänderung in den Kesseln meist durch Pegel erfasst. Eine weltweit verbreitete Form repräsentiert der Landverdunstungskessel „Class A Pan" (Abb. 2.17 Bild 2). Auch hier gilt es, wie bei allen Methoden bzw. Geräten zur Verdunstungs-Direktbestimmung, den auf die verdunstenden Oberflächen fallenden Niederschlag zu berücksichtigen. Ferner ist zu beachten, dass die von derartigen Messsystemen erfasste Evaporation nur in Ausnahmefällen die aktuelle Verdunstung ihrer Umgebung widerspiegelt. Der „Oasen-Effekt" (zu hohe Werte wegen der Zufuhr trockenerer Luft aus dem Messstellen-Umfeld) bedingt oftmals, dass die tatsächliche Verdunstung der Standort-Umgebung überschätzt wird.

Zur Langzeitbestimmung der Evapotranspiration dienen – meist von Wasserwirtschaftsbehörden oder Wasserwerken betriebene – ortsfeste Lysimeteranlagen. Deren unterschiedliche Bauformen lassen sich in wägbare- (Bodenkörper stehen in einem Gefäß auf einer Waage; Oberfläche meist < 2,5 m²) und nicht wägbare Lysimeter (i.d.R. mit Beckenoberflächen >10 m²) unterteilen. Bei letzteren wird die Evapotranspiration der Pflanzendecke (von Gras über Nutzpflanzen bis zu Waldbeständen) für die Gewinnung von Langjahresmitteln als Restglied der vereinfachten Wasserhaushaltsgleichung bestimmt: Wird von der Niederschlagsrate h_N die gemessene Sickerrate h_{As} der Lysimeterbecken subtrahiert, dann wird die verbleibende Differenz (unter Vernachlässigung der Wassergehaltsänderung in den Bodenkörpern) als Bestands-Verdunstungsrate h_V betrachtet.

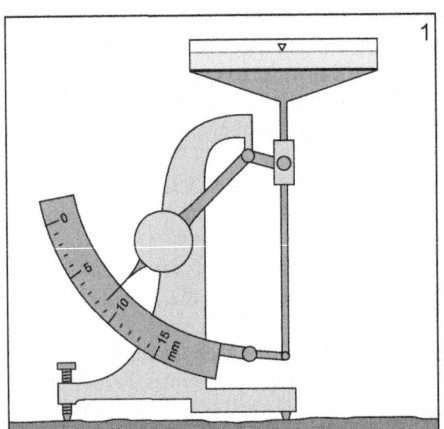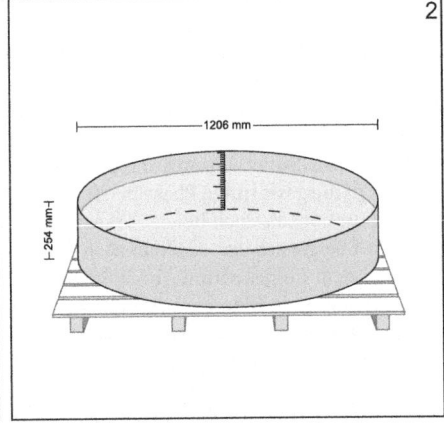

Abb. 2.17: Verdunstungsmessung. Messgeräte zur direkten Messung der potentiellen Verdunstung. 1: Verdunstungswaage, 2: Verdunstungskessel „Class A-Pan".

Bei den wägbaren Lysimetern wird auch die Feuchteänderung in deren Bodenkörpern als Gewichtsdifferenz pro Zeiteinheit erfasst, wodurch die aktuelle Evapotranspiration der Beckenoberfläche mit hoher zeitlicher Auflösung (bis zu Stunden) bestimmt werden kann. Nicht wägbare Lysimeter mit Beckentiefen von ca. 3-5 m und Oberflächen >100 m², wie sie etwa zur Bestimmung der aktuellen Evapotranspiration von Waldbeständen Verwendung finden, werden als Großlysimeter bezeichnet. Fallweise wird das Sickerwasser von Lysimetern – etwa im Rahmen von Düngeversuchen – regelmäßig beprobt und chemisch analysiert.

Eine neuere (mobile) Gerätevariante zur Direktmessung der aktuellen Verdunstung von Grünland, nackten Böden und versiegelten Flächen stellt ein auf dem „Tunnelprinzip" beruhender Verdunstungsmesser nach WERNER dar (WERNER (2000), WEISS et al. (2002) (Abb. 2.18). Hier wird die Oberfläche, deren tatsächliche Verdunstung bestimmt werden soll, kurzzeitig mit einem an beiden Enden offenen luftdurchströmten und lichtdurchlässigen „Verdunstungstunnel" abgedeckt. Aus der pro Zeiteinheit durchgesetzten Luftmenge und deren

Feuchtedifferenz zwischen Tunnel-Einlass und -Auslass wird die aktuelle Verdunstung einer der beiden je 1,0 m² großen Messflächen bestimmt.

Bei der großen Anzahl vorliegender indirekter Verdunstungs-Bestimmungsmethoden kann zwischen physikalisch-deterministischen und empirischen (bzw. halbempirischen) formalen Ansätzen unterschieden werden. Eine Übersicht liefern u.a. die DVWK (1996), ATV-DVWK (2002) sowie MIEGEL et al. (2007).

Als Beispiel für die erfolgreiche Anwendbarkeit halbempirischer formaler Ansätze zur Verdunstungsbestimmung kann die auf einer integrierten Transportgleichung basierende Formel von DALTON (1801) gelten. Letztere wurde zur Berechnung der Verdunstung kleiner stehender Binnengewässer u.a. von WERNER (1987) benutzt, um mit einer schwimmenden Messboje jene vier meteorologischen Parameter fortlaufend zu registrieren, aus denen sich vor Ort die Evaporation der Wasseroberfläche mit einer zeitlichen Auflösung bis zu Stunden berechnen lässt. Mit demselben Ansatz konnten 2010 bei der Bestimmung von Verdunstung und Kondensation eines „Himmels- oder Tauteiches" auf der Halbinsel Eiderstedt (Nordfriesland) gut brauchbare Ergebnisse erzielt werden (COLDEWEY et al. 2012, WERNER et al. 2013).

Die für den Hydrogeologen wichtigsten Messgeräte und Berechnungsverfahren zur Verdunstungsbestimmung werden auch in HÖLTING & COLDEWEY (2013) knapp beschrieben und mit Beispielen belegt. Auch im Internet sind umfangreiche Informationen hierzu auf der Homepage von DIETRICH, J. & SCHÖNINGER, M. zu finden.

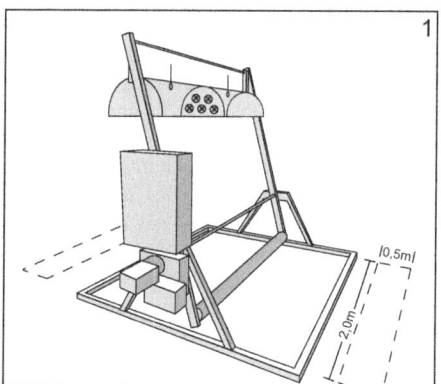 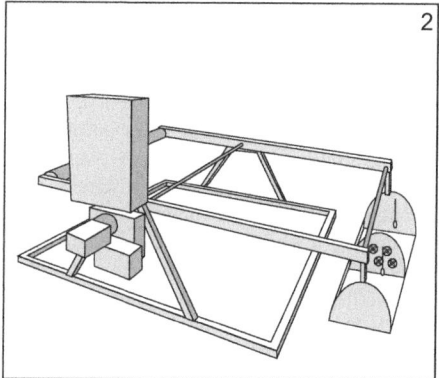

Abb. 2.18: Verdunstungsmessung. Messgeräte zur direkten Messung der tatsächlichen Verdunstung. Messung der Verdunstung mittels Verdunstungstunnels. 1: Ruhezustand in der Mittelstellung, 2: Absenkung des Tunnels auf der rechten Messfläche – Messzustand (nach WERNER).

Weiterführende Literatur:

ATV-DVWK (Hrsg.) (2002): Verdunstung in Bezug auf Landnutzung, Bewuchs und Boden. – Merkblätter zur Wasserwirtschaft, M 504: 144 S.; Hennef.

DALTON, J. (1801): On evaporation. - In: Experimental Essays. 3: 574-594.

DIETRICH, J. & SCHÖNINGER, M.: Hydro Skript – Hydrologie (http://www.hydroskript.de).

DVWK (Hrsg.) (1996): Ermittlung der Verdunstung von Land- und Wasserflächen. – Merkblätter zur Wasserwirtschaft, 238: 135 S.; Hennef.

MIEGEL, K., SEIDLER, C., FRAHM, E. & ZACHOW, B. (2007): Verdunstungsprozess und Einflussgrößen. – In: Forum für Hydrologie u. Wasserbewirtschaft., 21.07: 5-36.

WERNER, J. (2000): Die Erprobung einer neuen Messanordnung zur Verdunstungsbestimmung an Grünland. – Hydrologie u. Wasserbewirtschaft. 44(2): 64-69.

WEISS, J., WERNER, J. & SULMANN, P. (2002): Erfahrungen mit dem „Tunnel"-Verdunstungsmesser beim Einsatz auf Grünflächen. – Hydrologie u. Wasserbewirtschaft. 46(5): 201-207.

2.5.3 Abflussmessung

Für Wasserbilanzen ist die möglichst genaue Messung des Abflusses erforderlich. Dabei sind – je nach Untersuchungsziel – drei Größen zu unterscheiden (in Anlehnung an die DIN 4049-3):
- Abflussrate h_A (mm/a): Gesamter Abfluss an einem bestimmten Ort, ausgedrückt als Wasserhöhe über einer horizontalen Fläche in einer Betrachtungszeitspanne. (Hydrologische Betrachtung); („-rate" = Quotient aus „-höhe" und der betrachteten Zeitspanne, nach DIN 4049-1). Diese Messgröße lässt sich aus Sicht der Wasserhaushaltsbilanz mit den weiteren Messgrößen Niederschlagshöhe (Kap. 2.5.1) und Verdunstungshöhe (Kap. 2.5.2) in Beziehung setzen.
- Abfluss $\dot{V}_A$ (l/s bzw. m³/s): Wasservolumen, das eine Querschnittsfläche in der Zeiteinheit durchfließt und einem Einzugsgebiet zugeordnet werden kann; auch Volumenstrom genannt („-fluss" = Volumen je Zeiteinheit, nach DIN 4049-1).
- Abflussspende h_{AW} (l/(s · km²)): Quotient aus Abfluss $\dot{V}_A$ und Fläche A des zugeordneten Einzugsgebietes (Abfluss pro Fläche). (Wasserwirtschaftliche Betrachtung); („-spende" = Quotient aus „-fluss" und der Fläche des betrachteten Gebietes, nach DIN 4049-1).

Alle drei Messgrößen lassen sich wie folgt umrechnen 1 mm/a = 1 l/(a · m²) = 0,03168 l/(s · km²) (HÖLTING & COLDEWEY 2013).

Die im Folgenden beschriebenen Methoden sind für temporäre Messung an kleinen Gewässern geeignet, insbesondere um den Abfluss ereignisabhängiger Niedrigwässer zu messen. Für die meisten hydrogeologischen Untersuchungen sind die geringen Abflüsse während der sog. „Trockenzeiten" von besonderer Bedeutung. In dieser Zeit wird der Abfluss des Gewässers allein aus Quellen und weiteren Zuflüssen aus dem Grundwasser(-vorrat) genährt (= unterirdischer grundwasserbürtiger Abfluss); das Gewässer stellt ausschließlich die Vorflut für das Grundwasser dar. Es bilden sich entlang des Gewässers effluente Verhältnisse (= flächenhaft ausgedehnter Grundwasserzutritt in ein oberirdisches Gewässer) aus. Im Rahmen der Kartier- und Geländearbeiten lassen sich über mehrfache Messungen des Abflusses entlang des Gewässers und einer Zunahme des Abflusses eindeutig effluente Verhältnisse nachweisen (Kap. 2.6). Nach einem Regenereignis steigt der Wasserstand im Oberflächengewässer an. Der Regenwasserabfluss in die Oberflächengewässer bildet den oberirdischen Abflussanteil im Gewässer. In Abhängigkeit von der Durchlässigkeit des Untergrundes im Einzugsgebiet des Gewässers, der Hangneigung und der Nutzung des Einzugsgebietes fällt die Reaktion des Wasserstandes im Oberflächengewässer unterschiedlich stark und langfristig aus. In diesem Zeitraum ist die Messung des unterirdischen Abflusses bzw. die Bestimmung der Vorfluteigenschaften (Kap. 2.6) nicht möglich, da der Wasserstand im Oberflächengewässer temporär höher ist als der Grundwasserstand. Weitere Abflusskomponenten und deren Erfassung werden von HÖLTING & COLDEWEY (2013) beschrieben.

Die Abflussmessung ist über direkte und indirekte Methoden möglich. Zu den direkten Methoden zählt die Behältermessung (Kap. 2.5.3.1). Hier wird das gesamte Wasservolumen über eine kurze Zeit direkt erfasst. Dazu lässt sich unter Umständen ein vorhandener Überlauf an einem Bauwerk benutzen. Unter bestimmten Voraussetzungen lässt sich der Querschnitt des Gewässers modifizieren, indem z.B. ein kleiner Damm errichtet wird.

Bei den indirekten Methoden wird der Abfluss indirekt über die Fließgeschwindigkeit, den Fließquerschnitt oder bei Überfällen über den Wasserstand des Gewässers ermittelt bzw. berechnet. Hierzu zählen Methoden mittels:
- Schwimmkörper (Kap. 2.5.3.2),
- Messwehre (Kap. 2.5.3.3),
- Messrinnen (Kap. 2.5.3.4),
- Strömungsmessgeräte (Kap. 2.5.3.5) wie Hydrometrischer Messflügel, Staurohr und Tauchstab,
- Durchflussmessgeräte (Kap. 2.5.3.6) in Druckrohrleitung und Freispiegelleitung,

Messung der Wasserhaushaltsgrößen

- Wasserstandsmessung (Kap. 2.5.3.7) mit Lattenpegel oder Pegelschreiber, Pneumatischem Pegelschreiber, Differenzdruckaufnehmer oder Radar-Messgerät,
- Ultraschall-Messgerät (Kap. 2.5.3.8),
- Markierungsstoffe (Kap. 2.5.3.9),
- Berechnungsverfahren (Kap. 2.5.3.10).

Die Wahl der geeigneten Methode ist von den örtlichen Gegebenheiten und der verfügbaren Gerätetechnik abhängig. Es ist ratsam eine Methode auszuwählen, deren Messbereich den gesamten Schwankungsbereich des Abflusses erfasst. Aus diesem Grund sollte vorher überlegt werden, ob zur Messung z.B. ein Damm aufgeschüttet oder ein Messwehr eingebaut werden sollte. In beiden Fällen kommt es zu einem Aufstau. Dies kann zu einem unerwünschten Rückstau im ggf. vorhandenen Dränagesystem führen. Daher ist vor Installation des Dammes die Genehmigung der zuständigen Wasserbehörde sowie die Erlaubnis seitens des Grundbesitzers und/oder des Wasserverbandes einzuholen. Tabelle 2.4 gibt einen Überblick über die Messbereiche der Abflüsse, die mit den jeweiligen Methoden mit großer Genauigkeit gemessen werden können.

Tab. 2.4: Abflussmessungen. Messbereiche unterschiedlicher Messmethoden.

Messmethode	Minimaler Abfluss (l/s)	Maximaler Abfluss (l/s)
Behälter		
1 l-Messbecher	0,005	0,25 *
10 l-Eimer	0,05	2,5 *
40 l-Gefäß (rund)	0,2	10
200 l-Gefäß (eckig)	1,0	50
Messwehr		
Dreieckswehr mit $\beta = \frac{1}{4}\,90°$	0,005 *	17 *
Dreieckswehr mit $\beta = \frac{1}{2}\,90°$	0,01 *	34 *
Dreieckswehr mit $\beta = 90°$	0,02 *	68 *
Rechteckwehr mit $b = 0,6$ m	0,8 *	170 *
Rechteckwehr mit $b = 1,0$ m	1,3 *	290 *
Rechteckwehr mit $b = 1,3$ m	1,9 *	380 *
Rechteckwehr mit $b = 1,6$ m	2,1 *	470 *
Trapezwehr	8,2	10 250
Hyperbolisches Wehr, klein	0,7	40
Hyperbolisches Wehr, groß	1,5	166,6
Messrinne		
PARSHALL- bzw. VENTURI-Rinne	0,8	1577
RBC-Rinne	0,1 - 8,7	2,0 - 145
Hydrometrischer Messflügel		
je nach Schaufelgröße	0,00025	>1000

* nach BRASSINGTON 1988, S. 113,

Ebenso wichtig ist es, die Gewässerabmessungen (Kap. 2.2) zu erfassen, um aus rein konstruktiver Sicht die am besten anwendbare und zielgerichtete Methode auszuwählen. Ein breiter und flacher Gewässerverlauf eignet sich nicht für eine Wehrmessung. Hier sollte – wenn möglich – nach Errichtung eines kleinen Damms mit einem Ablauf die Behältermethode zum Einsatz kommen.

Das Messintervall ist von der hydrogeologischen Fragestellung abhängig. In der Regel reichen zwei bis drei Messungen in der Woche aus. Nur in Sonderfällen ist eine Abflussbestimmung pro Tag erforderlich. Dann sollte eine kontinuierliche Messeinrichtung installiert werden, die es außerdem erlaubt, die Gesamtabflussmenge zu ermitteln. Im Rahmen der hydrogeologischen Kartierung können mehrere Messungen entlang des Oberflächengewässers an einem Tag sinnvoll sein. Die Ergebnisse der Abflussmessungen und die Interpretation hinsichtlich der Vorflutereigenschaft der Oberflächengewässer findet Eingang in den Grundwasserhöhenplan und unterstützt die Konstruktion der Grundwasserhöhengleichen im Nahfeld der Oberflächengewässer.

Das Protokoll einer Abflussmessung (Anhang 1, Formblätter 4-9) sollte neben den eigentlichen Messwerten die folgenden Angaben enthalten:
- Bezeichnung der Messstelle (Name des Gewässers, Fließkilometerabschnitt, etc.),
- Nennung des TK 25 Blattes (nur zur geographischen Einordnung),
- Koordinaten der Messstelle,
- Beschreibung des Messpunktes (z.B. Böschungsoberkante, Brückenpfeiler, Gewässersohle, Unterkante Straßendurchlass, Oberkante Einleitungsrohr),
- Höhe des Messpunktes (bezogen auf Bezugsebene Normalhöhennull),
- Name der Bearbeiter (Messung durchgeführt von, Messung ausgewertet von)
- Datum und Uhrzeit der Messung,
- Datum der Auswertung,
- Lage des Wasserspiegels (bezogen auf den Messpunkt, bezogen auf die Bezugsebene Normalhöhennull).

Weiterhin sind zu protokollieren bzw. dokumentieren:
- Lageplan bzw. Skizze der Umgebung des Messpunktes, mit Angabe der am besten rechtwinkligen Abstände zu markanten Objekten, z.B. Straßenrand, Hausecke, Grundstücksecke (unterstützt mit aussagekräftigen Fotos),
- Witterungsverhältnisse (Temperatur, Niederschlag, Sonnenschein; Angabe zu den Verhältnissen in der Stunde der Messung, am Tag der Messung, eventuell auch einen Tag bis zu einer Woche vor der Messung),
- Bemerkungen zu Besonderheiten (z.B. Beschaffenheit der Messstelle, Wassereinleitungen, Wasserstandsschwankungen, geschätzter Abfluss),
- Breite des ungestörten Gewässers (bezogen auf die Lage des aktuellen Wasserspiegels, eventuell auch bezogen auf die Böschungsoberkante / Geländeoberkante),
- Tiefe des ungestörten Gewässers (bezogen auf die Lage des aktuellen Wasserspiegels, eventuell auch bezogen auf die Böschungsoberkante / Geländeoberkante),
- Breite des Messquerschnitts (= Länge der Messlinie, Breite des Straßendurchlasses, des Rohrdurchlasses etc.),
- Winkel der Messlinie zur Fließrichtung (sollte im Idealfall 90° betragen, Abweichungen davon unbedingt vermerken),
- verwendete Messmethode (Behälter, Schwimmkörper, Messwehr, Messflügel etc.),
- verwendetes Messgerät (z.B. Dreieckswehr, WOLTMAN-Messflügel, PRANDTL-Rohr, etc.),
- Lage der einzelnen Messpunkte im Strömungsquerschnitt (falls für die Auswertung erforderlich, idealerweise mit Skizze).

Weiterführende Literatur:
LAWA (1998): Pegelvorschrift – Richtlinie für das Messen und Ermitteln von Abflüssen und Durchflüssen. Anlage D Anhang II Messgeräte, 53 S., 64 Abb.; Berlin.
MANIAK, U. (2010): Hydrologie und Wasserwirtschaft – Eine Einführung für Ingenieure. – 686 S., 224 Abb., 118 Tab.; Heidelberg (Springer).

MORGENSCHWEIS, G. (2010): Hydrometrie – Theorie und Praxis der Durchflussmessung in offenen Gerinnen. – 582 S., 300 Abb., 47 Tab.; Berlin (Springer).

2.5.3.1 Behälter

Die Behältermessung stellt die einfachste Methode der Abflussmessung in/an kleinen Bächen mit geringem Abfluss dar. Voraussetzung ist dabei eine Einengung des Strömungsquerschnittes, wobei der Abfluss durch einen vorhandenen Überfall oder durch ein Rohr geführt wird (Abb. 2.19). Bei der Behältermessung wird ein Behälter (z.B. 1 l-Messbecher, 10 l-Eimer, 40 l-Gefäß, eckiges 200 l-Gefäß) mit bekanntem Volumen unter ein Rohr bzw. unter einen Überfall gehalten und die Zeit zum Befüllen des Behälters mit einer Stoppuhr gemessen. Dabei ist es wichtig, dass das gesamte Wasser erfasst wird und kein Wasser über den Rand fließt. Um Messfehler zu vermeiden ist das Gefäß dem Volumen des Abflusses anzupassen. Die gemessene Zeit zur Füllung des Behälters sollte mehr als 30 Sekunden betragen. Der Abfluss $\dot{V}_A$ (m³/s, l/s) ergibt sich aus dem Quotienten des Volumens V (m³, l) und der Zeit t (s). Bei entsprechender Sorgfalt liefert die Behältermethode sehr genaue Messwerte.

Bei geringen Abflüssen (deutlich weniger als 0,25 l/s) bieten sich durchscheinende Küchen-Messbecher mit 1 l Volumen aus Polyethen (PE-LD) an, da einige klare Kunststoffe wie z.B. Styrol-Acrylnitril (SAN) zu leicht splittern. Bei größeren Abflüssen (größer als 0,25 l/s und weniger als 2,5 l/s) bieten sich die handelsüblichen schwarzen 10 l-Eimer aus Polypropylen (PP) an, wie sie im Baumarkt erhältlich sind. Allerdings sollte die angebrachte Volumenmarkierung durch Auslitern oder Auswiegen kontrolliert werden. Dies gilt besonders für größere Gebinde (z.B. Kunststofffässer, runder Mörtelkübel, rechteckiger Mörtelkasten, Messwannen, Messkasten). Eine gesicherte Volumenmarkierung mit farbigem Klebeband oder Isolierband oder wasserfestem Filzstift an zwei gegenüberliegenden Seiten erleichtert die Ablesung. Generell sind die niedrigen und breiten Behälter den hohen und schlanken Behältern vorzuziehen, da meist nur wenig Platz zur Aufstellung eines Behälters unter dem Rohr oder dem Überfall vorhanden ist.

Oftmals ist die Messstelle an dem Gewässer vor Durchführung der Behältermessung zu modifizieren. Der Bau eines kleinen Dammes aus Steinen, abgedichtet mit Ton, Zement oder Sandsäcken, versehen mit einem kurzen Rohrstück für den gerichteten Wasserablauf (Abb. 2.19 Bild 2), ermöglicht den Aufstau und damit eine aufrechte Stellung des Behälters unter dem Rohr. Die sofort einsetzende Erosion des Gewässerbetts unterhalb des Überfalles kann mittels einer Stein- oder Betonplatte oder eines Sandsackes im Gewässerbett unterhalb des Rohres verhindert werden (Abb. 2.19 Bild 1).

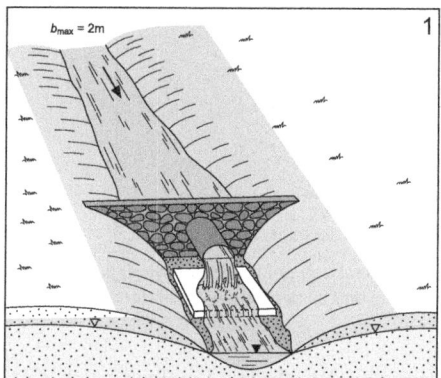 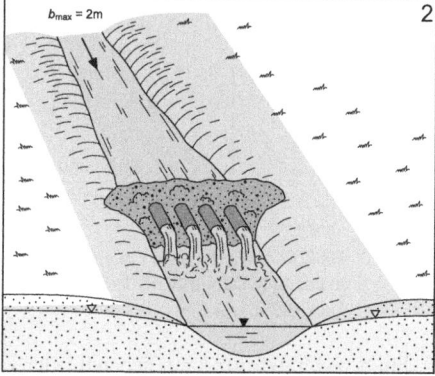

Abb. 2.19: Abflussmessung. Behältermessung. 1: Messprinzip der Behältermessung an schmalen und tiefen Oberflächengewässern, 2: Messprinzip der Behältermessung an breiten und flachen Oberflächengewässern.

Wenn das Gewässer in einem schmalen, definierten Strömungsquerschnitt fließt, kann der Abfluss einfach umgelenkt werden. Durch Auslegen einer Kunststoffplane auf der Gewässersohle lässt sich das Wasser durch ein Rohr in einen Behälter umlenken und somit messen. Besitzt der Damm mehrere Überlaufstellen, so lassen sich diese einzeln messen und der Gesamtabfluss durch Addition ermitteln.

Die Behältermessung sollte mehrmals, aber mindestens dreimal hintereinander durchgeführt werden. Beim Auftreten von Abweichungen zwischen drei Werten verringern weitere Messungen den Fehler. Es ist zu notieren, ob Wasser oder Sickerwasser neben der Messstelle abfließt. In den meisten Fällen kann nicht ausgeschlossen werden, dass der wahre Abfluss größer als der gemessene Abfluss ist. Meistens existiert ein gewisser Anteil von umläufigem Wasser, d.h. Wasser unter- bzw. umströmt das Bauwerk. Die Messung von Abflüssen größer als 2,5 l/s sollte mit einem größeren Behälter oder mit einem Messwehr (Kap. 2.5.3.3) durchgeführt werden. Das folgende Beispiel zeigt die Dokumentation und Auswertung einer Behältermessung.

2.5.3.2 Schwimmkörper

Die Messung der Fließgeschwindigkeit mittels Schwimmkörper ist die einfachste und schnellste Methode zur näherungsweisen Bestimmung des Abflusses. Die Fließgeschwindigkeit v (m/s) des durchströmenden Wassers an definierten Fließstrecken ist der Quotient aus der Transportzeit t (s) eines eingebrachten Schwimmkörpers und der Fließstreckenlänge l (m) zwischen zwei Markierungsmarken. Der Abfluss $\dot{V}_A$ (m³/s) ist das Produkt aus dem Strömungsquerschnitt des Gewässers A (m²) und der Fließgeschwindigkeit v (m/s).

Eine Messung mit Schwimmkörpern wird oftmals zur ersten Abschätzung des Abflusses durchgeführt. Die Fließgeschwindigkeit zeigt große Variationen über die Gewässertiefe, Gewässerbreite sowie den Gewässerverlauf. Diese Messmethode lässt sich aber in der Durchführung und Auswertung derart verfeinern, dass der Abfluss relativ genau ermittelt werden kann (Tab. 2.5).

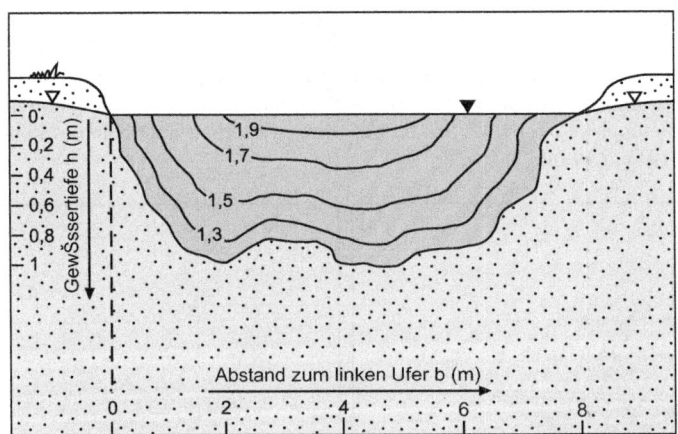

Abb. 2.20: Fließgeschwindigkeiten in einem Gewässer. Schwankung der Fließgeschwindigkeit (in m/s) in Bezug zur Oberfläche des Gewässers, zur Sohle und zu den Seiten (verändert nach WARD & ELIOT 1995).

Ein Schwimmkörper kann generell jeder Körper sein, der schwimmt und gut sichtbar ist. Allerdings gibt es im Schwimmverhalten große Unterschiede. Zum Beispiel lassen sich „Konfetti" aus einem Papierlocher oder kleine Zweige oder Blätter als Schwimmkörper verwenden. Diese leichten Schwimmkörper können allerdings an Hindernissen hängen bleiben. Außerdem schwimmen sie zu nahe an der Oberfläche und können mit dem Wind verweht werden. In

Messung der Wasserhaushaltsgrößen

einem Gewässer schwankt die Geschwindigkeit von der Oberfläche bis zur Gewässersohle sehr stark. Ein Schwimmkörper, der zu nahe an der Oberfläche schwimmt erlaubt nur die Bestimmung der Fließgeschwindigkeit in diesem Bereich und diese ist größer als die durchschnittliche Geschwindigkeit (Abb. 2.20). Diese Geschwindigkeitsunterschiede resultieren aus Reibung des Wassers an den Ufern und dem Grund des Gewässers. Schwimmer zum Angeln sind sehr gut sichtbar, schwimmen aber ebenfalls zu nahe an der Oberfläche und können leicht verweht werden. Eine kleine mit Sand beschwerte Kunststoff-Flasche kann ebenfalls als Schwimmkörper benutzt werden. Über den Füllstand lässt sich die Eintauchtiefe dieses Schwimmkörpers variieren und damit die Fließgeschwindigkeit in unterschiedlichen Wassertiefen erfassen. Eine Orangenfrucht stellt einen guten Schwimmkörper dar. Orangen schwimmen leicht unterhalb der Gewässeroberfläche und sind dennoch gut sichtbar; sie sind in der Lage, Hindernisse zu überrollen, und stellen bei Verlust nur eine sehr geringe Umweltbelastung dar. Besser sind käufliche Schwimmkörper, z.B. Schwimmstäbe, die sich je nach dem Einsatzzweck durch Gewichte austrimmen lassen (Abb. 2.21).

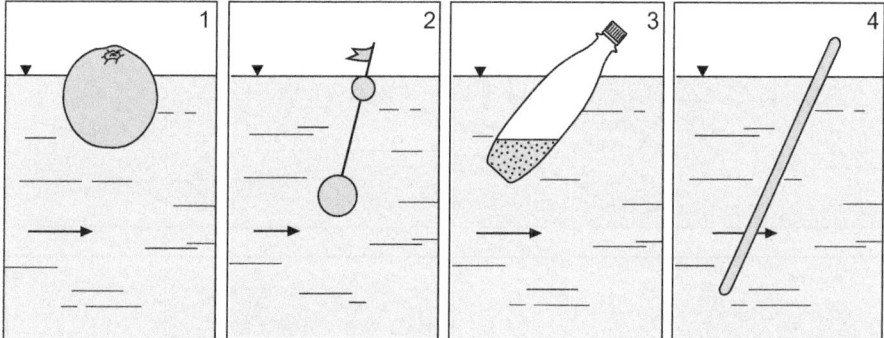

Abb. 2.21: Abflussmessung. Schwimmkörpermessung. Verschiedene Schwimmkörper. 1: Orange, 2: Angelschwimmer, 3: Kunststoffflasche, 4: Schwimmstab.

In Abhängigkeit von der Breite des Gewässers bietet sich eine Unterteilung des Gewässers in separate Längsstreifen an (Abb. 2.22). In jedem Längsstreifen lassen sich separate Messungen durchführen und damit die Reproduzierbarkeit der Messwerte überprüfen sowie die Notwendigkeit einer Unterteilung verifizieren. Bei breiteren Gewässern können mehrere Messungen zeitgleich erfolgen. Die Länge der Fließstrecke sollte so gewählt werden, dass die ermittelten Messwerte hinreichend präzise sind. Fließstrecken von 4 m bis 5 m Länge sind zu empfehlen. Die Fließstrecke sollte aber auf jeden Fall möglichst gerade sein und ein einheitliches Gefälle besitzen. Vorhandene Störkörper (Zweige und unregelmäßige Ablagerungen) sollten beseitigt werden. Je länger die Fließstrecke ist, umso genauer ist die ermittelte Fließgeschwindigkeit. Die Länge der Fließstrecke sollte mit einem Messband oder mit einer anderen Entfernungsmessmethode ermittelt werden.

Für die Durchführung der Schwimmkörper-Methode (Abb. 2.22) werden zwei Personen benötigt. Die eine Person steht im Anstrom und gibt den Schwimmkörper in das Gewässer. Der Schwimmkörper sollte immer oberhalb der Startlinie (Beginn der definierten Fließstrecke) ins Gewässer gegeben werden, damit er die Möglichkeit hat, sich der herrschenden Strömung anzupassen. Die Person im Anstrom sollte sich außerhalb der angestrebten Fließbahn aufhalten, um den Abfluss nicht zu stören (Abb. 2.22 Bild 1). Beim Überschreiten der Startlinie startet die Person im Abstrom auf ein Handzeichen der Person im Anstrom die Uhr (Abb. 2.22 Bild 2). Die Zeit kann mit einer Stoppuhr gemessen werden. Die Person im Abstrom stoppt die Messzeit sobald der Schwimmkörper die Ziellinie (Ende der definierten Fließstrecke) überschreitet (Abb. 2.22 Bild 3). Die Person im Abstrom nimmt den Schwimmkörper nach der Messung aus dem Wasser und gibt den Schwimmer an die Person im Anstrom zurück (Abb. 2.22 Bild 4).

Die Schwimmkörper-Methode ist auf Gewässer beschränkt, die maximal mit Watstiefeln zu begehen sind. Die Sicherheitshinweise in Kapitel 8 sind unbedingt zu beachten. Bei Gewässern, in denen die Personen im Uferbereich stehen können, ist die Methode nur bedingt einsetzbar, da die nicht immer zielgenaue Eingabe des Schwimmkörpers und die unterschiedlichen Blickwinkel auf die Start- und Ziellinie Fehler verursachen können.

Die Messung sollte mehrmals – mindestens dreimal – in jeder Fließstrecke oder in jedem Längsstreifen wiederholt werden. Die gemessenen Transportzeiten sollten nicht mehr als 10 % voneinander abweichen. Die Auswertung mit Beispielrechnung einer solchen Abflussmessung ist in Tabelle 2.5 dargestellt.

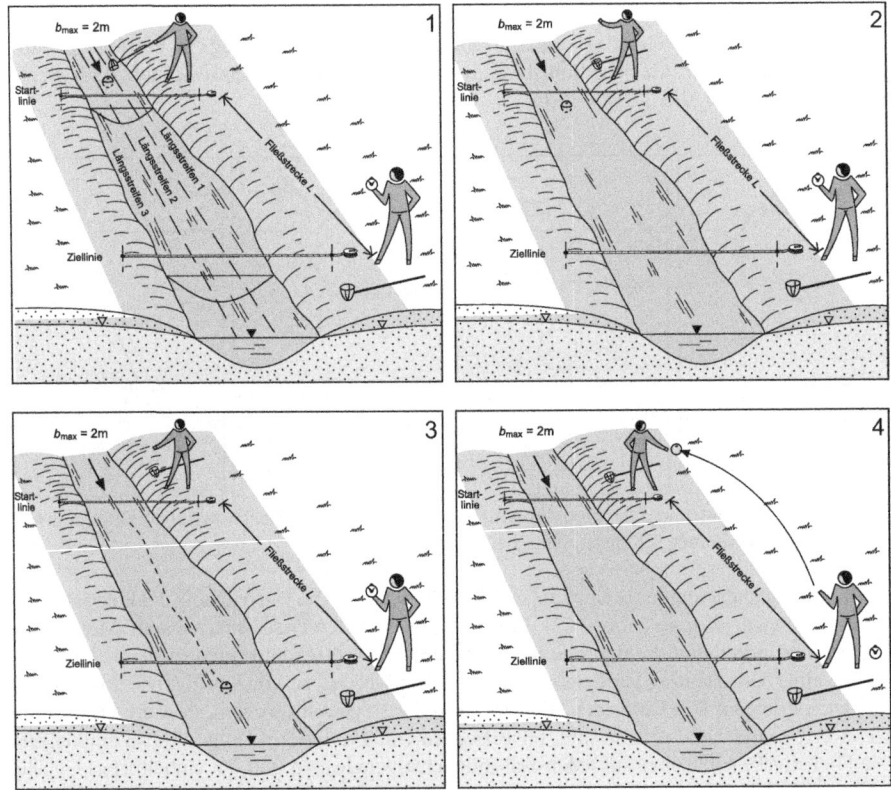

Abb. 2.22: Abflussmessung. Schwimmkörpermessung. Durchführung. 1: Eingabe des Schwimmkörpers, 2: Start der Messzeit, 3: Stopp der Messzeit, 4: Bergung des Schwimmkörpers und Rückgabe.

Der Strömungsquerschnitt wird durch Messung der Breite und Tiefe des Gewässers (Kap. 2.2) ermittelt. Um die Genauigkeit dieser Abflussmessung zu erhöhen, sollte der Strömungsquerschnitt an mindestens drei Stellen (im Bereich der Startlinie, der Ziellinie und auf der Hälfte der Strecke) entlang der Fließstrecke ermittelt werden. Bei einer starken Variation des Strömungsquerschnittes oder entsprechend langen Fließstrecken sollte die Zahl der ermittelten Strömungsquerschnittsflächen entsprechend der Variation erhöht werden.

Diese Methode liefert allerdings keinen repräsentativen Messwert der durchschnittlichen Fließgeschwindigkeit, weil der Schwimmkörper an der Oberfläche des Gewässers schwimmt. Eine Unterteilung des Gewässers in separate Längsstreifen stellt eine Verbesserung der Messmethode dar. Dadurch werden die Variationen der Fließgeschwindigkeiten über die Gewässerbrei-

Messung der Wasserhaushaltsgrößen

te und -tiefe in der Auswertung berücksichtigt. Gemittelt über die Breite jedes Längsstreifens kann ein gewichteter Mittelwert der Fließgeschwindigkeit an der Oberfläche errechnet werden. Durch eine Korrektur mit dem Faktor 0,85 für die Veränderung der Fließgeschwindigkeiten mit der Gewässertiefe (Abb. 2.20) lässt sich eine durchschnittliche Fließgeschwindigkeit ermitteln.

Die Ergebnisse der Schwimmkörpermessung können mittels Formblatt 4 (Anh. 5) protokolliert werden. Dort wird unterschieden zwischen der Messung der Fließgeschwindigkeit an definierter Fließstrecke mit unregelmäßiger Fläche, mit kreisförmiger Fläche und mit rechteckiger Fläche. Hierbei variieren jeweils die Berechnungen des Strömungsquerschnitts.

Tab. 2.5: Abflussmessung. Schwimmkörpermessung. Beispielberechnung der durchschnittlichen Fließgeschwindigkeit im Gewässer von Abbildung 2.22 Bild 1.

Längsstreifen Nr.	Versuch Nr.	Fließstreckenlänge (m)	Zeit (s)	Fließgeschwindigkeit an der Oberfläche (m/s)	Durchschnittliche Fließgeschwindigkeit im Längsstreifen (m/s)	Gewichtete Fließgeschwindigkeit an der Oberfläche* (m/s)
1	1	5	3,07	1,63		
	2	5	3,27	1,53	1,61	0,48
	3	5	2,99	1,67		
2	1	5	2,67	1,87		
	2	5	2,59	1,93	1,90	0,76
	3	5	2,63	1,90		
3	1	5	3,18	1,57		
	2	5	-	-	1,52	0,46
	3	5	3,36	1,49		
	4	5	3,33	1,50		
				Summe		1,70 **

* Gewichtete Fließgeschwindigkeit an der Oberfläche [berücksichtigt die Variationen mit der Gewässerbreite, Abb. 2.20] = (Breite des Längsstreifens dividiert durch Gewässerbreite) multipliziert mit durchschnittliche Fließgeschwindigkeit im Längsstreifen

** gewichteter Mittelwert der Fließgeschwindigkeit an der Oberfläche = Summe der gewichteten Fließgeschwindigkeiten an der Oberfläche = 1,70 m/s

Korrektur:
Durchschnittliche Fließgeschwindigkeit im Gewässer = Fließgeschwindigkeit an der Oberfläche multipliziert mit dem Korrekturfaktor 0,85 für die Variationen mit der Gewässertiefe (Abb. 2.20) = 1,45 m/s

2.5.3.3 Messwehr

Messwehre aus Metallplatten bieten die genaueste Methode zur Bestimmung des Abflusses in kleineren Bächen. Der Einbau der Messwehre im Bachquerschnitt bewirkt einen Aufstau im Anstrom und zwingt das Wasser durch einen verengten Fließquerschnitt mit bekannter Form abzufließen. Die Höhe des aufgestauten Wassers h (m) stellt die Differenz zwischen der Höhe der Wehrunterkante und der aufgestauten Wasserhöhe am Lattenpegel im Anstrom dar (Abb. 2.23). Dieser Wert geht zusammen mit den Abmessungen des Fließquerschnittes in die Formel zur Bestimmung des Abflusses $\dot{V}_A$ (m³/s) ein. Der Abfluss $\dot{V}_A$ (m³/s) lässt sich direkt aus der Höhe h (m) des überlaufenden Wassers im Anstrom des Messwehrs und den spezifischen Abmessungen des Fließquerschnittes berechnen.

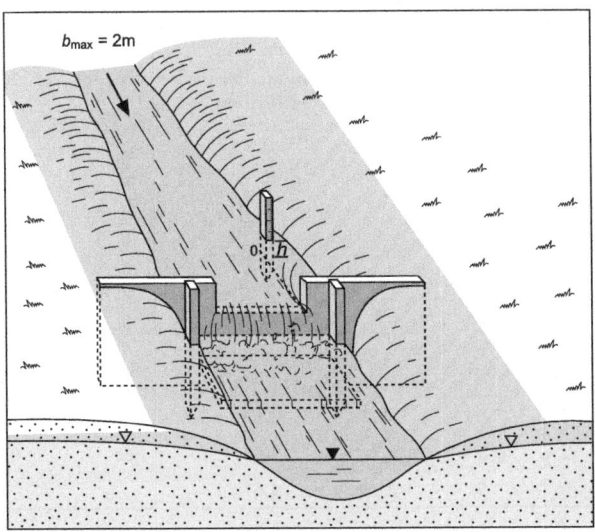

Abb. 2.23: Abflussmessung. Messung des Abflusses mittels Messwehr und Lattenpegel.

Bei der Herstellung eines Messwehres z.B. aus Metallblech (Edelstahl oder Aluminium) sollte auf scharfe und gerade Kanten im Messeinschnitt geachtet werden, damit beim Überfall des Wassers keine Verwirbelungen auftreten. Das Blech des Wehres sollten eine Stärke von mindestens 1 mm bis 2 mm aufweisen und in einem Winkel von mindestens 60° abgeschrägt sein. Die Unterkanten des Messwehres sollten geschärft werden, um den Einbau bzw. das Einschlagen des Messwehres in das Bachbett zu erleichtern.

Ein Messwehr sollte in einem geraden Bachstück mit einer Mindestlänge von 3 m eingebaut werden. Hier dürfen keine Strömungshindernisse, Steine, Zweige etc. vorhanden sein, um einen geregelten Abfluss zu gewährleisten. Dabei ist vor dem Einbau die Breite und Tiefe des Gewässers zu erfassen sowie das Gewässerbett im Hinblick auf das Lockergestein bzw. das tiefer anstehende Festgestein zu erkunden. Der Einsatz eines Messwehres wird oftmals von der Größe des Bachquerschnitts begrenzt. Da sich im Anstrom das Wasser aufstaut, sollte das Gewässer eine entsprechende Tiefe im Anstrom (Stauraum) besitzen, um einen ausreichenden Einstau zu ermöglichen. Für ein Rechteckwehr sollte die Mindesttiefe des Gewässers 0,60 m betragen. Ein Dreieckswehr mit einer Messeinschnitt-Höhe von 0,30 m benötigt ein 0,45 m tiefes Gewässer; ein Dreieckswehr mit einer Messeinschnitt-Höhe von 0,15 m benötigt ein 0,30 m tiefes Gewässer (BRASSINGTON 1988). Ebenfalls sollte das Überfallniveau auf einer bestimmten Höhe über dem Bachbett liegen, damit ein ausreichender Überfall gesichert ist. Bei maximalem Abfluss sollte das Überfallniveau mindestens 75 mm über dem Wasserspiegel im Abstrom liegen.

Eine kurzfristige Installation eines Messwehres in einem kleinen Bach kann in wenigen Stunden erfolgen. Es handelt sich dabei um eine schwierige Aufgabe, für die mindestens zwei Personen benötigt werden. Der Einbau erfolgt in der Regel durch Einschlagen des Messwehres in das Bachbett mittels Gummihammer oder Kunststoffhammer. Speziell angefertigte Einschlagstutzen, die auf den oberen Rand des Messwehres aufgesetzt werden, haben sich zum

Messung der Wasserhaushaltsgrößen

Schutz der Oberkante des Wehres als hilfreich erwiesen. Falls möglich, lässt sich das Bachsediment aufgraben, das Messwehr in die Grube einsetzen und mit dem wieder verfüllten Material stabilisieren. Die Messwehre lassen sich durch in das Bachbett eingeschlagene Holzpflöcke oder vorgefertigte Rahmen stabilisieren. Das Messwehr sollte senkrecht zur Strömung und genau lotrecht eingebaut werden. Der Einsatz einer Wasserwaage ist für den korrekten Einbau notwendig. Um Randumläufigkeiten und Unterspülungen zu verhindern, sollten die Bachufer und die Bachsohle im An- und Abstrom mit Sandsäcken und/oder Ton stabilisiert und abgedichtet werden. Eine Erosion der Bachsohle direkt am Überlauf des Wehres lässt sich durch den Einbau von Sandsäcken oder einer Stein- oder Betonplatte verhindern.

Die Abflussmessung erfolgt über die Messung der Höhe des Aufstaus. Die Höhe des Aufstaus (Höhe über Überfallniveau = Überfallhöhe) sollte in einem bestimmten Abstand ($l = 2$ bis $4 \cdot h_{max}$; ca. 2 m bis 3 m) im Anstrom des Wehres an einem Lattenpegel (Kap. 2.5.3.8) gemessen werden. Direkt im Messwehr verbietet sich die Messung der Überfallhöhe, da hier durch das Phänomen des Sunks der Wasserspiegel abgesenkt ist. Beim Sunk handelt es sich um eine fortschreitende Senkung des Wasserspiegels in einem offenen Gerinne, die durch einen plötzlich verringerten Abfluss verursacht wird. Der Lattenpegel wird idealerweise ufernah und lotrecht installiert. Der Nullpunkt des Lattenpegels muss das gleiche Niveau wie das Überfallniveau (Unterkante) des Messeinschnittes besitzen. Die Übertragung des Überfallniveaus auf den Lattenpegel (Nullpunkt) kann mittels einer extra langen Wasserwaage, einer Aluminiumlatte mit aufgelegter Wasserwaage, einer Schlauchwaage bzw. durch ein Nivellement erfolgen (Kap. 2.1.6).

Normalerweise wird täglich der Wasserstand an dem Lattenpegel abgelesen. Für kontinuierliche Messungen und Ermittlung des Abflusses ist die zusätzliche Installation eines Pegelschreibers (Kap. 2.5.3.8) anstelle des Lattenpegels erforderlich.

Bei sachgemäßem Einbau und Wartung eines Messwehres können Messgenauigkeiten mit einer Fehlerquote unter 10% erreicht werden. Bei längeren Messperioden ist allerdings eine Verschlammung und Beeinträchtigung der Messung durch Treibgut (z.B. Zweige, Äste, Wasserpflanzen, Kunststofftüten etc.) vor dem Messwehr nicht auszuschließen. Diese Störkörper sind im Rahmen von regelmäßigen Kontrollgängen zu beseitigen. Das Messwehr sollte vor jeder Messung kontrolliert und gereinigt werden. Die Ablesung am Lattenpegel sollte erst erfolgen, nachdem sich wieder ein stabiler Abflusszustand eingestellt hat. Dies kann je nach Abflussverhalten mehrere Minuten bis Stunden dauern.

Die Installation eines Messwehres in einem Bach verursacht einen Aufstau. Der Einbau eines Messwehres ist sehr zeitaufwendig, sodass dieser Bau nur bei einer längeren Betriebsdauer des Wehres effizient ist. Vor Installation des Messwehres sind die Genehmigung der zuständigen Wasserbehörde sowie die Erlaubnis seitens des Grundbesitzers oder/und des Wasserverbandes einzuholen.Durch den Aufstau des Gewässers kann es zu einem unerwünschten Einstau in den ggf. vorhandenen Dränagen kommen.

Es gibt ebenfalls ein abgeleitetes Verfahren zur Ermittlung des Abflusses an Messwehren. Da die Höhe des Aufstaus mit dem Abfluss korreliert, lässt sich eine Aufstauhöhe-Abfluss-Beziehung, welche zuvor für mindestens drei verschieden große Abflüsse ermittelt worden sind, erstellen. Schließlich können die Abflüsse für alle Aufstauhöhen innerhalb der Aufstauhöhe-Abfluss-Beziehung bzw. aus einer abgeleiteten Tabelle entnommen werden. Zur Kontrolle der Abflussmessung können zusätzlich Behältermessungen am Überfall durchgeführt werden.

Messwehre lassen sich bei geringen Wassertiefen und flachem Gewässergradienten (z.B. Be- und Entwässerungsgräben) nur schwer realisieren. Außerdem können sich im Aufstaubereich Sedimente ablagern, die mit der Zeit einen Mssfehler verursachen.

Da sich der Abfluss bei Dreiecks- (THOMPSON), Rechteck- und Trapezwehren (CIPOLETTI) mit der Potenz der Überfallhöhe ändert, wirkt sich ein kleiner Messfehler bei größerer Schüttung relativ groß aus. Bei den Wehren mit hyperbolischem Profil steht die Überfallhöhe mit dem Abfluss in linearem Verhältnis. Die dazugehörigen Abmessungen zum Bau eines hyperbolischen Wehres in zwei Größen sind in Tabelle 2.6 angegeben.

Tab. 2.6: Abflussmessung. Messwehre. Abmessungen des Ausschnittes zweier hyperbolischer Messwehre (KESSLER 1959).

Kleines Wehr		Großes Wehr	
Höhe (mm)	Breite (mm)	Höhe (mm)	Breite (mm)
0	207,0	0	344
20	207,0	50	344
35	150,0	75	273
50	139,2	100	244
65	112,0	125	217
80	102,0	150	195
95	92,5	175	184
110	86,0	200	173
125	79,5	225	162
140	69,4	250	154
170	64,0	275	147
200	60,4	300	141
230	55,8	350	130
260	52,6	400	122
290	50,0	450	115
320	48,6	500	109
350	46,0	550	104
380	44,7	600	100
410	43,4	650	97

Die anzuwendende Formel zur Berechnung des Abflusses ist abhängig vom Wehrtyp. Eine Zusammenstellung der gängigen Wehrtypen mit den dazugehörigen Gültigkeitsbereichen und den anzuwendenden Berechnungsgleichungen ist der Tabelle 2.7 zu entnehmen.

Tab. 2.7: Abflussmessung. Messwehre. Unterschiedliche Typen von Messwehren und deren Berechnungsgleichungen (verändert nach COLDEWEY & MÜLLER 1985.)

Typ	Schema	Gültigkeitsbereich für Höhe (m)	Berechnungsgleichung für den Abfluss (m^3/s)
DRS		0,01 bis 0,2	$\{\dot{V}_A\} = 2{,}36 \cdot \{\mu\} \cdot \tan\left(\frac{\{\alpha\}}{2}\right) \cdot \{h\}^2 \cdot \sqrt{\{h\}}$ $\{\mu\} = 0{,}565 + 0{,}0087 \cdot \frac{1}{\sqrt{\{h\}}}$
DRR		0,01 bis 0,2	$\{\dot{V}_A\} = 2{,}36 \cdot \{b\} \cdot \{h\}^2 \cdot \sqrt{\{h\}}$

Messung der Wasserhaushaltsgrößen 47

Typ	Schema	Gültigkeits-bereich für Höhe (m)	Berechnungsgleichung für den Abfluss (m³/s)
REO		0,025 bis 0,8	$\{\dot{V}_A\} = 1{,}9 \cdot \{b\} \cdot \{h\} \cdot \sqrt{\{h\}}$
REM		0,025 bis 0,8	$\{\dot{V}_A\} = 1{,}8 \cdot \{b\} \cdot \{h\} \cdot \sqrt{\{h\}}$
TRA			$\{\dot{V}_A\} = 8{,}86 \cdot \{\mu\} \cdot \{h\} \cdot \sqrt{\{h\}} \cdot \left(0{,}33 \cdot \{b\} + 0{,}27 \cdot tan\left(\frac{\{\alpha\}}{2}\right) \cdot \{h\}\right)$ $\{\mu\} = 0{,}565 + 0{,}0087 \cdot \frac{1}{\sqrt{\{h\}}}$
HYK		0,04 bis 0,4	$\{\dot{V}_A\} = \frac{1}{1.000} \cdot (102{,}97 \cdot \{h\} - 1{,}20)$
HYG		0,07 bis 0,6	$\{\dot{V}_A\} = \frac{1}{1.000} \cdot (291{,}83 \cdot \{h\} - 9{,}18)$

$\dot{V}_A$ = Abfluss (m³/s)
β = Öffnungswinkel (°)
b = Überfallbreite (m)
h = Überfallhöhe (m)

DRS = Dreieckswehr, spitzwinklig
DRR = Dreieckswehr, rechtwinklig
REO = Rechteckwehr ohne Seiteneinschnürung
REM = Rechteckwehr mit Seiteneinschnürung
TRA = Trapezwehr
HYK = Hyperbolisches Wehr, klein
HYG = Hyperbolisches Wehr, groß

Die Ergebnisse der Wehrmessung können mittels Formblatt 5 (Anh. 5) protokolliert werden. Hier wird unterschieden zwischen der Messung des Volumenstroms mittels Rechteckwehr und Seiteneinschnürung, rechtwinkligem Dreieckswehr und kleinem hyperbolischem Wehr. Es variieren jeweils die Berechnungen des Volumenstroms.

Weiterführende Literatur:
KESSSLER, H. (1959): Lineare Meßwehre für Quellschüttungen. – Steierische Beiträge zur Hydrogeologie, 1959(1/2): 81-94; Graz.

2.5.3.4 Messrinne

Die Messung des Abflusses in Messrinnen ist geeignet für mittlere Abflüsse natürlicher Gewässer (Bäche) und künstlicher Gerinne (Be- und Entwässerungsgräben) mit nicht zu großen Abflussschwankungen. Rinnen verschiedener Typen kommen insbesondere im Abwasserbereich zum Einsatz. Eine Rinne ist mit einem Wehr vergleichbar. Hier fließt das Wasser nicht mehr durch eine definierte zweidimensionale Öffnung, sondern durch eine Rinne mit definierten Abmessungen. Durch seitliche Einschnürungen und/oder Sohlschwellen wird der Strömungsquerschnitt des Gewässers soweit verengt, dass das Wasser an der engsten Stelle aus dem Fließzustand des Strömens in den Fließzustand des Schießens übergeht. Es genügt die Wassertiefe h (m) vor der Verengung und die Breite b (m) an der engsten Stelle der Rinne zu messen und daraus mittels rinnenspezifischer Formel den Abfluss abzuleiten. Nach Erstellung einer Kalibrierkurve kann auch hier der Abfluss mittels Messung der Wassertiefe in der Rinne abgeleitet werden.

Heute werden insbesondere am Auslass von Staudämmen und Talsperren sowie im Abwasserbereich die VENTURI- bzw. PARSHALL-Rinnen eingesetzt. In kleineren Abflussgerinnen kommen auch RBC-Rinnen (0,1–8,7 l/s bis 2,0–145 l/s) zum Einsatz. Die RBC-Messrinne, entwickelt durch REPLOGLE, BOS und CLEMMENS, wurde insbesondere für den Einsatz in kleineren Fließgewässern entwickelt (Bewässerungskanäle, Zu- und Abflüsse, Gräben usw.). Durch Kombination mit einer kontinuierlichen Wasserstandsmessung ist die Ermittlung des Abflusses möglich. Die Rinne lässt sich in Gewässern mit flachem Gradienten und einer erhöhten Sedimentfracht einsetzen. Nähere Angaben zu den Abmessungen der Rinne, der Abflussmessung und -auswertung sowie ergänzende Angaben sind der weiterführenden Literatur zu entnehmen.

2.5.3.5 Strömungsmessgeräte

Mit Strömungsmessgeräten wird die Fließgeschwindigkeit sehr detailliert über die Breite und Tiefe des Gewässers entlang von sogenannten Geschwindigkeitsprofilen aufgenommen. Anschließend werden die ermittelten Fließgeschwindigkeiten mit der zugehörigen Fließsegmentfläche multipliziert. Der Abfluss errechnet sich dann aus der Summe der Einzel-Abflüsse der Fließsegmente. Je detaillierter die Messung durchführt werden, desto genauer ist der errechnete Abfluss.

Hydrometrischer Messflügel

Für die Messung von mittleren, großen und größten Abflüssen von natürlichen Gewässern (Bäche, Flüsse, Ströme) und künstlichen Gewässern (Kanälen) eignen sich hydrometrische Messflügel (Abb. 2.24). Es handelt sich um mechanische Messgeräte, mit denen sich die Strömungsgeschwindigkeit in einzelnen Messpunkten oder alternativ integrierend in einzelnen Messlotrechten erfassen lässt. Somit ist es möglich, Informationen sowohl über die horizontale als auch die vertikale Verteilung der Fließgeschwindigkeit in einem durchströmten Gewässerquerschnitt zu erlangen (Abb. 2.20).

Die Wahl eines geeigneten Messflügels ist abhängig von seinem Anwendungsbereich. Die Hersteller halten Informationen zum Geräteeinsatz vor. Einige Modelle sind nur in Gewässern mit geringen Fließgeschwindigkeiten einsetzbar, andere eignen sich nur für den Einsatz in Gewässern mit hohen Fließgeschwindigkeiten. Der hydrometrische Messflügel, auch WOLTMAN-Messflügel genannt, wird seit Jahrzehnten weltweit unter extremen Bedingungen eingesetzt. Die kleineren Geräte wie der sog. Kleinflügel sind an einer Stange montiert und eignen sich gut für relativ kleine Abflüsse in flachen Gewässer. Er besteht aus einem schraubenförmigen Flügelrad, welches beim Eintauchen in das Gewässer durch die Strömung des vorbei fließenden Wassers angetrieben wird. Jede Umdrehung des Messflügels erzeugt ein elektrisches Signal, welches in einem Display eines Zählgerätes angezeigt wird und/oder in einem Datenlogger aufgezeichnet wird. Aus der Umdrehungszahl pro Zeiteinheit, der Drehfrequenz n (1/s) des Flügels, wird mit Hilfe einer Formel und vom Hersteller angegebenen Beiwerten anschließend die Fließgeschwindigkeit berechnet. Die Beiwerte lassen sich aus einer mitgelieferten, flügelspezifischen Kalibriertabelle entnehmen. Generell ist zu beachten, dass jedem Flügelrad gerätespezifische Grenzwerte der Fließgeschwindigkeit zugeordnet sind. Nur innerhalb dieser Grenzen ist eine Ermittlung der Fließgeschwindigkeiten sinnvoll. Bei Über- oder Unterschreitung der Grenzwerte ist das Flügelrad zu wechseln.

Messung der Wasserhaushaltsgrößen

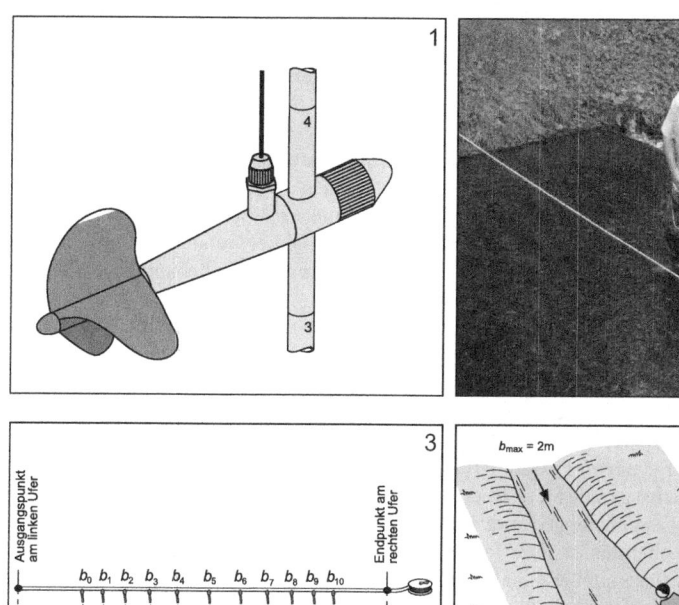

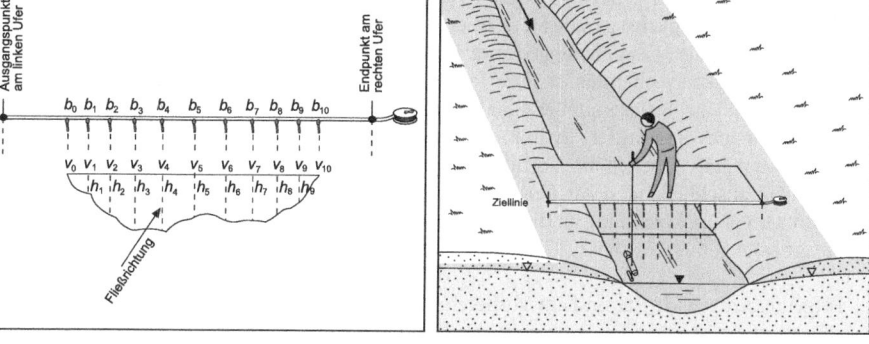

Abb. 2.24: Abflussmessung. Hydrometrischer Messflügel. 1: Skizze des Messflügels, 2: Foto Anwendung des Messflügels (OTT Hydromet GmbH), 3-4: Darstellung der Messmethode.

In tieferen Gewässern oder wenn das Waten z.B. wegen zu hoher Fließgeschwindigkeit zu gefährlich ist, sollte die Messung von einer Brücke oder durch eine Seilkrananlage mit einem dafür geeigneten Universalflügel bzw. einer Schwimmflügelausrüstung durchgeführt werden. Diese größeren Einheiten hängen an einem Seil, welches über einen portablen Kran mit einer Seilrolle bewegt wird. Bei dieser Messanordnung wird ein stromlinienförmiger Schwimmkörper mit Strömungsrichtungsflossen benötigt, um das Messgerät an Ort und Stelle in der Strömung stabil zu halten.

Alternativ zu den mechanischen Messflügeln kommen heute auch mobile magnetisch-induktive Messsonden zum Einsatz (z.B. OTT MF pro). Ihre Funktion beruht auf der Ausnutzung des FARADAY-Gesetzes. Die elektrischen Ladungsträger des Wassers (Ionen) strömen über ein im Sondenkörper erzeugtes Magnetfeld und induzieren so eine Spannung, welche proportional zur Fließgeschwindigkeit ist. Dieser Typ Strömungsmesser kommt insbesondere in Gewässern mit hoher Schwebstofffracht und Verkrautung zum Einsatz. Ein hydrometrischer Messflügel würde hier Schaden nehmen. Eine weitere Möglichkeit der Messung punktueller Geschwindigkeiten besteht in der Benutzung moderner akustischer Punktsensoren (z.B. OTT ADC). Diese Geräte nutzen die Frequenzverschiebung von an Wasserpartikeln reflektierten akustischen Signalen (Doppler-Effekt) und haben eine sehr hohe Messgenauigkeit.

Da mechanische hydrometrische Messflügel sowohl in der Anschaffung als auch in der Wartung (Kalibrierung) kostenintensiv sind, ist ihr Einsatz meist auf Fachbehörden oder große Firmen beschränkt.

In Vorbereitung auf eine Messung mit einem Strömungsmesser sollten in der Regel zwei Tage eingeplant werden. Am ersten Tag ist die Messstelle zu erkunden und die Vorbereitung für die Messung am zweiten Tag zu treffen. Eine erste abschätzende Messung des Abflusses z.B. mittels Schwimmkörper (Kap. 2.5.3.2) erlaubt einen Überblick über die Strömungssituation. Außerdem kann durch erste orientierende Flügelmessungen die Wahl des geeigneten Flügelrades getroffen werden. Insbesondere bei schwankenden Abflussverhältnissen sollten der Vorbereitungstag und der Messtag unmittelbar aufeinander folgen. An beiden Tagen sollten folgende Arbeitsmittel mit ins Gelände genommen werden: Strömungsmesser, Batterien, Ersatzbatterien, Messgerät zur Ermittlung der Gewässertiefe (Kap. 2.2.2), Messband oder anderes Gerät zur Ermittlung der Gewässerbreite (Kap. 2.2.1), Schnur sowie Befestigungseinrichtungen, Klebeband oder Markierungsschilder, Feldbuch und Stift.

In den meisten Gewässern können die Messungen mit Watstiefeln oder Wathose bekleidet direkt im Gewässer durchgeführt werden. Beim Einsatz von Wathosen ist unbedingt eine zweite Person zur Sicherung der im Gewässer messenden Person notwendig. Aus diesem Grund sollten zuvor die Gewässertiefe, die Strömungsbedingungen und die Standsicherheit im Gewässer überprüft werden. Der Messflügel wird an einer Stange geführt (Stangenflügel), die mit einer Skalierung zur genauen Positionierung auf bestimmte Wassertiefen versehen ist. Als Messstelle ist eine möglichst gerade Flussstrecke mit regelmäßigen Strömungsquerschnitten (am besten mit konstanter Wassertiefe) geeignet, in der auch bei Niedrigwasser noch eine messbare Fließgeschwindigkeit vorhanden ist. Die Messstelle sollte nicht durch starkwüchsige Vegetation, Äste, Gesteinsblöcke, Brückenpfeiler oder Geröll beeinflusst sein.

Die Abflussmessung mittels hydrometrischen Messflügels lässt sich in drei Hauptarbeitsschritte unterteilen: Arbeiten am Vorbereitungstag, Arbeiten am eigentlichen Messtag und die Arbeiten zur anschließenden Auswertung. Die nachfolgenden Ausführungen zu den Arbeitsschritten wurden in Anlehnung an die Beschreibungen der GEWÄSSERKUNDLICHEN ANSTALTEN DES BUNDES UND DER LÄNDER (1971) zusammengestellt.

Folgende Arbeitsschritte sind am Vorbereitungstag durchzuführen:
- Zuerst ist ein Messband im rechten Winkel zur Fließrichtung über das Gewässer zu spannen (Abb. 2.24 Bild 3) und die Gewässerbreite (Kap. 2.2.1) zu erfassen. Dies entspricht der Messlinie. Die Länge der Messlinie sowie der Winkel zwischen Messlinie und Flusslinie müssen protokolliert werden (Anhang 1, Formblatt 6).
- Mit dem Messband werden die einzelnen Messlotrechten vermessen, an denen die Geschwindigkeitsprofile an einzelnen Messpunkten aufgenommen werden sollen. Über die Breite des Gewässers werden 10 bis 20 Messlotrechte im gleichmäßigen Abstand verteilt (Abb. 2.24 Bild 3). Dabei sollte ein gleicher Abstand von einfacher Größe zwischen den Messlotrechten gewählt werden, um die anschließenden Berechnungen zu vereinfachen. Anzahl, Lage und gegenseitiger Abstand der Messlotrechten sollten sich allerdings immer nach der Form des Gewässerquerschnitts richten. Je größer die Anzahl der Messlotrechten, desto genauer sind die Messergebnisse. Jedes Segment sollte möglichst weniger als 10 % des gesamten Gewässerabflusses erfassen. Die Abstände sollten aber nicht geringer als eine Flügelbreite des Messflügels sein, denn durch noch geringere Messabstände werden keine zusätzlichen Informationen gewonnen. Zur besseren Orientierung während der anschließenden Messungen kann an beiden Ufern anstelle des Messbandes ein Seil mit Klebebändern oder Markierungsschildchen für die Kennzeichnung der Lage der Messlotrechten befestigt werden.
- Als nächstes wird entlang des Messbandes die Gewässertiefe (Kap. 2.2.2) erfasst. Die Anzahl der aufgenommenen Gewässertiefen sollte mindestens der Anzahl der ausgewählten Messlotrechten entsprechen. Ferner sollte die Position der Gewässertiefenmessung genau der Lage der Messlotrechten entsprechen.
- Die durchschnittliche Geschwindigkeit über die gesamte Gewässertiefe stellt sich theoretisch in einer Gewässertiefe von 60 % der Gesamt-Gewässertiefe (von der Oberfläche aus gesehen) ein (Abb. 2.20). Aus diesem Grund ist am Vorbereitungstag eine Probemessung

Messung der Wasserhaushaltsgrößen

pro Messlotrechte als orientierende Messung in dieser Tiefe ausreichend. Diese Ein-Punkt-Methode wird für flachere Gewässer mit weniger als 0,70 m Wassertiefe empfohlen. Bei einer Gewässertiefe von mehr als 0,80 m empfiehlt sich die Zwei-Punkt-Methode, bei der zwei Messungen pro Messlotrechte in 20 % und 80 % der Gewässertiefe mit anschließender Mittelwertbildung durchgeführt werden.
- Mit Hilfe der Kalibriertabelle (Tab. 2.8) des verwendeten Messflügels kann aus der Drehfrequenz n (1/s) die Gültigkeit des flügelspezifischen Messbereichs überprüft werden und die Fließgeschwindigkeit v (m/s) berechnet werden. Liegt die gemessene Drehfrequenz am Rande des flügelspezifischen Messbereiches sollte für den eigentlichen Messtag ein der Fließgeschwindigkeit angepasstes Flügelrad ausgewählt werden. Die Messflügel-Nummer sowie die für diesen Messflügel gültigen Messflügelparameter sollten protokolliert werden (Anh. 5, Formblatt 6).

Tab. 2.8: Abflussmessung. Hydrometrischer Messflügel. Beispiel für eine Kalibriertabelle.

	Eichtabelle				
Flügel:	C2 '10.150		Prüfmethode:		nach BARGO[1]
Befestigung:	Stange 9 mm				
Schaufel:	1	Ø (mm):	50	$n \leq 2{,}27$	$v = 0{,}0640 \cdot n + 0{,}015$
Nr.:	114417	Steigung (m):	0,100	$2{,}27 \leq n \leq 9{,}57$	$v = 0{,}0552 \cdot n + 0{,}035$
		Material:	Al	$9{,}57 \leq n \leq 17{,}84$	$v = 0{,}0529 \cdot n + 0{,}057$

[1]: Bei der Kalibrierung nach BARGO wird der Messflügel mit einem Schleppwagen über den gesamten Messbereich mit 8 oder mehr verschiedenen Geschwindigkeiten durch stehendes Wasser gezogen. Der ermittelte Zusammenhang zwischen der gemessenen Drehfrequenz der Flügelschraube n (1/s) und der Geschwindigkeit des Schleppwagens v (m/s) kann dann in Form einer oder mehrerer Gleichungen ($v = k \cdot n + a$) angegeben werden. Hierbei sind die hydraulische Steigung der Schaufel k (m) und die Konstante a (m/s) von der Schraube, vom Flügel und dessen Befestigung abhängige Konstanten.

In einigen Ländern – unter anderem in Deutschland – werden über die Gewässertiefe sehr detaillierte Geschwindigkeitsprofile aufgenommen. Dafür sollte möglichst dicht an der Gewässeroberfläche und möglichst dicht an der Gewässersohle gemessen werden. Die weiteren Messpunkte des Geschwindigkeitsprofils in einer Messlotrechten sind so zu wählen, dass sie in der Nähe der Sohle dichter, d.h. in kleineren Abständen voneinander liegen. Nahe der Oberfläche können die Abstände größer werden. Bei zunehmender Gewässertiefe ist die Anzahl der Messpunkte in der Messlotrechten zu erhöhen, also bei Tiefen:
- bis 1,0 m   3 bis 4 Messpunkte,
- von 1,0 m bis 3,0 m   4 bis 7 Messpunkte,
- von 3,0 m bis 7,0 m   7 bis 9 Messpunkte und
- über 7,0 m   7 bis 10 Messpunkte.

Am eigentlichen Messtag sind folgende Arbeitsschritte durchzuführen:
- An jedem Messpunkt wird zunächst die Gewässertiefe ermittelt. Bei Messungen mit dem Stangenflügel wird die Flügelstange auf der Gewässersohle aufgesetzt und der Flügel auf dere Hälfte der Tiefe befestigt.
- Die Person im Abstrom der Messstelle sollte sich außerhalb der zu messenden Strömung aufhalten und muss die Standsicherheit des Messgerätefußes auf der Gewässersohle kon-

trollieren, sodass der An- und Abstrom des Messflügels nicht beeinflusst wird. Die Position der Flügelstange sollte dabei exakt den zuvor bestimmten Messpunkt am Messband einhalten. Die Flügelstange sollte dabei exakt vertikal und der Messflügel in Richtung des Anstroms ausgerichtet sein.
- Vor der eigentlichen Messung sollte der Messflügel an die Strömungsverhältnisse angepasst werden. Hierbei ist sicherzustellen, dass keine Wasserpflanzen oder Gerölle die nachfolgende Messung beeinflussen.
- Durch Starten des Zählgerätes beginnt die eigentliche Messung. Die meisten modernen Zählgeräte besitzen eine feste Messzeitvorgabe (z.B. 60 s) bzw. eine einzustellende Messzeitvorgabe. Anderenfalls kann mit einer separaten Stoppuhr die Zahl der Umdrehungen innerhalb einer Minute gemessen werden. Im Messprotokoll (Anhang 1, Formblatt 6) wird die vereinbarte Messzeit Δt protokolliert.
- Im Messprotokoll (Anh. 5, Formblatt 6) wird die Nummer des Messlotrechten, der Abstand zum linken Ufer b, die Gewässertiefe h und die Anzahl der Umdrehungen pro Messzeit U notiert.
- Die Messung der Anzahl der Umdrehungen pro Messzeit wird mehrfach (mindestens Dreifachmessung, bis zu Fünffachmessung im Formblatt 6 protokollierbar) durchgeführt. Anschließend wird die mittlere Umdrehungszahl U_m durch Mittelwertbildung berechnet.
- Nun wird die Messung in der nächsten Messlotrechte (Nummer der Lotrechten), am nächsten Messpunkt über die Gewässerbreite (Abstand vom linken Ufer) bzw. am nächsten Messpunkt über ein Geschwindigkeitsprofil mit der Tiefe (Gewässertiefe) durchgeführt und wiederum protokolliert bis alle Messpunkte erfasst sind.

Die nachfolgende Auswertung beinhaltet folgende Arbeitsschritte:
- Zunächst wird aus der mittleren Umdrehungszahl U_m und der Messzeit t die Drehfrequenz n (1/s) berechnet.
- Zu jedem Messflügel gehört eine Eichtabelle (Tab. 2.8). Mit ihr kann aus der Drehfrequenz n die Fließgeschwindigkeit v (m/s) am einzelnen Messpunkt berechnet werden.
- Für jede Messlotrechte werden die in den einzelnen Messpunkten bestimmten Fließgeschwindigkeiten v (m/s) über die Gewässertiefe h (m) aufgetragen (Anhang 1, Formblatt 8) und die Endpunkte ausgleichend zu einer vertikalen Geschwindigkeitsfläche f_v (m²/s) verbunden (Abb. 2.25).
- Der Flächeninhalt der vertikalen Geschwindigkeitsfläche in einer Messlotrechten wird mittels Millimeterpapier ausgezählt bzw. mit einem Planimeter ermittelt und in Formblatt 7 und 8 (Anhang 1) protokolliert. Die mittlere Fließgeschwindigkeit v_{im} (m/s) in einer Messlotrechten ist der Quotient aus der vertikalen Geschwindigkeitsfläche f_v (m²/s) und der Gewässertiefe in der jeweiligen Messlotrechten h (m).
- Die Flächeninhalte aller vertikalen Geschwindigkeitsflächen f_v (m²/s) werden über die Breite des Wasserspiegels b (m) aufgetragen (Anhang 1, Formblatt 9). Es ergibt sich die Abflussfläche oder Durchflussfläche (m³/s) (Abb. 2.25).
- Außerdem kann oberhalb des Wasserspiegels die Gewässertiefe h (m) gegenüber der Gewässerbreite b (m) im gleichen Maßstab als Strömungsquerschnittsfläche des Gewässers aufgetragen werden (Abb. 2.25). Der Flächeninhalt der Strömungsquerschnittsfläche A (m²) wird ebenfalls mittels Millimeterpapier ausgezählt bzw. mit einem Planimeter ermittelt.
- Der Abfluss (Durchfluss) $\dot{V}_A$ (m³/s) im Gesamtquerschnitt entspricht dem Flächeninhalt der Abflussfläche.
- Zusätzlich können aus dieser Berechnung die mittlere Fließgeschwindigkeit v_{im} (m/s) im gesamten Strömungsquerschnitt entnommen werden. Sie ergibt sich als Quotient aus Abfluss $\dot{V}_A$ (m³/s) und der Strömungsquerschnittsfläche des Gewässers A (m²).

Durch die Einführung von PC-Programmen zur Auswertung von Abflussmessungen (Software Q, Padua, Biber etc.) können die Messergebnisse relativ einfach und schnell bearbeitet werden.

Messung der Wasserhaushaltsgrößen

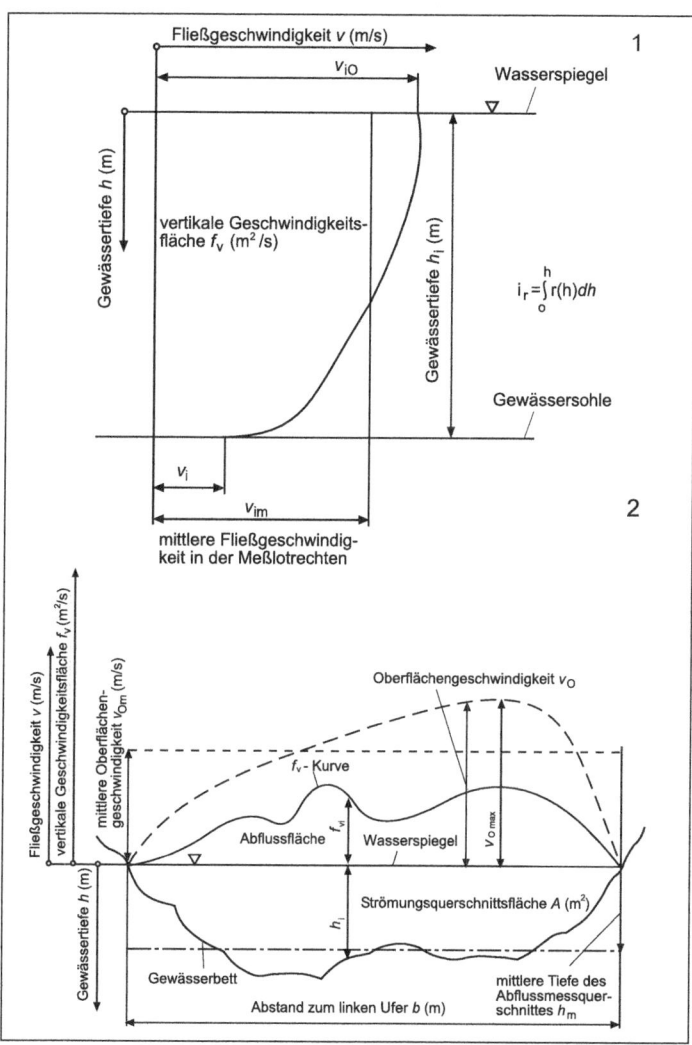

Abb. 2.25: Abflussmessung. Hydrometrischer Messflügel. Auswertung der Abflussmessung.

Die Auswertung lässt sich – wenn der Bearbeiter auf aufwendige Flächenermittlungen verzichten möchte – entsprechend vereinfachen. Dies geht allerdings mit einer Reduzierung der Genauigkeit einher. Die folgende Auswertung lässt sich mit einfachen Tabellenkalkulationsprogrammen durchführen (Tab. 2.9):

- Der Strömungsquerschnitt des Gewässers wird in einzelne Fließsegmente unterteilt. Die Fließsegmentfläche A (m²) ergibt sich aus der Multiplikation des Abstandes zwischen zwei Messlotrechten und der mittleren Gewässertiefe des entsprechenden Segments (Mid-Section-Methode, ISO 748).
- Für jedes Fließsegment wird die durchschnittliche Geschwindigkeit v (m/s) ermittelt und mit der dazugehörigen Segmentfläche A (m²) multipliziert. Dies ergibt den Abfluss $\dot{V}_A$ (m³/s) des entsprechenden Fließsegmentes.

- Die Summe der Abflüsse der einzelnen Fließsegmente ergibt den Gesamt-Abfluss $\dot{V}_A$ (m³/s) des Gewässers.

Der systembedingte Messfehler mit dem hydrometrischen Messflügel beträgt bei der Geschwindigkeit $v = 0{,}1$ m/s ungefähr 1 %, nimmt ab $v = 0{,}3$ m/s auf 0,25 % ab, erreicht jedoch in der Nähe der flügelspezifischen Messgrenze ungefähr 20 %. Der Messbereich ist je nach Gerätehersteller unterschiedlich. Die minimalen Fließgeschwindigkeiten betragen $v = 0{,}025$ m/s bis 0,05 m/s; die maximalen Fließgeschwindigkeiten betragen $v = 1{,}5$ m/s bis 3,0 m/s. Bei Schräglagen von mehr als 15° sind bei der Auswertung Korrekturfaktoren zu berücksichtigen.

Die Ergebnisse der Messflügelmessung können mittels Formblatt 6-9 (Anhang 1) protokolliert werden. Die vereinfachte Berechnung sollte mittels Tabellenkalkulationsprogramm erstellt werden.

Tab. 2.9: Abflussmessung. Hydrometrischer Messflügel. Vereinfachte Auswertung der Abflussmessung mittels Tabellenkalkulationsprogramm.

A	B	C	D	E	F	G
Nummer der Lotrechten	Abstand zum linken Ufer	Breite des Fließsegmentes	Gewässertiefe	Fließsegmentfläche	Fließgeschwindigkeit	Abfluss des Fließsegmentes
Nr.	(m)	(m)	(m)	(m²)	(m/s)	(m³/s)
0 *¹	b_0	0	0	0	0	0
1	b_1	$(b_1-b_0)/2 + (b_2-b_1)/2$	h_1	C x D	v_1	E x F
2	b_2	$(b_2-b_1)/2 + (b_3-b_2)/2$	h_2	C x D	v_2	E x F
3	b_3	$(b_3-b_2)/2 + (b_4-b_3)/2$	h_3	C x D	v_3	E x F
etc.						
n *²	b_n	$(b_n-b_{n-1})/2$	h_n	C x D	v_n	E x F
		Strömungsquerschnitt A (m²)			Gesamtabfluss (m³/s)	

*¹ linker Rand des Gewässers
*² rechter Rand des Gewässers

Weiterführende Literatur:
MATTHESS, G. & UBELL, K. (1983): Allgemeine Hydrogeologie – Grundwasserhaushalt. – In: MATTHESS, G. [Hrsg.]: Lehrbuch der Hydrogeologie, Band 1, 438 S., 214 Abb., 75 Tab.; Berlin.

Staurohr

Die Messung der Fließgeschwindigkeit eines Gewässers mit einem einfachen PRANDTL-Staurohr ist geeignet für natürliche und künstliche Gerinne von Bächen, Flüssen und Strömen mit einer mittleren bis großen Abflüssen. Befindet sich in einer Flüssigkeitsströmung mit einer bestimmten Geschwindigkeit ein Hindernis, so staut sich unmittelbar vor dem Hindernis die Strömung und teilt sich nach allen Seiten, um das Hindernis zu umfließen. Im Mittelpunkt des Staugebietes, dem Staupunkt, kommt die Strömung völlig zur Ruhe. Hier lässt sich gegenüber dem statischen Druck p_0 eine Druckerhöhung durch den Staudruck oder Geschwindigkeitsdruck p_s

Messung der Wasserhaushaltsgrößen

(auch dynamischer Druck) feststellen. Der Gesamtdruck p eines Systems in einem Punkt setzt sich zusammen aus dem statischen Druck p_0 und dem dynamischen Druck p_s.

Das PRANDTL-Staurohr stellt ein sehr handliches Gerät für die Geschwindigkeitsmessung dar (PRANDTL 1944). Es handelt sich dabei um ein Staurohr, welches eine Weiterentwicklung des PITOT-Rohrs darstellt. Neben dem eigentlichen Staurohr zur Messung des Gesamtdrucks im Innenrohr befinden sich im Außenrohr Öffnungen für die Drucksonde zur Messung des statischen Drucks (Abb. 2.26 Bild 1). Das PRANDTL-Rohr zeichnet sich durch seine Unempfindlichkeit gegenüber Abweichungen der Geräteachse gegen die Strömungsrichtung aus. Die Geschwindigkeit des Gewässers lässt sich somit aus dem Druckunterschied zwischen Gesamtdruck im Staurohr und statischen Druck in der Drucksonde ermitteln. Dieser Druckunterschied ist ablesbar am Höhenunterschied Δh zwischen Innen- und Außenrohr. Zur bequemeren Ablesung lässt sich am oberen Ende des PRANDTL-Rohres ein Ventil schließen, sodass der Druckhöhen-Unterschied „festgehalten" wird. Somit wird eine bequeme Ablesung ermöglicht. Aus dem abgelesenen Druckhöhen-Unterschied Δh (m) wird die Geschwindigkeit v (m/s) des fließenden Gewässers mit folgender Gleichung bestimmt:

$$v = \sqrt{2 \cdot g \cdot \Delta h} \qquad \text{(Gl. 1)}$$

mit:
v = Fließgeschwindigkeit (m/s)
g = Erdbeschleunigung (g = 9,81 m/s^2)
Δh = Druckhöhenunterschied (m)

Die Durchführung und Auswertung der Messung sollte analog zur Messung mit dem hydrometrischen Messflügel entlang von Messlotrechten erfolgen (Abb. 2.26 Bild 2). Dadurch erreicht die Messung eine gute Genauigkeit. Dieses Gerät muss so stabil gebaut werden, dass es durch die Strömungskräfte nicht verbogen wird. Anderseits ist aber sein Durchmesser so klein zu halten, dass der Strömungsquerschnitt einer Rohrströmung nicht nennenswert verringert wird. Für den Einstau im Gewässer ist ein Staurohr aus Glas am besten einsetzbar.

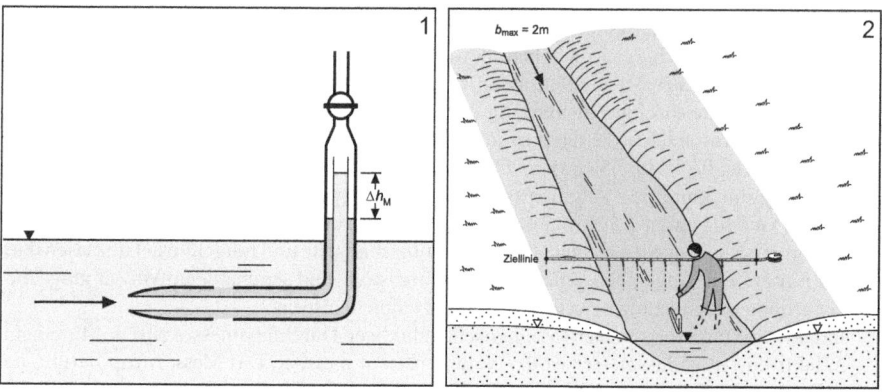

Abb. 2.26: Abflussmessung. Staurohr. 1: Skizze des PRANDTL-Rohres, 2: Durchführung der Messung.

Tauchstab

Eine schnelle und sichere Methode zur Bestimmung der Fließgeschwindigkeit in flachen Gewässers stellt der Tauchstab nach JENS (1968) dar. Die Fließgeschwindigkeit in der Messlotrechten wird mit dem Tauchstab nach dem Prinzip der Drehmomentwaage gemessen. Der Tauchstab wird auf die gewünschte Eintauchtiefe ins Wasser gehalten. Der Stab ist so gelagert, dass er sich um eine Achse drehen kann. Das fließende Wasser übt auf den Tauchstab einen Druck aus; im

Drehpunkt des Stabes entsteht ein Drehmoment. Ein Gewicht am Stab lässt sich durch Verstellen des Handgriffes so weit verschieben, bis ein gleich großes Gegendrehmoment hergestellt ist. Der Gleichgewichtszustand lässt sich an einer Wasserwaage ablesen. Mittels Teilung des Gewichtsstabes und einer mitgelieferten Rechenscheibe wird die Fließgeschwindigkeit ermittelt. Der Messbereich liegt in Wassertiefen zwischen 0,1 m bis 0,5 m bei Fließgeschwindigkeiten von 0,1 m/s bis 2,0 m/s. Eine Messung dauert weniger als eine Minute. Der Messfehler beträgt bei sachgemäßer Handhabung nur etwa 5%; eine große Messgenauigkeit kann jedoch nur bei geübter Handhabung erreicht werden. Messfehler können auch durch Windeinwirkung entstehen.

2.5.3.6 Durchflussmessung

Die Ermittlung des Durchflusses in Rohren (Abflussrohre, Drainagerohre, Wasserleitungen, Flutleitungen etc.) ist sowohl im durchströmten Rohrquerschnitt als auch am Auslass möglich. Dabei wird unterschieden zwischen Druckrohr- und Freispiegelleitungen.

Druckrohrleitung

Eine Druckrohrleitung ist komplett mit Wasser gefüllt und steht unter Druck (Abb. 2.27 Bild 1 und 2). Die Ableitung des Wassers geschieht aufgrund der Druckunterschiede zwischen Einlauf und Auslauf, wie es z.B. bei Wasser- und/oder Pumpleitungen zu beobachten ist. Die Messung des Durchflusses einer Rohrleitung geschieht in der Regel mittels:
- Wasserzähler: Mit einem Wasserzähler ist der Volumenstrom messbar. Manchmal werden diese Geräte unzutreffend als Wasseruhr bezeichnet. Das Messprinzip basiert entweder auf dem Flügelradzähler oder auf einem Ringkolbenzähler. Beim Flügelradzähler wird ein Flügelrad durch die Energie des fließenden Wassers angetrieben. Die Flügeldrehung wird über Triebzahnräder so untersetzt, dass das durch den Zähler geflossene Wasservolumen an einem Rollenzählwerk, zum Teil ergänzt durch Zeiger, angezeigt wird. Beim seltener eingesetzten Ringkolbenzähler wird durch das fortlaufende Füllen und Entleeren einer sichelförmigen Messkammer ein Trennsteg über einen Schlitz im Mantel der Ringkolbenkappe geführt und dadurch der Ringkolben bewegt. In der Mitte der Mantelkappe befindet sich eine Bohrung für den Messwellenzapfen, dessen Drehzahl mittels Magnetmessung übertragen wird. Bei gleichzeitiger Ermittlung der Zeit kann der Volumenstrom ermittelt werden. Mit einem Wasserzähler lassen sich je nach Gerät Volumenströme von $\dot{V}$ = 2,5 m³/h bis 2.000 m³/h (= 0,7 l/s bis 555 l/s) bei Dauerbelastung ermitteln; bei vorübergehender Mehrbelastung sind kurzzeitig Volumenströme bis zum Doppelten zulässig. Die Messgenauigkeit solcher Geräte beträgt ± 5 % im unteren und ± 2 % im oberen Belastungsbereich. Die größten Unsicherheitsquellen stellen falsche Belastungsbereiche und mitgeführte Luftblasen dar; der Einsatz von Ringkolbenzählern ist bei schwebstoff- und sandhaltigem Wasser aufgrund der erhöhten Abnutzung bewegter Teile nicht empfehlenswert.
- Induktiver Durchflussmesser (Magnetisch-induktiver Durchflussmesser MID): Mit einem induktiven Durchflussmesser ist der Volumenstrom messbar. Das Messprinzip beruht auf dem FARADEY-Induktionsgesetz. Durch das strömende Wasser wird in einem senkrecht zur Strömungsrichtung angelegten Magnetfeld eine elektrische Spannung induziert, die proportional der Fließgeschwindigkeit ist. Der Messbereich liegt zwischen 0,07 m³/s bei Rohren mit einem Durchmesser von 10 cm und bis zu 70 m³/s bei Rohren mit einem Durchmesser von 3 m. Die Abweichungen werden meistens als relative Fehler angegeben, die sich aus einem konstanten und einem Messwert abhängigen Anteil zusammensetzen; diese liegen zwischen ± 0,5 % für den oberen Messbereich und ± 1 % für den unteren Messbereich. Die vielfältigen Unsicherheiten sind bedingt durch
    - im Wasser mitgeführte Gase, Schwebstoffe oder Sand, die volumetrisch mitgemessen werden,
    - zu kurze Drall- und Wirbelströmungen,

Messung der Wasserhaushaltsgrößen 57

- freie Einlauf- und Auslaufstrecken (Herstellerangaben beachten),
- lotrecht gegenüberliegende Elektroden bei waagerechten Rohrleitungen,
- Teilfüllungen der Rohrleitungen,
- starke elektromagnetische Felder in der Nähe des Messwertaufnehmers,
- den Einsatz von Mobiltelefonen in unmittelbarer Umgebung des Messgerätes.

- Ultraschallmessgerät: Das Ultraschallmessgerät misst den Durchfluss als Volumenstrom. Hier kommen in der Praxis zwei Messprinzipien zum Einsatz: Ultraschall-Doppler-Prinzip und Ultraschall-Laufzeit-Prinzip. Ersteres nutzt die Frequenzverschiebung von an Partikeln im Wasser reflektierten Ultraschallimpulsen. Ausgehend davon, dass sich die Partikel mit derselben Geschwindigkeit bewegen wie die Strömung selbst, kann die Fließgeschwindigkeit ermittelt werden. Doppler-Geräte können sowohl im Rohrquerschnitt montiert als auch von außen aufgesetzt werden (Clamp-on). Beim Ultraschall-Laufzeit-Prinzip wird die Laufzeit der Schallimpulse zweier diagonal gegenüber angeordneter Ultraschallwandler gemessen. Impulse in Fließrichtung breiten sich schneller als die Impulse gegen die Fließrichtung aus. Die Laufzeit-Differenz ist proportional der Fließgeschwindigkeit in der Messebene. Der Messbereich in Rohrleitungen liegt bei Fließgeschwindigkeiten von 0 m/s bis 10 m/s. Die Messgenauigkeit wird von den Geräteherstellern meist als relativer Messfehler, bezogen auf den gesamten Messbereich oder bestimmte Teilbereiche, angegeben und liegt bei ± 1 % vom Messbereich (Endwert) oder 1 % vom Messwert oder Sollwert.

Die Messung des Abflusses aus einer Druckrohrleitung kann an einem horizontal oder an einem senkrecht vertikal ausgerichteten Auslass durchgeführt werden. Die Messung der Wurfparabel des aus der horizontal ausgerichteten Druckrohrleitung (Abb. 2.27 Bild 1) frei austretenden Wasserstrahls stellt eine Methode mit großen Unsicherheiten dar. Die genaue Ermittlung der Wurfweite l (m) bei fester vertikaler Höhe von 0,3 m stößt erfahrungsgemäß auf Schwierigkeiten. Anhand von Tabellenwerten (Tab. 2.10) kann aber unter Verwendung der Messgrößen Durchmesser des Rohres d und horizontale Weite des Wasserstrahls l der Abfluss $\dot{V}$ (m³/s) näherungsweise ermittelt werden.

Tab. 2.10: Wertetabelle zur Ermittlung des Ausflusses $\dot{V}$ (m³/s) an einem horizontalen Auslass (verändert nach DRISCOLL 1995).

Durchmesser d (m)	Horizontale Weite des Wasserstrahls l_1 bei fester vertikaler Höhe von 0,3 m (m)						
	0,150	0,175	0,200	0,225	0,250	0,275	0,300
0,050	0,002	0,002	0,002	0,002	0,003	0,003	0,003
0,075	0,003	0,004	0,005	0,005	0,006	0,006	0,007
0,100	0,006	0,007	0,008	0,009	0,010	0,011	0,012
0,125	0,009	0,011	0,013	0,014	0,016	0,017	0,019
0,150	0,014	0,016	0,018	0,021	0,023	0,025	0,027
0,200	0,024	0,028	0,031	0,035	0,039	0,043	0,047

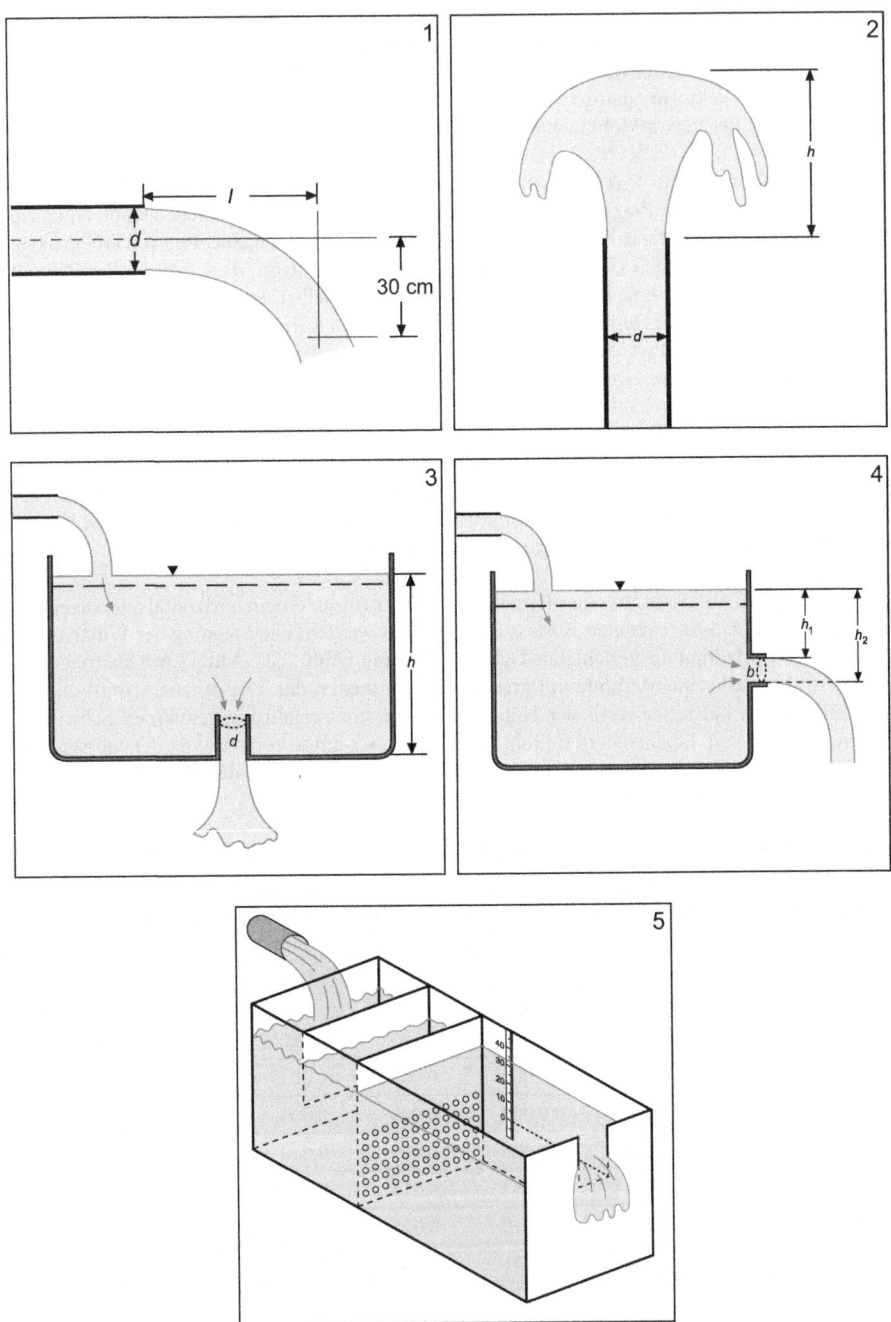

Abb. 2.27: Abflussmessung. Durchflussmessung. Messungen in der Druckrohrleitung. Messungen in der Druckrohr- und Freispiegelleitung. 1: Ausflussmessung aus horizontalem Rohr, 2: Ausflussmessung aus vertikalem Rohr. Messungen mit Gefäßen, 3: Gefäß mit Bodenauslass (Danaide), 4: Gefäß mit Seitenauslass, 5: Überfall-Messkasten.

Messung der Wasserhaushaltsgrößen

Tab. 2.11: Wertetabelle zur Ermittlung des Abflusses (m³/s) an einem senkrechten Ausfluss (verändert nach DRISCOLL 1995).

Durchmesser d (m)	vertikale Höhe h des Wasserstrahls (m)						
	0,075	0,100	0,125	0,150	0,175	0,200	
0,05	0,003	0,003	0,004	0,004	0,004	0,005	
0,10	0,010	0,012	0,013	0,015	0,016	0,017	
0,15	0,023	0,027	0,031	0,035	0,038	0,041	
0,20	0,041	0,050	0,056	0,063	0,069	0,074	
0,25	0,069	0,081	0,093	0,103	0,119	0,119	

Der Durchfluss an einem vertikal senkrecht ausgerichteten Auslass (Abb. 2.27 Bild 2) kann durch eine visuelle Messung der Höhe des Wasserstrahls über dem Ausfluss h (m) und dem Innendurchmesser des Rohres d (m) erfolgen. Anhand einer Wertetabelle (Tab. 2.11) kann der Durchfluss $\dot{V}$ (m³/s) ermittelt werden. Diese Methode ist jedoch sehr ungenau, da die maximale Höhe des Wasserstrahls nur näherungsweise abgelesen werden kann. Ebenso ist es schwierig, den Innendurchmesser des Rohres zu messen, wenn dieses zeitgleich durchflossen wird.

Freispiegelleitung

Eine Freispiegelleitung ist nicht komplett mit Wasser gefüllt und steht demzufolge nicht unter Druck. Die Ableitung des Wassers erfolgt aufgrund des Gefälles (z.B. Abwasserleitungen, Drainageleitungen). Die Messung des Volumenstromes in der Freispiegelleitung ist nur im Ausfluss mit den folgenden Messgeräten möglich:
- Behältermessung (Kap. 2.5.3.1),
- Danaide (Abb. 2.27 Bild 3),
- Gefäß mit Seitenöffnung (Abb. 2.27 Bild 4),
- Überfall-Messkasten (Abb. 2.27 Bild 5).

Diese Messgeräte eignen sich ebenfalls zur Messung des Ausflusses bei Druckrohrleitungen, sofern die Durchflussmenge das Fassungsvolumen der Messgeräte nicht überschreitet.

Bei der Danaide handelt es sich um ein Messgefäß (z.B. Eimer, Edelstahlgefäß) mit ebenem Boden, in den eine Anzahl von Auslassöffnungen mit gleichem Durchmesser und gleicher Bauart (z.B. über Messbleche) oder ein normiertes Loch (z.B. Messdüse) eingebaut ist (Abb. 2.27 Bild 3). Das Wasser wird durch das Messgefäß geleitet. Bei stationären Fließverhältnissen bildet sich im Messgefäß ein gleichbleibender Wasserspiegel aus. Mit dem Wasserstand h (m) im Messgefäß lässt sich der Abfluss $\dot{V}_A$ (l/s oder m³/s) bestimmen. Der Abflussbeiwert Ψ (-) ist von den Abmessungen der einzelnen Messdüsen bzw. -bleche abhängig und somit gerätespezifisch. Er muss vor Einsatz der Danaide über eine Wasserstands-Abfluss-Beziehung ermittelt werden.

$$\dot{V}_A = \Psi \cdot \left(\pi \frac{d^2}{4} \right) \cdot \sqrt{2 \cdot g \cdot h} \tag{Gl. 2}$$

mit:
$\dot{V}_A$ = Abfluss (l/s)
Ψ = Abflussbeiwert (-)
d = lichte Weite der Ausflussöffnung (m)
g = Erdbeschleunigung (9,81 m/s²)
h = Wasserstand im Behälter (m)

Der Messbereich der Durchflussmengenmessung mittels Danaide liegt zwischen 1 l/s und max. 60 l/s mit einer Genauigkeit von 0,2%. Die Danaide eignet sich für kleine und kleinste Gewässer.
Bei dem Gefäß mit Seitenöffnung handelt es sich ebenfalls um ein Messgefäß (z.B. Eimer, Edelstahlgefäß) mit ebenem Boden und einer Seitenöffnung (Abb. 2.27 Bild 4). Das Wasser wird in das Messgefäß geleitet. Bei stationären Fließverhältnissen bildet sich im Messgefäß ein gleichbleibender Wasserspiegel aus. Der Abflussbeiwert Ψ (-) ist von den Abmessungen der Seitenöffnung abhängig und somit gerätespezifisch. Er muss vor Einsatz des Messgefäßes über eine Wasserstands-Abfluss-Beziehung ermittelt werden. So fließt bei einer gut gerundeten Öffnung mehr Wasser aus als bei einer scharfkantigen Öffnung. Ebenso ist bei kleinen Öffnungen der Flüssigkeits-Reibungsbeiwert des Wassers von 0,97 zu berücksichtigen; dies kann bei großen Seitenöffnungen unberücksichtigt bleiben. Mit der Höhe der Wasserstände im Messgefäß und der Öffnungsbreite b (m) lässt sich der Abfluss $\dot{V}_A$ (l/s) bestimmen.

Gefäß mit kleiner Seitenöffnung:

$$\dot{V}_A = 0{,}97 \cdot \Psi \cdot A \cdot \sqrt{2 \cdot g \cdot h_2}$$ (Gl. 3)

Gefäß mit großer Seitenöffnung:

$$\dot{V}_A = \frac{2}{3} \cdot \Psi \cdot b \cdot \sqrt{2 \cdot g} \cdot (h_2^{\frac{3}{2}} - h_1^{\frac{3}{2}})$$ (Gl. 4)

Mit:
$\dot{V}_A$ = Abfluss (l/s)
Ψ = Abflussbeiwert (-)
A = Ausflussfläche (m²)
b = Öffnungsbreite (m)
g = Erdbeschleunigung (g = 9,81 m/s²)
h_1, h_2 = Wasserstände im Behälter (m)

Bei dem Überfall-Messkasten handelt es sich um ein eigens angefertigtes Messgefäß aus Stahlblech (Abb. 2.27 Bild 5). Um einen kontinuierlichen Wasserstrom zu messen, werden in dem Messkasten verschiedene Tauchwände aus Lochblech zur Beruhigung eingebaut. Generell können Messkästen verschiedener Bauart und unterschiedlicher Beruhigungsanlagen verwendet werden. Es sollte beim Aufbau darauf geachtet werden, dass der Messkasten in der Längs- und Querrichtung horizontal aufgestellt ist und es zu keiner Unterspülung des Kastens oder Beeinflussung durch Wind kommt. Das Wasser wird über ein Einlaufrohr in den Messkasten geleitet. Am Ausfluss des Messkastens ist ein Messwehr (Kap. 2.5.3.3) eingebaut. Hier lässt sich der Abfluss ermitteln.

2.5.3.7 Wasserstandsmessung

Auch mit Wasserstandsmessungen an Gewässern lässt sich der Abfluss ermitteln, da der Wasserstand in einem frei fließenden Gewässer mit dem Abfluss korreliert. Die Wasserstandsmessung kann als Einzelmessung oder als kontinuierliche Messung mit oder auch ohne Registriereinrichtung durchgeführt werden. In jedem Fall ist eine Korrelation mit dem Abfluss über eine Wasserstands-Abfluss-Beziehung in Form eines Graphen (Abflusskurve oder Schlüsselkurve, Abb. 2.28) oder einer Tabelle möglich. Diese Beziehung muss für jede Messstelle für verschiedene Abflüsse und demzufolge auch verschiedene Wasserstände erstellt werden. Die Ermittlung des Abflusses kann im Rahmen dieser Kalibrierung der Messstelle z.B. mittels Gefäß- oder Flügelmessung (Kap. 2.6) erfolgen. Ist der Graph einmal erstellt, kann mit bekanntem Wasserstand der Abfluss aus dem Graphen ableitet werden. Die Wasserstands-Abfluss-Beziehung ist für die Abflussmessung umso günstiger, je größer der Verhältniswert zwischen Wasserstands- und

Messung der Wasserhaushaltsgrößen

zugehöriger Abflussänderung ist. In der Folgezeit ist diese Beziehung über Stichprobenmessungen zu kontrollieren, da sich diese in Folge von Vegetationswachstum oder Änderungen des Messquerschnittes durch Erosion oder Deposition schnell ändern kann. Aufgrund des Messergebnisses lässt sich über eine einfache Wasserstandsmessung, z.B. mittels Lattenpegel (Kap. 2.5.3.8), der Abfluss direkt bestimmen. Mittels kontinuierlicher Wasserstandsmessungen durch Pegelschreiber (Kap. 2.5.3.8) lässt sich darüber hinaus auch das gesamte Abflussvolumen für beliebige Zeitintervalle genau ermitteln. Der Abfluss dividiert durch den Strömungsquerschnitt des Gewässers (Kap. 2.2.4) ergibt die durchschnittliche Fließgeschwindigkeit (Kap. 2.5.3).

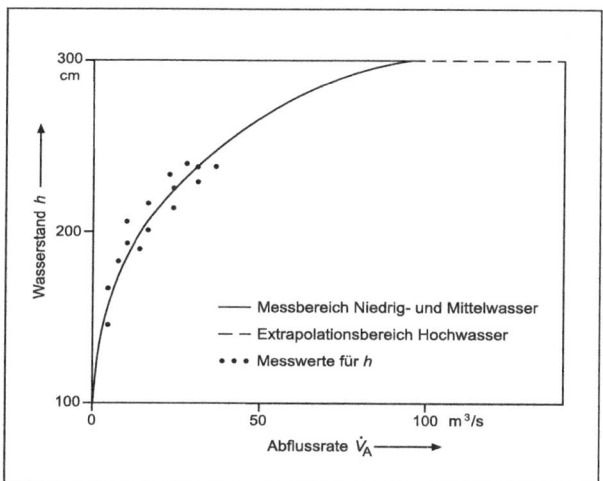

Abb. 2.28: Abflussmessung. Wasserstandsmessung. Graph der Wasserstands-Abfluss-Beziehung für ein beliebiges Gewässer.

Der Wasserstand in einem Gewässer ist die Höhe der Wasseroberfläche über einer Bezugsebene. Als Bezugsebene wird im Allgemeinen Normalhöhennull angenommen; die Einheit wird in ± m NHN angegeben (z.B. +75 m NHN für die Stadt Dortmund oder -87 m NHN für das Tote Meer in Israel). Es kann aber auch jede andere Ebene, so z.B. auch die Sohle eines Gewässers verwendet werden, wenn diese leicht zu erkennen und permanent ausgebildet ist, d.h. nicht durch Erosion oder Ablagerungen in der Höhe veränderlich ist.

Die Wasserstandsmessungen sollten an einem geraden Gewässerabschnitt durchgeführt werden, idealerweise dort, wo der Abfluss durch einen kontrollierten und definierten Abflussquerschnitt fließt. An manchen Stellen fließt das Gewässer z.B. natürlicherweise über einen Ausbiss von Festgestein oder das Gewässerbett ist mit Betonschalen ausgebaut.

Lattenpegel

Ein Lattenpegel besteht aus Pegellatte und Pegelfestpunkt. Können wegen der örtlichen Gegebenheiten nicht alle Wasserstände von einer Pegellatte abgelesen werden, so sind an geeigneter Stelle, wenn möglich in demselben Gewässerquerschnitt, weitere sich überschneidende Pegellatten (Staffelpegel) oder eine schräg angebrachte Treppenpegellatte zu setzen (Abb. 2.29).

Pegellatten sind mindestens 100 mm breite Messlatten aus widerstandsfähigem und korrosionsbeständigem Material (Gussstahl, Leichtmetallguss, emailliertes Stahlblech oder Kunststoff). Weiße oder gelbe Latten mit schwarzer Teilung (Maßeinteilung 1 cm bis 2 cm; mit Dekadeneinteilung) haben sich bewährt. Lotrechte Pegellatten werden bevorzugt an geeigneten senkrechten Flächen von Bauwerken angebracht, die keinen Stau oder Sunk erzeugen. Eine einfache Variante eines Lattenpegels stellt ein Holzpflock mit einem angebrachten Meterstab (Zollstock) dar, der auf eine Bezugsebene eingemessen ist. Der Holzpflock ist an einer Uferseite vertikal in das Bachbett zu schlagen. Der Lattenpegel sollte an Stellen angebracht werden, die vor Erosion oder Ablagerungen geschützt sind. Im Gewässerbett erzeugt dieser Lattenpegel in seiner Umgebung turbulente Strömungen. Deshalb ist die Ablesung auf der stromaufwärts gerichteten Seite höher und auf der stromabwärts gerichteten Seite niedriger als der für diese Stelle repräsentative Wasserstand. Alternativ kann der Lattenpegel auch in einem Beruhigungsrohr angebracht werden. Ein Beruhigungsrohr ist eine Röhre oder andere Konstruktion, die ein freies Ein- und Ausströmen des Wassers erlaubt und den Wasserspiegel beruhigt, sodass eine akkurate Ablesung erfolgen kann. Das Beruhigungsrohr muss nicht unbedingt den Blick auf den Meterstab verdecken.

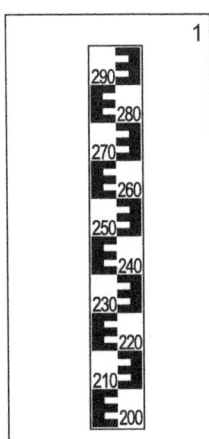
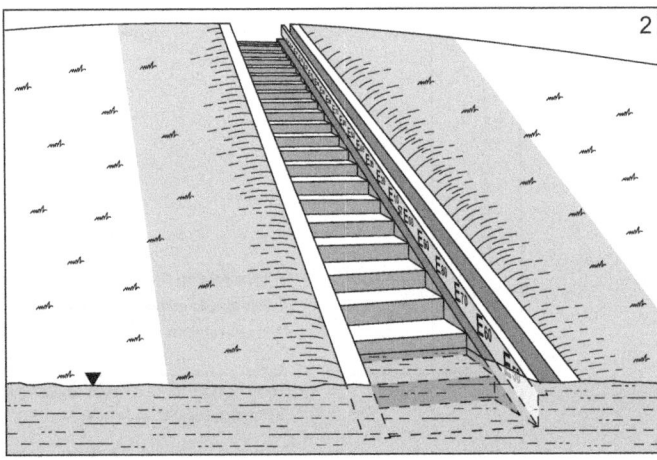

Abb. 2.29: Abflussmessung. Wasserstand. Lattenpegel. 1: Lattenpegel, 2: Treppenpegel.

Ein Lattenpegel (Abb. 2.29 Bild 1) ist preisgünstig und widerstandsfähig, erlaubt allerdings nur Einzelmessungen (z.B. einmal pro Tag zur selben Zeit, einmal pro Monat am selben Tag). Hierüber sind Messungen der relativen Schwankungen des Wasserstands über einen größeren Zeitraum möglich. Allerdings können kurzfristige Abflussereignisse nicht nachgezeichnet werden.

Sonderformen der Pegellatte stellen die Treppenpegellatte und die Schrägpegellatte dar (Abb. 2.29 Bild 2). Treppenpegellatten haben eine unverzerrte, treppenförmig angeordnete lotrechte Maßeinteilung. Sie werden an der oberstromigen Wange von Böschungstreppen mit Böschungsneigungen von 1:1 bis 1:4 angebracht. Schrägpegellatten besitzen eine verzerrte Maßeinteilung. Sie werden in Anpassung an die vorhandene Neigung der Böschung (bis 1:3) eingebaut. Die Latte liegt bündig in der Böschungsebene und bildet somit kein Strömungshindernis.

Wenn eine Erfassung der Scheitelpunkt-Höhen der Abflussereignisse gewünscht wird, kann ein einfacher Wasserhöchststandanzeiger in Kombination mit einem Lattenpegel zum Einsatz kommen. Beim Wasserhöchststandanzeiger handelt es sich um ein nach unten und oben offenes Rohr, welches das Ein- und Ausströmen von Wasser über die Basis und das Entweichen der Luft über das nach oben offene Ende ermöglicht. Dieses Rohr wird senkrecht an einem Holzpflock im Gewässer angebracht. Eine Zugabe von kleinen Stückchen aus Kork oder Holzkohle auf die Wasseroberfläche im Rohr erlaubt die Erfassung der Höchstwasserstände. Mit dem Ansteigen des Wasserstandes im Rohr schwimmen die Kork- bzw. Holzkohlestückchen mit auf. Wenn der Wasserstand sinkt, bleiben diese an der Rohrwandung haften und zeigen somit den Höchstwasserstand zwischen den beiden Ablesungen an. Bei der Wahl eines durchsichtigen Rohres sind die Kork- bzw. Holzkohlestückchen von außen erkennbar. Obwohl auch diese Methode sehr einfach und kostengünstig ist, hat sie einige Nachteile. Die Ablesung ist nur visuell und aus

Messung der Wasserhaushaltsgrößen

nächster Nähe möglich, der Anzeiger zeichnet nur die Höchstwasserstände auf und kann nicht zwischen mehreren Scheitelpunkten unterscheiden.

Pegelschreiber

Ein Pegelschreiber dient im Allgemeinen der kontinuierlichen Aufzeichnung von Wasserständen. Er besteht aus einer Messeinrichtung, einer Übertragungsleitung und einer Registriereinheit (Abb. 2.30). In Oberflächengewässern eignen sich für die Wasserstandsmessung aber auch alle in Kap. 2.3 beschriebenen Geräte zur Grundwasserstandsmessung.

Die Messeinrichtung benutzt in der Regel eine Schwimmertechnik. Dabei ist an einem Seil, welches über eine Umlenkrolle geführt wird, an der einen Seite ein Schwimmer und auf der anderen Seite ein Gegengewicht installiert. Der Schwimmer schwimmt auf dem Wasserspiegel. Für verschiedene Einsatzzwecke gibt es unterschiedlich dimensionierte Schwimmerkörper. Wenn der Wasserspiegel steigt oder fällt, steigt oder fällt auch der Schwimmer. Die Seilverbindung zwischen Schwimmer und Gegengewicht bewegt eine Umlenkrolle, welche mit unterschiedlichsten Wasserstandsanzeigern oder Registriereinrichtungen mit Messuhr (Uhrwerk) gekoppelt ist.

Der einfache Pegelschreiber funktioniert mit einer Messlatte ohne Registrierung (Abb. 2.30 Bild 1). Der Pegelschreiber mit Digitalanzeige (Abb. 2.30 Bild 2) ist ebenfalls nicht in der Lage, eine Registrierung der kontinuierlichen Wasserstände zu liefern. Vertikal oder horizontal angelegte Trommel- oder Bandschreiber (Abb. 2.30 Bild 3), welche durch die Messuhr kontinuierlich bewegt werden, erlauben eine kontinuierliche analoge Registrierung auf Aufzeichnungsbögen. Die Aufzeichnungsbögen müssen täglich, wöchentlich oder monatlich ausgetauscht werden.

Der Pegelschreiber mit Winkelcodierer dient zur kontinuierlichen Messung der Wasserstände. Eine Winkelcodierer besteht aus einer leichtgängigen Umlenkrolle (Schwimmerrad), welche bei einer Änderung des Wasserstandes über Schwimmer und Schwimmerseil bewegt wird. Die Position der Umlenkrolle wird in ein elektrisches Signal umgewandelt und über eine Datenleitung zu einem Datensammler übertragen und dort in voreingestellten Intervallen abgespeichert (z.B. Thalimedes der Fa. OTT). Hier können schon kleinste Änderungen des Wasserstandes registriert werden (maximaler Messfehler von ± 0,002 m. Ein Abrufen der Daten vor Ort oder über Fernübertragung ist möglich.

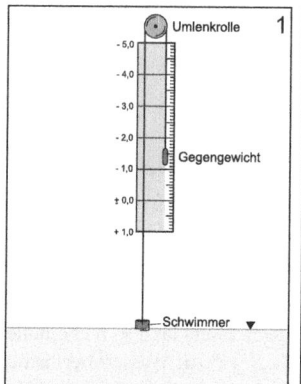
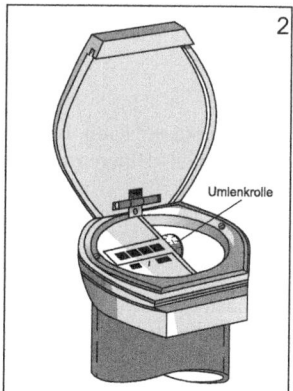
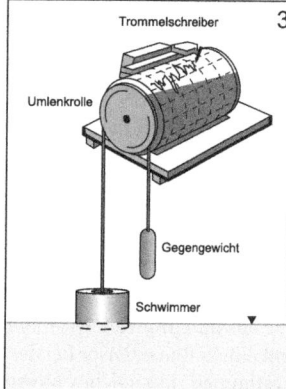

Abb. 2.30: Abflussmessung. Wasserstand. Pegelschreiber. 1: Umlenkrolle mit Messlatte, 2: Umlenkrolle mit Digitalanzeige, 3: Umlenkrolle mit Trommelschreiber.

Pegelschreiber an Oberflächengewässern müssen in ein Rohr oder einen Schacht eingebaut werden, um sie vor Beschädigung zu schützen. Die Schacht-Ausführung befindet sich am Ufer und hat über unterirdische Zulaufrohre hydraulischen Kontakt mit dem Gewässer. So stellt sich in dem Schacht, der etwas tiefer als das Gewässer ausgebaut werden soll, nach dem Prinzip der kommunizierenden Röhren der gleiche Wasserstand wie im Gewässer ein. Zum Bau der stabileren und langlebigeren Schacht-Ausführung sind kostenintensive Ausschacht- und/oder Bohrarbeiten notwendig. Die kostengünstigere Rohr-Ausführung sollte senkrecht in das Gewässerbett oder in den Uferbereich eingerammt werden und über eine feste Verbindung zum Ufer gesichert sein. Das Rohr kann aus gelöchertem Wellblech, Edelstahl, PVC oder einem glatten Dränagerohr bestehen. Der Schwimmer, Differenzdruckaufnehmer oder Ultraschallsender (insbesondere bei Abwasser) wird in einem weiten Rohr installiert, welches über seitliche Löcher hydraulische Verbindung zum Gewässer besitzt und nach oben für einen ausreichenden Luftdruckausgleich offen ist. Die Löcher sollten weder in Anstrom- noch in Abstromrichtung ausgerichtet sein, sondern senkrecht zur Fließrichtung angeordnet sein. Die Löcher sollten groß genug sein, um das freie Ein- und Ausströmen von Wasser zu ermöglichen, aber klein genug, um den Pegelschreiber vor Verschlammung zu schützen. Nach dem Prinzip der kommunizierenden Röhren reichen Löcher knapp über der Gewässersohle aus, um alle Wasserstände aufzeichnen zu können. So ist der Messwertaufnehmer vor Beschädigung geschützt und kleine Schwankungen der Messwerte z.b. durch Wellenbewegungen werden vermieden.

Ein Pegelschreiber sollte immer in Kombination mit einem eingemessenen Lattenpegel für einen sicheren Abgleich der Messwerte eingesetzt werden. Obwohl ein Pegelschreiber kostenintensiver als z.B. ein Lattenpegel ist, wird dafür jedoch keine Person für die tägliche Ablesung benötigt.

Pneumatischer Pegelschreiber

Die Messung des Wasserstandes an Oberflächengewässern nach dem Einperlprinzip (pneumatischer Pegelschreiber) ist ein indirektes Messverfahren. Über eine Leitung wird Gas (Stickstoff oder Druckluft) dem pneumatischen Pegel zugeführt. Das Gas perlt aus dem Leitungsende frei in das Gewässer ein. Der Druck der Wassersäule im Gewässer über einem Leitungsende und der auf ihr lastende jeweilige Luftdruck bestimmen den Druck in der Leitung. Bei einigen Messgeräten erzeugt eine integrierte Kompakt-Kolbenpumpe den Einperldruck (z.B. CBS (**c**ompact **b**ubble **s**ensor) der Fa. OTT). Über eine Druckmesszelle ist der am freien Leitungsende unter Wasser anstehende Druck messbar. Geeignete Geräte decken einen Messbereich von bis zu 30 m mit einer Auflösung von 1 mm ab. Störungen durch den geschwindigkeitsabhängigen Staudruck am Leitungsende sind durch eine geeignete strömungsgeschützte Position zu vermeiden.

Differenzdruckaufnehmer

Der Wasserstand in einem Oberflächengewässer kann, identisch der Grundwasserstandsmessung in einer Grundwassermessstelle, mittels Differenzdruckaufnehmer erfolgen. Das Messprinzip ist hierbei identisch (Kap. 2.3.8.2).

Radar-Messgerät

Mit einem Radarsensor lässt sich berührungslos eine Wasserstandsmessung z.B. von einer Brücke aus durchführen. Die Oberflächengeschwindigkeit eines Fließgewässers lässt sich ebenfalls mit einem Radarsensor bei der Montage unter einem Winkel von z.B. 45° zur Wasseroberfläche bestimmen. Ein solches Messgerät (z.B. RG-30 der Fa. Sommer Messtechnik GmbH) verfügt über einen Messbereich für die Oberflächengeschwindigkeit von 0,30 bis 15 m/s bei einem Toleranzbereich des Wasserstandes von 1,5 m bis 30 m und einer Genauigkeit von +/- 1 cm. Es gibt keine Beeinflussung zum Beispiel durch Treibgut oder Schwebstoffe. Die Berechnung des Abflusses erfolgt anschließend unter Verwendung der Fließgeschwindigkeit und des bekannten Strömungsquerschnittes.

Messung der Wasserhaushaltsgrößen

2.5.3.8 Ultraschall-Messgerät

Die Messung des Abflusses mittels Ultraschall-Laufzeit-System kommt insbesondere in Gewässern mit veränderlichem Staueinfluss und in Tidegewässern zum Einsatz. Mit der Ultraschallmessung wird kontinuierlich die mittlere Fließgeschwindigkeit für den Strömungsquerschnitt des Gewässers bestimmt. In der Regel wird die Fließgeschwindigkeit aus der Laufzeitdifferenz der Schallimpulse ermittelt. Hierbei wird die Erkenntnis verwertet, dass sich ein Schallsignal gegen die Strömung langsamer ausbreitet als mit ihr („Doppler"-Effekt). Die Messstrecken sind deshalb zur Strömungsrichtung geneigt. Ein Strömungsmessgerät zeigt die mittlere Fließgeschwindigkeit zwischen zwei an beiden Ufern angebrachten Wandlern an.

Die Errichtung der Laufzeitensysteme ist allerdings mit nicht unerheblichem baulichen Aufwand verbunden. Hohe Schwebstoff- und Sedimentkonzentrationen verschlechtern die Datenqualität. Dem gegenüber können mit stationären horizontalen Ultraschall-Doppler-Anlagen Investitionskosten gespart und dennoch zuverlässige Messdaten auch in Zeiten erhöhter Schwebstoffkonzentration ermittelt werden. Horizontale Doppler-Geräte (z.B. SLD der Fa. OTT) werden an nur einer Uferseite montiert und senden Schallimpulse horizontal und unter einem definierten Winkel (z.B. 25°) in als auch gegen die Strömungsrichtung in das Gewässer aus. Die Frequenzverschiebung der Reflexion wird gemessen und daraus die Fließgeschwindigkeit ermittelt. Bei gleichzeitiger Widerstandsmessung kann anschließend über das Geschwindigkeits-Index-Verfahren der Abfluss berechnet werden.

Weiterführende Literatur:
SIEDSCHLAG, S. (2005): Kontinuierliche Durchflussmessung mit einem Horizontal-Ultraschall-Dopplergerät. – Wasserwirtschaft, 4(2005): 8-12, 6 Abb.

2.5.3.9 Markierungsstoff

Markierungsstoffe kommen dort zum Einsatz, wo andere Abflussmessmethoden aufgrund der starken Turbulenz im Gewässer nicht durchführbar sind, z.B. in Gebirgsbächen mit starker Wirbelbildung. Der Einsatzbereich beschränkt sich auf Bäche und Abwasserkanäle mit mittlerem Abfluss und guter Durchmischung. Es wird die Transportzeit bestimmt, welche Rückschlüsse auf die Fließgeschwindigkeit des Gewässers zulässt. Im Allgemeinen handelt es sich bei dieser Methode um die einmalige Zugabe oder gleichmäßige Zugabe von Markierungsstoffen (wasserlöslicher Farbstoff, konzentrierte Salzlösung, radioaktive Isotope, etc.) an einem Punkt im Oberstrom und das Messen der Konzentration des Markierungsstoffes an einem Punkt im Unterstrom (Abb. 2.31). Die Lösung, Dispersion und Diffusion des Stoffes erzeugt in beiden Fällen eine Fahne, die sich im Gewässer abwärts bewegt. Bei der einmaligen Zugabe ergibt sich die Fließgeschwindigkeit aus der zurückgelegten Fließstrecke dividiert durch die Zeit, welche die Höchstkonzentration der Fahne benötigt, um den entsprechend entfernten Punkt im Unterstrom zu erreichen. Um den Abfluss des Gewässers zu bestimmen, ist die Fließgeschwindigkeit mit dem Strömungsquerschnitt des Gewässers zu multiplizieren.

Eine gleichmäßige Zugabe einer Salzlösung mit dem Volumenstrom $\dot{V}_S$ (m³/s) und einer Salzkonzentration c_s (mg/l) in den Oberstrom eines Gewässers mit dem Volumenstrom $\dot{V}_1$ (m³/s) und einer Salzkonzentration c_1 (mg/l) bewirkt im Unterstrom eine Salzkonzentration c_2 (mg/l) und einen Volumenstrom von $\dot{V}_2 = \dot{V}_1 + \dot{V}_S$ (m³/s).

Es besteht nun die Beziehung:

$$\dot{V}_A \cdot c_1 + \dot{V}_S = (\dot{V}_A + \dot{V}_S) \cdot c_2$$

(Gl. 5)

also $\dot{V}_A = \dot{V}_S \cdot \dfrac{(c_s - c_2)}{(c_2 - c_1)}$

(Gl. 6)

mit:
$\dot{V}_S$ = Volumenstrom der Salzlösung (m³/s)
c_s = Konzentration der Salzlösung (mg/l)
$\dot{V}_1$ = Volumenstrom im Oberstrom (m³/s)
c_1 = Salzkonzentration im Oberstrom (mg/l)
$\dot{V}_2$ = Volumenstrom im Unterstrom (m³/s)
c_2 = Salzkonzentration im Unterstrom (mg/l)

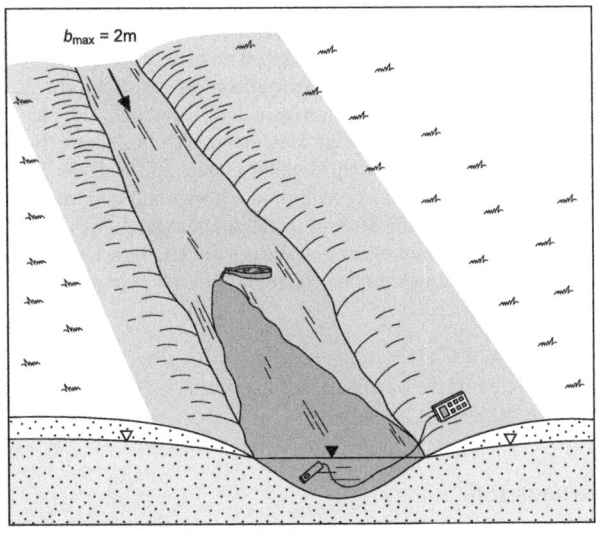

Abb. 2.31: Abflussmessung. Markierungsstoffe. Prinzip der Abflussmessung durch die gleichmäßige Zugabe eines Markierungsstoffes.

Kritische Überlegungen hinsichtlich der Wahl des Markierungsstoffes, der Messmethode und der Messpunkte im Abstrom sind unbedingt notwendig, zumal die Methode nur geringe Genauigkeiten liefert. Darüber hinaus muss bei der zuständigen Behörde nach einer Genehmigung gefragt werden, bevor der Markierungsstoff benutzt werden darf.

Weiterführende Literatur:
WECHMANN, A. (1964): Hydrologie. – München (Oldenbourg).
KÄSS, W. (2004): Geohydrologische Markierungstechnik. – MATTHESS, G. [Hrsg.]: Lehrbuch der Hydrogeologie, Band 9, 557 S., 239 Abb., 43 Tab., 8 Farbtaf.; Berlin (Bornträger – Schweizerbart).

2.5.3.10 Berechnungsverfahren

Einige Verfahren zur Ermittlung der Fließgeschwindigkeit sind indirekte Verfahren, d.h. mit der Geschwindigkeit in Beziehung zu setzende Faktoren werden im Gelände gemessen und die Fließgeschwindigkeit daraus ermittelt. Diese Vorgehensweise bietet sich an, wenn der Abfluss im Gewässer zu hoch für ein direktes Verfahren (Behältermessung, Wehrmessung etc.) ist. In einigen Gewässern ist insbesondere zu Hochwasserzeiten keine Abflussmessung möglich, da das Gewässer ausufert. Zu solchen Zeiten bietet es sich an, den Abfluss aus geometrischen Abmessungen und Eigenschaften des Gewässers mit Hilfe der MANNING-STRICKLER-Gleichung zu ermitteln.

Die MANNING-STRICKLER-Gleichung benutzt vier Kenngrößen, um die Fließgeschwindigkeit zu bestimmen: das Gefälle der Wasseroberfläche i (m/m), den benetzten Umfang (Kap. 2.2.4), den Strömungsquerschnitt (Kap. 2.2.4) und den Rauhigkeitsfaktor n (MANNING-Wert,

SANDERS 1998). Der Strömungsquerschnitt A (m²) bezogen auf den benetzten Umfang U (m) ergibt den hydraulischen Radius r (m²/m = m). Die folgende Gleichung lautet:

$$\dot{V}_A = \frac{r^{\frac{2}{3}} \cdot i^{\frac{1}{2}} \cdot A}{n}$$ (Gl. 7)

mit:
$\dot{V}_A$ = Abfluss (m/s)
r = hydraulischer Radius (m)
i = Gefälle der Wasseroberfläche (m/m)
n = Rauhigkeitsfaktor (MANNING-Wert)
A = Strömungsquerschnitt (m²)

Bei einem normalen Abfluss entspricht das Gefälle in der MANNING-STRICKLER-Gleichung dem Gewässergradienten (Kap. 2.2.3). Bei Überflutungszeiten ist das Gefälle der Wasseroberfläche schwer zu bestimmen. Deshalb wird mit der Messung gewartet, bis der Wasserspiegel wieder sinkt. In diesem Fall können Hochwassermarken für die Gefällemessung verwendet werden. Alternativ kann das Gefälle des Überflutungsgebietes mit dem Gefälle der Wasseroberfläche während einer Überflutung gleichgesetzt werden. Diese Vorgehensweise in Abhängigkeit von der Topographie birgt jedoch einige Fehlerquellen.

Weiterführende Literatur:
SANDERS, L. L. (1998): A Manual of field hydrogeology. – 381 S.; New Jersey (Prentice-Hall).
MORGENSCHWEIS, G. (2010): Hydrometrie – Theorie und Praxis der Durchflussmessung in offenen Gerinnen. – 582 S., 300 Abb., 47 Tab.; Berlin (Springer).

2.6 Bestimmung der Vorflutereigenschaft eines Gewässers (Wechselwirkung zwischen Grundwasser und Oberflächenwasser)

In einem Oberflächengewässer können sich effluente oder influente Verhältnisse einstellen. Bei effluenten Verhältnissen infiltriert das Grundwasser in das Oberflächengewässer; in diesem Fall wird das Oberflächengewässer als Vorfluter bezeichnet. Die Grundwasserhöhen sind in der direkten Umgebung des Gewässers höher als im Oberflächengewässer. Bei influenten Verhältnissen versickert das Wasser aus dem Oberflächengewässer durch die Gewässersohle in den Grundwasserkörper und speist den Grundwasserleiter. Die Richtung und die Rate der Durchsickerung können mit der Zeit und entlang des Gewässerverlaufs wechseln. So kann nach einem starken Regenereignis ein normalerweise als Vorfluter fungierendes Gewässer zu Zeiten hoher Wasserstände über die Gewässerböschung der Grundwasserleiter gespeist werden. Die Richtung und die Rate der Durchsickerung sind abhängig von der Durchlässigkeit der Sedimente im Gewässerbett, von deren Mächtigkeit, vom hydraulischen Gradienten zwischen Grundwasseroberfläche und Oberflächengewässerpegel sowie vom benetzten Umfang.

Die Durchlässigkeit der Sedimente im Gewässerbett kann sich durch Ab- und Umlagerung fester Stoffe in der unmittelbaren Gewässersohle verringern. Es bildet sich an der Grenzschicht zwischen dem Gewässer und dem Untergrund eine sogenannte Kolmationsschicht aus. Oberflächengewässer unter influenten Verhältnissen neigen schneller und stärker zur Ausbildung einer Kolmationsschicht. Hierbei spielt außerdem die Wasserführung (perennierend, intermittierend), der Nährstoffgehalt und die Entstehung des Oberflächengewässers (natürlich oder künstlich) eine entscheidende Rolle. Die Oberflächengewässer unter effluenten Verhältnissen bilden seltener eine Kolmationsschicht aus.

Die Bestimmung der Wechselwirkungen zwischen Grundwasser und Oberflächengewässer ist bei allen oberirdischen Fließgewässern (z.B. Strom, Fluss, Bach, Gerinne, Kanal), Stillgewässern (z.B. See, Stausee, Weiher, Teich, Tümpel) und auch im marinen Bereich von Bedeutung.

Die Erkenntnisse zur Durchsickerung und zu den Wechselbeziehungen zwischen Grundwasser und Oberflächengewässern helfen bei der Konstruktion der Grundwasserhöhengleichen im Grundwasserhöhenplan (Kap. 5.5) und der Bewertung der Hydrogeologischen Karte. Des Weiteren können diese Erkenntnisse direkt Eingang in numerische Grundwassermodelle und Niederschlags-Abflussmodelle finden.

Die Messung der Richtung und der Rate der Durchsickerung sind mit direkten und indirekten Methoden möglich. Zu den direkten Methoden zählen:
- Durchsickerungs-Messgerät („seepage meter", Kap. 2.6.1),
- Minipiezometer (Kap. 2.6.2).

Zu den indirekten Methoden zählen:
- Schnitte an Oberflächengewässern (senkrecht zur Fließrichtung bzw. zu den Grundwasserhöhengleichen, Kap. 2.6.3),
- Vergleich von Abflussmessungen (Kap. 2.6.4),
- Weitere Methoden der Abschätzung der Durchsickerung (Kap. 2.6.5).

2.6.1 Durchsickerungs-Messgerät

Die Messung der Durchsickerung erfolgt mit einem Durchsickerungs-Messgerät („seepage meter"). Mit diesem Gerät (Abb. 2.32 Bild 1) lässt sich die Richtung der Durchsickerung (Influenz = flächenhaft ausgedehnter Übertritt von Wasser aus oberirdischen Gewässern in das Grundwasser; Effluenz = flächenhaft ausgedehnter Grundwasserzutritt in ein oberirdisches Gewässer) und die Menge der Durchsickerung bestimmen. Das Durchsickerungs-Messgerät besteht in der Regel aus einem nach unten offenen und damit gedrehten Gefäß (Eimer, Fass, Tonne, verschlossenes PVC-Rohr), welches mit der offenen Seite in das Gewässerbett gedrückt wird. Die Oberseite weist idealerweise eine leichte Neigung auf, an deren höchster Stelle ein Auslass angebracht ist. An dem Auslass wird ein Auffangbeutel (Kunststoffbeutel, Gasbeutel, medizinische Infusionsbeutel, Beutel für Flüssigseife) angebracht (Abb. 2.32 Bild 2). Werden effluente Verhältnisse erwartet, wird ein leerer Beutel angebracht, der sich in einer bestimmten Zeit mit zugesickertem Grundwasser füllt (Abb. 2.32 Bild 3). Werden influente Verhältnisse erwartet, wird ein mit einem bekannten Wasservolumen befüllter Beutel angebracht, dessen Wasservolumen in einer bestimmten Zeit über aussickerndes Wasser abnimmt (Abb. 2.32 Bild 4). Über die Zu- oder Abnahme des Wasservolumens in einer bestimmten Zeit wird die Durchsickerung und der Leakage-Koeffizient bestimmt. Die Abmessungen des Durchsickerungs-Messgeräts (Volumen des Gefäßes und des Auffangbeutels) sind von der zu erwartenden Durchsickerung abhängig.

Die Messung sollte in einem Bereich des Gewässerbetts durchgeführt werden, der frei von Geröll oder Vegetation ist. Für das Gefäß ist ein möglichst großer Durchmesser empfehlenswert, da sich die kleinräumige Variabilität der Durchsickerung mit zunehmendem Durchmesser verringert. Außerdem lässt sich das Gefäß z.B. mit Gewichten aus Beton oder Metall zusätzlich beschweren, um in Bereichen mit dynamischen Fließbedingungen und festerem Gewässerbett eine möglichst große Stabilität zu erreichen. Die Verhältnisse an dem Messpunkt sollten gut dokumentiert werden. Weitere Messpunkte mit unterschiedlichen Verhältnissen zeigen die Variabilität der Durchsickerung über die Gewässerbreite und -länge.

Vor der Installation des Durchsickerungs-Messgerätes im Gewässerbett muss die Querschnittsfläche der Öffnung des Gefäßes gemessen werden. Mit geöffnetem Auslass wird das mit der Öffnung nach unten gehaltene Gefäß langsam und vorsichtig in das Gewässerbett gedrückt bis die Oberseite des Gefäßes circa 2 cm über dem Gewässerbett oder ganz auf dem Gewässerbett liegt. Das Gefäß sollte beim Einbau leicht schräg gehalten werden oder eine geneigte Oberseite mit dem Auslass an der höchsten Stelle besitzen, damit gewährleistet ist, dass bei der Installation die gesamte Luft durch den geöffneten Auslass entweichen kann. Falls sich dennoch Luft im System befindet, können die Luftblasen durch leichtes Klopfen mit einem Gummi-Hammer

Bestimmung der Vorflutereigenschaft eines Gewässers... 69

am Gefäß mobilisiert werden. Während des Einbaus des Gefäßes sollten unnötige menschliche Aktivitäten in der Nähe des Durchsickerungs-Messgerätes (z.B. Auftreten, Umherlaufen) unbedingt vermieden werden, da diese die Messergebnisse nachweislich beeinflussen.

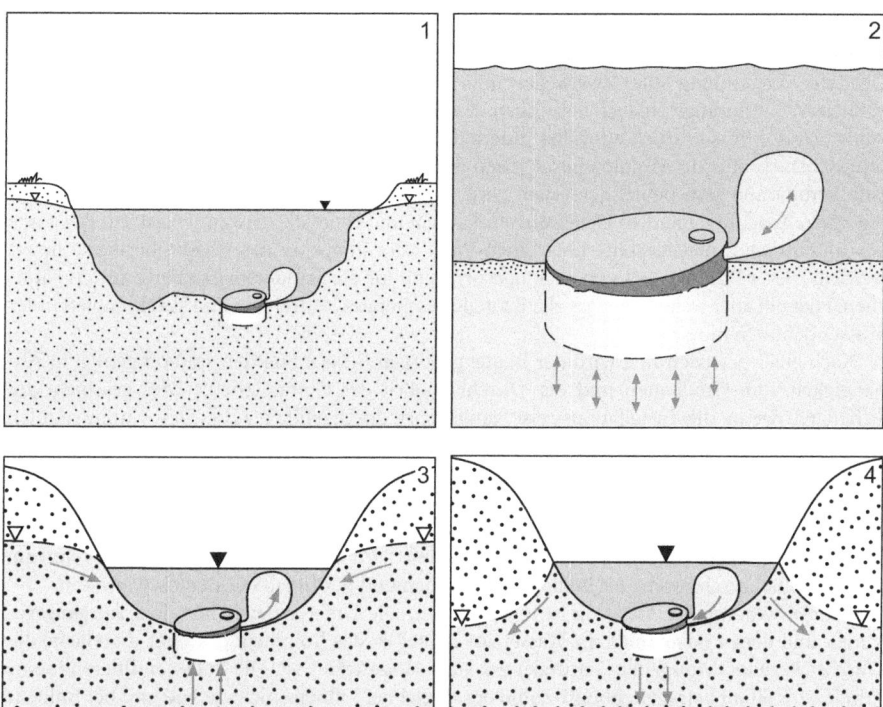

Abb. 2.32: Messung der Durchsickerung. Durchsickerungs-Messgerät. 1: Durchsickerungs-Messgerät in einem Oberflächengewässer, 2: Detailansicht, 3: Messsituation bei Effluenz, 4: Messsitation bei Influenz.

Nun sollte der Auffangbeutel mit einem bekannten Wasservolumen gefüllt werden. Der Beutel wird über den Anschluss des Gasbeutels oder des Infusionsbeutels mit einem Schlauch verbunden; bei einem Kunststoffbeutel wird ein Ende des Schlauches in den Beutel gesteckt und dort mit Isolierband luftdicht angeschlossen. Dabei sollte das Schlauchende nur ein wenig in den Beutel hinein reichen, damit alles Wasser frei herauslaufen kann, wenn influente Verhältnisse vorherrschen. Das andere, offene Ende des Schlauches wird mit einem zur Auslassöffnung des Gefäßes passenden Gummistopfen versehen. Nun wird der Beutel mit dem Schlauch langsam unter die Wasseroberfläche gebracht, indem das offene Ende des Schlauches nach oben gehalten wird. Der hydrostatische Druck im Wasser sorgt dafür, dass die im Beutel enthaltene Luft beim Absinken in der Wassersäule herausgedrückt wird. Beim weiteren Absinken des Beutels steigt der Wasserspiegel im Schlauch bis fast zum oberen Rand an. An diesem Punkt ist der Schlauch mit dem Daumen zu verschließen, das Schlauchende nach unten zu halten und auf den Anschluss des Behälter-Auslasses oder der Gummistopfen in die Auslassöffnung des Behälters zu stecken. Alle Anschlüsse müssen nun wasserdicht sein. Bei der Verwendung von Gasbeuteln oder Infusionsbeuteln befindet sich im Beutel keine Luft; trotzdem muss sichergestellt werden, dass der Schlauch komplett wassergefüllt ist, bevor die Verbindung zwischen Beutel und Gefäß hergestellt wird. Am Ende der Installation dürfen in allen Bauteilen des Durchsickerungs-Messgerätes (Gefäß, Schläuche, Beutel) keine Luftblasen auftreten; alle Bauteile müssen sich komplett unter Wasser befinden. Da Luft im Gegensatz zu Wasser kompressibel ist, kann im Gerät zurückgebliebene Luft die Messwerte verfälschen. Der Auffangbeutel sollte sich bei dynamischen Fließbedingungen (z.b. Strömung, Wellenschlag) unter einer Schutzabdeckung befinden.

Zwischen dem Beutel und dem Gefäß oder auch direkt am Beutel (z.B. bei Gasbeuteln) kann die Verwendung eines Ventils die Versuchsdurchführung vereinfachen. Der Durchsickerungsversuch lässt sich mit Öffnen des Ventils beginnen und mit Schließen des Ventils beenden. Über die Verwendung eines Zweiwegeventils lässt sich ein weiterer bis zur Wasseroberfläche reichender Entlüftungsschlauch anbringen. Nach dem Einbau des Gefäßes in das Gewässerbett kann sich der Wasserdruck zunächst innerhalb und außerhalb des Gefäßes über den Entlüftungsschlauch über 15 Minuten ausgleichen und stabilisieren, bevor über das Zweiwegeventil eine Verbindung zum Beutel hergestellt wird. Der Entlüftungsschlauch kann auch über einen separaten Anschluss mit dem Gefäß verbunden sein und ebenfalls ein Ventil besitzen. Das Ende des Entlüftungsschlauchs sollte über einen Pfahl oder Pflock an der Wasseroberfläche fixiert werden. Dieser Punkt eignet sich auch hervorragend für die Standortmarkierung mittels Fähnchen. Hier gilt aber weiterhin, dass alle Bauteile des Gerätes luftfrei sein und sich komplett unter Wasser befinden müssen.

Nach einer gewissen Zeit wird der Beutel geborgen. 1 bis 2 Stunden sind oft genug, in Abhängigkeit vom Gradienten und der Durchlässigkeit des Gewässerbetts. Dies geschieht am sichersten, wenn die Installationsweise umgekehrt durchgeführt wird. Der Gummistopfen wird vorsichtig gelöst und der Schlauch wird langsam soweit angehoben, bis der Daumen das Schlauchende verschließen kann. Anschließend wird der Gummistopfen umgedreht und aus dem Wasser gehoben. Nach dem Herausziehen des Schlauches wird der Inhalt des Beutels in einem skalierten Messbecher gemessen oder der gesamte Beutel z.B. mittels Federwaage schon im Gelände gewogen. Bei Messgeräten mit Ventilen, wird am Ende des Versuchs das Ventil am Auffangbeutel geschlossen, der Beutel abgenommen und der Inhalt des Beutels gemessen.

Die Auswertung der Messung ist recht einfach. Die Differenz zwischen dem Ausgangsvolumen und dem Endvolumen an Wasser im Beutel ist das Volumen, das über die Fläche des Durchsickerungs-Messgerätes entweder zu- oder ausgesickert ist. Die Volumendifferenz sollte mindestens 50 ml betragen. Ebenso sollte der Beutel bei Effluenz nicht zu voll und bei Influenz nicht zu leer sein, um infolge des Ausdehnens bzw. Zusammenziehens des Beutels zusätzliche Druckdifferenzen zu vermeiden. Die Durchsickerung errechnet sich aus:

$$\dot{V}_{GW} = \frac{(V_t - V_0)}{\Delta t} \qquad \text{(Gl. 8)}$$

mit:
$\dot{V}_{GW}$ = Durchsickerung bzw. Zusickerung des Grundwassers (m³/s)
V_t = Endvolumen im Auffangbeutel (m³)
V_0 = Anfangsvolumen im Auffangbeutel (m³)
Δt = Versuchszeit (s)

Die Ergebnisse der Durchsickerungsmessung sollten anschließend mit einem gerätebezogenen Korrekturfaktor verrechnet werden, da in allen Gerätebauteilen Reibungswiderstände und Druckverluste auftreten. Die Ermittlung eines Korrekturfaktor sollte im Vorfeld der Geländeuntersuchungen in standardisierten Messrinnen im Labor in Abhängigkeit zur Durchsickerungsrichtung für die entsprechende Bauteilkombination über Kalibrierung erfolgen. Die Korrekturfaktoren zwischen gemessener und tatsächlicher Durchsickerung können zwischen 0,77 bei Effluenz und 1,11 und 1,74 bei Influenz liegen.

Eine Berechnung des Leakage-Koeffizienten α (und damit auch eine Berechnung des Durchlässigkeitsbeiwerts des Gewässerbetts) ist nur in Kombination mit der Minipiezometer-Methode zur Messung des Druckhöhenunterschiedes (Kap. 2.6.2) möglich. Der Leakage-Koeffizient errechnet sich aus:

$$\alpha = \frac{\dot{V}_{GW}}{(A \cdot \Delta h)} \qquad \text{(Gl. 9)}$$

mit:
α = Leakage-Koeffizienten (1/s)
$\dot{V}_{GW}$ = Durchsickerung bzw. Zusickerung des Grundwassers (m³/s)
A = Querschnittsfläche des Behälters (m²)
Δh = hydraulischer Druckhöhenunterschied zwischen dem Oberflächenwasser und dem Grundwasser im unterlagernden Grundwasserkörper (m)

Weiterführende Literatur:
LANDON, M.K., RUS, D.L. & HARVEY, F.E. (2001): Comparison of instream methods for measuring hydraulic conductivity in sandy streambeds. - Ground Water 39: 870-885.
LEE, D.R. (1977): A device for measuring seepage flux in lakes and estuaries. - Limnology and Oceanography 22(1): 140-147.
MURDOCH, L.C. & KELLY, S.E. (2003): Factors affecting the performance of cenventional seepage meters. - Water Resources Research 39(6): 1163.
ROSENBERRY, D.O. & MORIN, R.H. (2004): Use of an electromagnetic seepage meter to investigate temporal variability in lake seepage. - Ground Water 42(1): 68-77.
SEBESTYEN, S.D. & SCHNEIDER, R.L. (2004): Seepage patterns, pore water and aquatic plants: hydrological and biochemical relationships in lakes. - Biochemistry 68:383-409.

2.6.2 Minipiezometer

Das Minipiezometer (auch Steigrohr) ist ein Gerät zur punktuellen Bestimmung des hydraulischen Druckhöhenunterschiedes zwischen dem Oberflächenwasser und dem Grundwasser im unterlagernden Grundwasserkörper unterhalb der Gewässersohle. Wenn die Wasseroberfläche im Oberflächengewässer höher ist als die im Minipiezometer ermittelte Grundwasseroberfläche des unterlagernden Grundwasserkörpers, bewirkt der negative hydraulische Gradient eine Abwärtsbewegung; das Oberflächengewässer gibt Wasser an das unterlagernde Grundwassersystem ab (influente Verhältnisse). Ist der Druck im unterlagernden Grundwassersystem höher als der Druck im Oberflächenwasser, bewirkt der positive hydraulische Gradient eine Aufwärtsbewegung des Grundwassers (effluente Verhältnisse).

Das Minipiezometer besteht aus einem Vollrohr, dessen unterer Teil mit einem geschlitzten Filterrohr bzw. mit einem Drucksensor versehen oder offen ist. Das untere Ende des Minipiezometers kann mit einer festen oder lockeren Metallspitze verstärkt sein, die das vorsichtige Einschlagen des Minipiezometers in die Sohle des Oberflächengewässers mittels Gummi- bzw. Kunststoffhammer erleichtert. Dafür kann das obere Ende des Minipiezometers mit einem Gewinde versehen sein, auf das ein Schlagkopf aufgeschraubt werden kann. In das Sediment eingeschlagen, kann über das Filterrohr Grundwasser des unterlagernden Grundwasserkörpers in das Minipiezometer eindringen. Bei Vollrohren mit einer lockeren Metallspitze kann durch leichtes Hochziehen des Vollrohres Grundwasser über den entstandenen Schlitz in das Minipiezometer eindringen. Aufgrund der hydraulischen Druckhöhe, die in der entsprechenden Tiefe des Filterrohrs im unterlagernden Grundwasserkörper vorherrscht, steigt der Wasserspiegel in dem Vollrohr nach oben und pendelt sich, je nach den Druckverhältnissen im Untergrund, ober- oder unterhalb der Wasseroberfläche des Oberflächengewässers ein. Dieser Vorgang kann je nach Durchlässigkeit des Untergrundmaterials bzw. Schlitzart des Minipiezometers einige Zeit dauern. Der sich verändernde sowie der endgültige Wasserspiegel lässt sich mit den Geräten zur Grundwasserstandsmessung ermitteln und dokumentieren (Kap. 2.3). Die Differenz zwischen Wasseroberfläche des Oberflächengewässers und Wasserspiegel im Minipiezometer ergibt den hydraulischen Druckhöhenunterschied.

Bei effluenten Verhältnissen nimmt der hydraulische Druckhöhenunterschied unter der Sohle eines Oberflächengewässers im unterlagernden Grundwasserkörper mit der Tiefe zu. Bei influenten Verhältnissen nimmt der hydraulische Druckhöhenunterschied mit der Tiefe ab.
Wenn der mittels Minipiezometer ermittelte hydraulische Druckhöhenunterschied in die Berechnung des Leakage-Koeffizienten mittels Durchsickerungs-Messgerät (Kap. 2.6.1) mit eingehen soll, sollte die Einschlagtiefe des Minipiezometers der Einbautiefe des Durchsickerungs-Messgerätes (= Tiefe der Unterkante des Gefäßes) entsprechen. Ein vergleichbarer hydraulischer Druckhöhenunterschied lässt sich ebenfalls am unmittelbaren Ufer des Oberflächengewässers durch Einschlagen des Minipiezometers in den Untergrund des Ufers bis knapp unter die Grundwasseroberfläche ermitteln (Kap. 2.6.3).

2.6.3 Schnitte an Oberflächengewässern

Zur Bestimmung der Vorflutereigenschaft eines Gewässers können temporäre Sondierungen mittels Schlitzsondiergerät nach PÜRCKHAUER oder nach LINNEMANN (Kap. 2.4) dienen. Angesetzt in der unmittelbaren Nähe des Oberflächengewässers können sie eine Abschätzung des aktuellen Grundwasserstandes ermöglichen. Dabei genügt oft die Feststellung des scheinbaren Grundwasserstandes – der Obergrenze des geschlossenen Kapillarraumes – aus dem Wassergehalt des Bohrgutes (Tab. 2.3).

Liegt der Grundwasserstand im Grundwasserleiter über dem Niveau des Wasserstandes im Gewässer, liegen effluente Verhältnisse vor; liegt er unter dem Niveau, liegen influente Strömungsverhältnisse vor. Eine Bestimmung des hydraulischen Gradienten im Grundwasserleiter in Richtung auf den Vorfluter kann durch die Anlegung mehrerer Sondierbohrungen entlang eines Detailschnittes (Abstand zum Gewässer: 0,5 m; 1,0 m; 2,0 m) ± senkrecht zum Vorfluter erfolgen.

Die Bestimmung der hydraulischen Druckhöhenunterschiede zwischen den Bohrungen erfolgt z.B. entweder durch Nivellierung mittels Wasserwaage (Kap. 2.1.4) und / oder Aluminiumlatte (Länge max. 4 m) oder durch hydrostatische Höhenmessung mit Schlauchwaage (Kap. 2.1.5). Dabei kann die Wasseroberfläche des Oberflächengewässers als temporäres Bezugsniveau dienen.

2.6.4 Vergleich von Abflussmessungen

Zur Bestimmung der Vorflutereigenschaften eines Oberflächengewässers kann der Vergleich von Mehrfachmessungen des Abflusses entlang des Gewässers dienen. Wenn in Fließrichtung des Gewässers der Abfluss in sog. „Trockenzeiten" (3-5 Tage nach einem Regenereignis) signifikant zunimmt, ohne dass Einleitungen (Zuleitungen, Dränagen, kleinere Entwässerungsgräben, etc.) oder Entnahmen entlang des betrachteten Gewässerabschnittes erkennbar sind, ist davon auszugehen, dass effluente Verhältnisse vorherrschen. Wenn in Fließrichtung des Gewässers der Abfluss signifikant abnimmt, kann von influenten Verhältnissen (oder auch Entnahmen von Wasser) ausgegangen werden.

2.6.5 Weitere Methoden der Abschätzung der Durchsickerung

Die Ermittlung des vertikalen Durchlässigkeitsbeiwertes und der Mächtigkeit des Bachsedimentes an der Gewässersohle (Leakage-Schicht) dient der Abschätzung der Rate der Durchsickerung. Dazu wird eine Stechzylinderprobe senkrecht in die Gewässersohle getrieben und als ungestörte Probe im Labor einer Durchlässigkeitsbestimmung mittels DARCY-Versuch unterzogen. Ebenso ist eine ungefähre Bestimmung des Durchlässigkeitsbeiwertes von Lockergesteinen mittels Korngrößenverteilung nach HAZEN (1892), SEELHEIM (1880), BEYER (1964) oder BIALAS & KLECZKOWSKI (1970) möglich. Nähere Angaben zur Auswertung finden sich in HÖLTING & COLDEWEY (2013).

Die Durchsickerung errechnet sich aus:

$$\dot{V}_{GW} = A \cdot \left(\frac{k_f}{l}\right) \cdot \Delta h \qquad \text{(Gl. 10)}$$

mit:
$\dot{V}_{GW}$ = Durchsickerung bzw. Zusickerung des Grundwassers (m³/s)
A = durchflossene Fläche (m²)
k_f = Durchlässigkeitsbeiwert der Leakage-Schicht (1/s)
l = Mächtigkeit der Leakage-Schicht (m)
h = hydraulischer Druckhöhenunterschied zwischen dem Oberflächenwasser und dem Grundwasser im unterlagernden Grundwasserkörper (m)

Die Richtung der Durchsickerung lässt sich über die Durchlässigkeitsbestimmung nicht ermitteln.

Die Messung von Temperaturunterschieden kann unter günstigen Bedingungen ebenfalls eine Abschätzung der Richtung und Rate der Durchsickerung ermöglichen. Die Wassertemperatur von Grundwasser weist im Allgemeinen ganzjährig ca. +10°C (Schwankungen zwischen +9°C und +11°C) auf. Die Wassertemperatur von Oberflächengewässern passt sich leicht verzögert dem Tagesmittel der umgebenden Lufttemperatur an; hier können unter Mitwirkung direkter Sonneneinstrahlung recht große Tagesschwankungen auftreten. Dies hat zur Folge, dass in der kalten Jahreszeit das Grundwasser i.d.R. wärmer ist als das Oberflächenwasser; in der warmen Jahreszeit ist das Grundwasser i.d.R. kälter als das Oberflächenwasser. Effluente Verhältnisse lassen sich somit in der kalten Jahreszeit durch eine Erwärmung der Wassertemperatur im Oberflächengewässer erkennen (dort wo Grundwasser zutritt kommt es zu Nebelbildung und Eisbildung tritt zurück). In der warmen Jahreszeit lassen sich Grundwasserzutritte anhand der Abkühlung der Wassertemperatur im Oberflächengewässer erkennen. Influente Verhältnisse lassen sich mit dieser Methode nicht bestimmen. Die Messung erfolgt vor Ort (Kap. 2.7.4) über Mehrfachmessungen der Wassertemperatur im Gewässer in Fließrichtung des Oberflächengewässers. Da die Unterschiede zeitweise recht gering ausfallen können, sollte die Messung der Temperaturunterschiede möglichst gleichzeitig (z.B. innerhalb einer Stunde) erfolgen. In Zeiten, in denen sich kein Temperaturunterschied zwischen Grundwasser und Oberflächenwasser ausbildet – im Frühling und im Herbst – ist keine Abschätzung der Durchsickerung möglich. In Kombination mit der Abflussmessung lässt sich über den absoluten Temperaturunterschied zwischen Grundwasser und Oberflächenwasser sowie der Temperatur des Mischwassers im Gewässer über Mischungsberechnungen die Durchsickerung bzw. Zusickerung des Grundwassers abschätzen.

$$\dot{V}_{GW} = \dot{V}_{MW} \cdot \left(\frac{\vartheta_{MW} - \vartheta_{GW}}{\vartheta_{GW}}\right) \qquad \text{(Gl. 11)}$$

mit:
$\dot{V}_{GW}$ = Durchsickerung bzw. Zusickerung des Grundwassers (m³/s)
$\dot{V}_{MW}$ = gesamter Abfluss des Oberflächengewässers als Mischwasser (m³/s)
ϑ_{MW} = Temperatur des Mischwassers (°C)
ϑ_{GW} = Temperatur des Grundwassers (°C)

Die Messung von Leitfähigkeitsunterschieden kann unter günstigen Bedingungen ebenfalls eine Abschätzung der Richtung und Rate der Durchsickerung ermöglichen. Die Leitfähigkeit von Grundwasser ist großräumig relativ konstant und lässt sich über die Beprobung und Vor-

Ort-Analytik (Kap. 2.7.4) bestimmen. Grundwasser kann elektrische Leitfähigkeiten zwischen 50 µS/cm und 2.000 µS/cm aufweisen. Die Leitfähigkeit von Oberflächengewässern zeigt sehr große Schwankungen in Abhängigkeit von den Regenereignissen, der anthropogenen Beeinflussung und der Zusickerungsrate von Grundwasser. Nach einem Regenereignis findet in der Regel eine Verdünnung des Oberflächenwassers und damit eine Reduzierung der Leitfähigkeiten statt. Die anthropogene Beeinflussung bewirkt im Allgemeinen eine Erhöhung der Leitfähigkeiten durch Stoffeinträge aus landwirtschaftlicher und urbaner Nutzung. In beiden Fällen kann sich ein Leitfähigkeitsunterschied zwischen Grundwasser und Oberflächenwasser einstellen. In Gewässerabschnitten mit einer hohen Zusickerungsrate von Grundwasser (oder auch in Jahreszeiten mit deutlich effluenten Bedingungen) verringern sich die messbaren Unterschiede der Leitfähigkeit. Influente Verhältnisse lassen sich mit dieser Methode nicht bestimmen. Die Messung erfolgt vor Ort (Kap. 2.7.4) über Mehrfachmessungen der elektrischen Leitfähigkeit im Gewässer in dessen Fließrichtung. Da die Unterschiede zeitweise recht gering ausfallen können, sollte die Messung der Leitfähigkeitsunterschiede möglichst gleichzeitig (z.B. innerhalb einer Stunde) erfolgen. In Kombination mit der Abflussmessung lässt sich über den absoluten Leitfähigkeitsunterschied zwischen Grund- und Oberflächenwasser vergleichbar mit der Temperatur die Rate der Zusickerung des Grundwassers abschätzen.

Weitere Kontraste können sich bei der Isotopenverteilung im Grund- und Oberflächenwasser ergeben. Insbesondere bei sehr geringen Unterschieden der Temperatur, der elektrischen Leitfähigkeit oder der Hauptinhaltsstoffe können die Isotope des Wassermoleküls (z.B. $^{18}O/^{16}O$) und die Isotope von im Wasser gelösten Stoffen (z.B. $^{87}Sr/^{86}Sr$, $^{34}S/^{32}S$) und deren Isotopenverhältnisse die folgenden Aussagen über Herkunft des Wassers bzw. Stoffumsetzungen liefern:
- Jahresgang des Niederschlages (Grundwasserneubildung),
- Höheneffekt,
- Klimaeffekt (Kalt- und Warmzeiten bzw. regionale Herkunft),
- Uferfiltratanteile,
- Lösung / Fällung / Abbau.

Ausgewählte Arten der Flora, die in den Uferbereichen von Oberflächengewässern auftreten, können ebenfalls Hinweise der Richtung der Durchsickerung bei effluenten Verhältnissen geben. So können z.B. der Gagelstrauch (*Myrica gale*) und der Fieberklee (*Menyanthes trifoliata*) Zusickerung von nährstoffarmen Grundwasser in ein generell nährstoffreiches Oberflächengewässer im Uferbereich anzeigen.

2.7 Messungen der hydrochemischen Kenngrößen

Die Messung der hydrochemischen Kenngrößen erfolgt Vor-Ort mittels Vor-Ort-Analytik und Schnellanalytik sowie anhand einer repräsentativen Wasserprobe im Labor.

Die Messung der hydrochemischen Kenngrößen dient einerseits der Erfassung und Beobachtung der hydrochemischen Eigenschaften der Grundwässer und Oberflächenwässer im Sinne einer Bestandsaufnahme. Andererseits lassen sich räumliche und zeitliche Veränderungen sowie Aussagen über die Herkunft und Genese des Wassers ableiten. Dieser qualitative Ansatz kann in vielfältiger Form die Messmethoden mit quantitativem Ansatz unterstützen. Der Umfang der Messung der hydrochemischen Kenngrößen ist abhängig von der Fragestellung und den örtlichen Gegebenheiten.

Bei den Messmethoden wird im Folgenden der Schwerpunkt auf die chemischen Vor-Ort-Analysen (Kap. 2.7.4) gelegt. Die eigentliche Analyse der Hauptinhaltsstoffe (Kationen, Anionen, organische Bestandteile) wird im Labor durchgeführt und die zugehörigen Messgeräte können an dieser Stelle nicht abgehandelt werden. Es wird daher auf weiterführende Literatur hingewiesen. Die Ergebnisse der Analysen der Hauptinhaltsstoffe unterliegen im Allgemeinen nur sehr geringen Messungenauigkeiten. Demgegenüber ist die Probennahme im Gelände mit

Messungen der hydrochemischen Kenngrößen

der Auswahl der Probennahmestelle (Kap. 2.7.1), der Probennahmegeräte (Kap. 2.7.2), der Probennahmegefäße sowie der Probenvorbehandlung von -transport, -lagerung und -kennzeichnung (Kap. 2.7.5) weitaus störanfälliger. Aus diesem Grund wird auf diese Aspekte in den folgenden Kapiteln näher eingegangen.

Die Ergebnisse der Hydrochemie werden im Rahmen der Hydrogeologischen Kartierung in der Hydrochemischen Karte (Kap. 6.5) dargestellt.

Für die Messung der hydrochemischen Inhaltsstoffe des Wassers an einer Probennahmestelle ist ein Protokollmuster (Anh. 5, Formblatt 10) vorhanden, in dem sich alle wichtigen Eingangsdaten bis hin zur Bewertung der Hydrochemie hinsichtlich des Grundwassertyps dokumentieren lassen. Das Protokoll der Hydrochemie (Anh. 5, Formblätter 4-9) enthält neben den eigentlichen Messwerten die folgenden Angaben:

Angaben zur Entnahmestelle:
- Bezeichnung der Messstelle (Name des Gewässers, Fließkilometerabschnitt, etc.),
- Bezeichnung der Probe (Kombination aus Buchstaben [Bearbeitungs- oder Projektnummer] und Ziffern [Datum, Nummerierung in Raum und Zeit]),
- Nennung des TK 25 Blattes (nur zur geographischen Einordnung),
- Koordinaten der Messstelle,
- Beschreibung des Messpunktes (z.B. Böschungsoberkante, Brückenpfeiler, Gewässersohle, Unterkante Straßendurchlass, Oberkante Einleitungsrohr),
- Höhe des Messpunktes (bezogen auf Bezugsebene Normalhöhennull),
- Namen der Bearbeiter (Messung durchgeführt von),
- Datum und Uhrzeit der Messung,
- Art der Entnahmestelle (Kap. 2.7.1, Brunnen, Grundwassermessstelle, Multilevelbrunnen),
- Bezeichnung des Grundwasserleiters (Angabe des Stockwerks, lithologische Benennung, falls vorhanden stratigrafische Benennung).

Angaben zur Probennahme (Kap. 2.7.3):
- Art der Probennahme (Schöpfprobe, Pumpprobe, Nennung des Probennahmegerätes [Kap. 2.7.2], Angaben zur Art der Probe [Sammelprobe, Mischprobe, Durchschnittsprobe]),
- Nennung des Leitungsmaterials (PVC, Teflon, Edelstahl, etc.),
- Lage des Wasserspiegels (bezogen auf den Messpunkt, bezogen auf die Bezugsebene Normalhöhennull),
- Filterlänge (m),
- Förderrate (m^3/h, durchschnittliche Förderrate beim Klarpumpen),
- Entnahmetiefe (m, Tiefenposition der Pumpe),
- Fördervolumen (m^3, gesamtes gefördertes Volumen beim Klarpumpen, optional zur Angabe der Abpumpdauer),
- Abpumpdauer (min, Dauer der Klarpumpphase, optional zur Angabe des Fördervolumens),
- Beprobter Tiefenbereich (Mischwasser oder Oben/Mitte/Unten oder Angabe der Tiefe von bis bezogen auf den Messpunkt)

Angaben zur Organoleptischen Prüfung (Kap. 2.7.4):
- Färbung,
- Trübung,
- Bodensatz (als Zusatzinformation zur Trübung),
- Geruch, Geschmack,
- Ausgasung (als Zusatzinformation zum Geruch),
- Besonderheiten.

Angaben zur Vor-Ort-Analytik (Kap. 2.7.4):
- Grundwassertemperatur (°C oder K),

- Lufttemperatur (°C oder K),
- Elektrische Leitfähigkeit (µS/cm),
- pH-Wert,
- Sauerstoffgehalt (mg/l), Sauerstoffsättigung (%),
- Redoxspannung (mV).

Angaben zu Maßnahmen der Stabilisierung und Konservierung (Kap. 2.7.5)
- Filtration (mit Angabe der Filterweite, µm),
- Mineralsäure-Zusatz,
- Kühlung,
- Gefrierung.

Weiterhin sind zu protokollieren bzw. dokumentieren:
- Witterungsverhältnisse (Temperatur, Niederschlag, Sonnenschein; Angabe zu den Verhältnissen in der Stunde der Messung, am Tag der Messung, eventuell auch einen Tag bis zu einer Woche vor der Messung),
- Bemerkungen zu Besonderheiten (z.B. Beschaffenheit der Messstelle, Wassereinleitungen, geschätzte Wasserstandsschwankungen).

2.7.1 Probennahmestellen

Die hydrochemischen Kenngrößen lassen sich an Proben unterschiedlicher Probennahmestellen ermitteln. Die Proben aus Oberflächengewässern, Grundwassermessstellen (idealerweise auch tiefenorientiert eingerichtet) und Brunnen liefern unterschiedliche Arten der Proben mit unterschiedlicher Repräsentativität.

Proben aus Oberflächengewässern

In Oberflächengewässern erfolgt die Probennahme in der Regel mit einem Schöpflot (Kap. 2.7.2) ohne Luftberührung. Falls kein Schöpflot zur Hand ist, kann die Probennahme alternativ auch mit einer Probenflasche, einem Schöpfbecher oder Eimer erfolgen. Dabei ist darauf zu achten, dass die Füllung des Behälters komplett unterhalb der Wasseroberfläche erfolgt. Deshalb sollte der Behälter umgekehrt nach unten ins Wasser ein- und bis zur gewünschten Probenahmetiefe untertauchen. Anschließend ist der Behälter durch Drehen seitwärts und aufwärts zu füllen. Wenn Strömung vorhanden ist, sollte die Behälteröffnung der Strömung zugewandt ausgerichtet sein. Das Verschließen der Probeflasche sollte idealerweise unterhalb er Wasseroberfläche erfolgen. Das Umfüllen der Probe aus einem Schöpfbecher oder Eimer in eine Probenflasche sollte möglich vorsichtig und ohne weitere Luftzufuhr erfolgen.
Bei einer Probe aus dem Oberflächengewässer handelt es sich immer um eine Stichprobe, da die hydrochemischen Kenngrößen hier sehr großen zeitlichen und räumlichen Schwankungen unterliegen. Des Weiteren handelt es sich um eine Mischprobe, deren zeitliche und räumliche Repräsentativität eher als gering einzustufen ist. Weitere Empfehlungen für die Untersuchung von Oberflächengewässern werden von der Länderarbeitsgemeinschaft Wasser (LAWA) erarbeitet.

Proben aus Grundwassermessstellen

Die Probennahme an Grundwassermessstellen besitzt unterschiedliche Repräsentativität. Bevorzugt zu verwenden sind teilverfilterte Grundwassermessstellen, deren relativ kurze Filterstrecken (i.d.R. über 2 m Länge) einem bestimmten Grundwasserstockwerk oder einer bestimmten Ausbautiefe eindeutig zugeordnet werden können. Hier ist die Entnahme einer Einzelprobe möglich. In einer voll verfilterten Grundwassermessstelle können nur tiefengemittelte Proben

Messungen der hydrochemischen Kenngrößen

im Sinne eine Mischprobe entnommen werden. In einer voll verfilterten Grundwassermessstelle ist eine tiefenorientierte Probennahme nur durch das Setzen von Doppelpackern möglich. Durch die Expansion der Packer mittels eingeleiteter Flüssigkeit oder Druckluft werden die zu beprobenden Abschnitte der Grundwassermessstelle abschnittsweise abgedichtet.

Tiefenorientierte Grundwasserproben

Bei einer Vielzahl von Fragestellungen ist es erforderlich, Grundwasserproben tiefenorientiert zu entnehmen. Hierzu werden sog. Mehrfach-Messstellen (Messstellenbündel, mehrfach verfilterte Grundwassermessstellen, Messstellengruppen und Sondermessstellen) verwendet. Voraussetzung für eine tiefenorientierte Probennahme ist eine möglichst horizontale Anströmung des Grundwassers aus den einzelnen Tiefenniveaus unter Minimierung von vertikalen Durchmischungen.

Hierzu werden bei getrennten Grundwasserleitern benachbarte Messstellen in den einzelnen Horizonten ausgebaut. Messstellengruppen bestehen aus einzelnen in separaten Bohrungen installierten teilverfilterten Grundwassermessstellen mit unterschiedlichen Ausbautiefen. Messstellengruppen stellen eine robuste, funktionssichere und wirtschaftlich vertretbare Lösung dar. Eine kostengünstigere Variante ist der Einbau von unterschiedlichen Filterrohren in einer großkalibrigen Bohrung (Messstellenbündel). Dieses Verfahren setzt große Erfahrung und Sorgfalt voraus, da die einzelnen Horizonte in der Bohrung von einander getrennt werden müssen.

Eine Sonderform stellen die sogenannten Multi-Level-Brunnen nach OBERMANN (1976) bzw. die Mini-Screen-Methode nach SNELTING (1979) dar (Multiprobennahmesysteme). Hierbei ist eine gleichzeitige und damit zeitsparende Gewinnung mehrerer tiefenorientierter Grundwasserproben in einem Brunnen möglich. Beim Bau eines Multi-Level-Brunnens werden die separaten meist ca. 20 cm langen Multi-Level-Filter in der gewünschten Entnahmetiefe am Kunststoff-Vollwandrohr angeordnet und mit speziellen Spangen im Bohrloch zentriert. Das durch die Filter zuströmende Wasser wird über z.B. Polyethylenschläuche abgesaugt (Kap. 2.7.2 Hubkolbenpumpe) und so gewonnen.

Proben aus Brunnen

Bei Brunnen erfolgt die Probennahme in der Regel an einer Entnahmearmatur bzw. an einem Zapfhahn. Bei geschlossenen Brunnenanlagen sollte eine Beeinträchtigung des Brunnenwasser in jedem Fall vermieden werden. Auf Messungen des Grundwasserstandes – falls diese nicht berührungslos ausgeführt werden kann – ist zu verzichten, um eine bakteriologische Verunreinigung zu vermeiden. Die detaillierte Vorgehensweise für die Probennahme aus Brunnen können der DIN 38402-14 (Chemische Kenngrößen) entnommen werden.

2.7.2 Probennahmegeräte

Bei der Planung für die Auswahl der Probennahmegeräte ist zu beachten, ob die Verwendung der Geräte unter der jeweiligen Fragestellung einen signifikanten Einfluss auf die Repräsentativität der Wasserprobe besitzt. So kann es bei einer Probennahme mit geringer Förderrate mittels Unterwassermotorpumpe zu einer unerwünschten Erwärmung das geförderte Wassers kommen. Bei einer Entnahme mittels Kolbenhubpumpe kann es zu einer Entgasung des geförderten Wassers kommen.

Beschreibung der Messmethoden und -geräte

Schöpflot, Schöpfgerät

Die einfachste Form der Probennahme erfolgt mit einem Schlauch mit zwei offenen Enden. Nach dem Herablassen des Schlauches in das Grundwasser wird das obere Schlauchende zugehalten und dann der gefüllte Schlauch nach oben gezogen. Durch das erneute Öffnen des oberen Endes kann die Probe aus dem Schlauch in das Probennahmegefäß abfließen. Diese Art der Wasserprobenentnahme beruht auf dem Prinzip des Stechhebers.

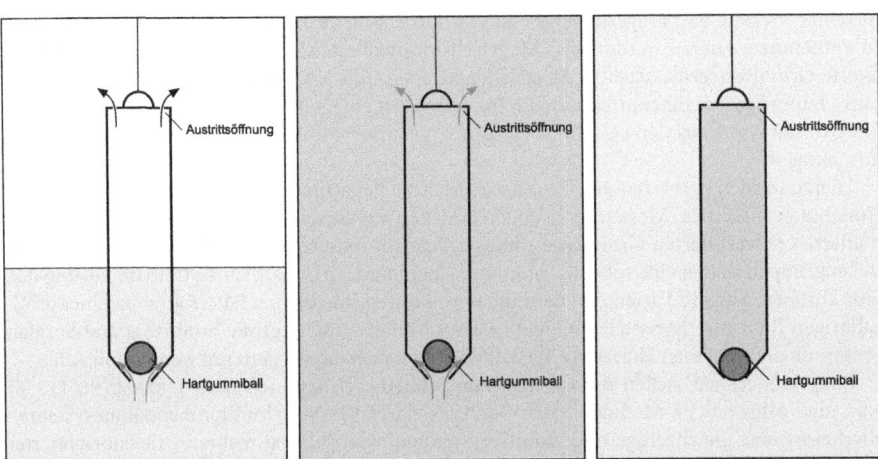

Abb. 2.33: Messung der hydrochemischen Kenngrößen. Probennahmegerät. Einfaches Schöpflot mit Bodenventil. 1: Eintauchen in die Wasseroberfläche, 2: Weiteres Ablassen in der Wassersäule und Durchströmen des Schöpflotes, 3: Hochziehen des Gerätes mit der Wasserprobe aus der entsprechenden Tiefe.

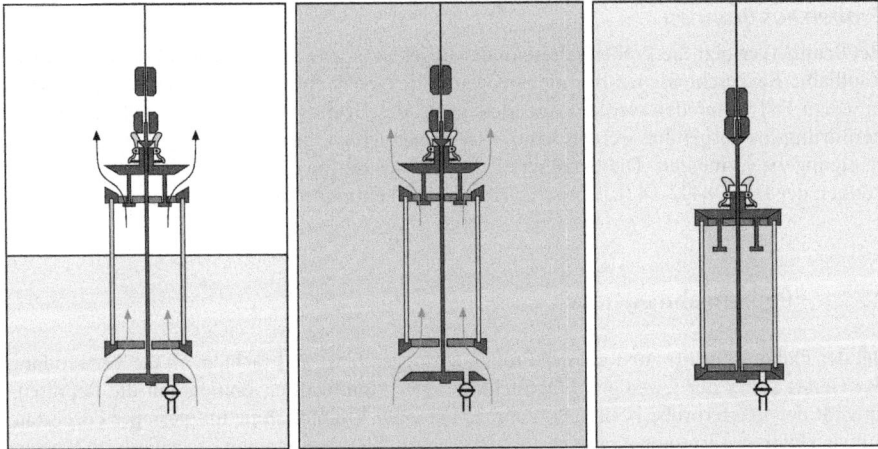

Abb. 2.34: Messung der hydrochemischen Kenngrößen. Schöpfgerät nach RUTTNER mit Ventilen. 1: Eintauchen in die Wasseroberfläche, 2: Weiteres Ablassen in der Wassersäule und Durchströmen, 3: Hochziehen des Gerätes mit der Wasserprobe aus der entsprechenden Tiefe.

Eine einfache Form des Schöpflotes zur Wasserprobenentnahme stellt ein Metallrohr mit Boden dar. Das Gerät wird bis auf die entsprechende Wassertiefe abgesenkt, verweilt dort ei-

Messungen der hydrochemischen Kenngrößen

nen Augenblick und wird dann wieder entnommen. Die Untersuchungsergebnisse der auf diese Weise gewonnenen Proben sind allerdings nicht sehr repräsentativ. Zur Verbesserung der Probenqualität lässt sich ein einfaches Ventil, bestehend aus einem Hartgummiball im Bodeneinlass, erreichen (Abb. 2.33).

Das Schöpfgerät dagegen besteht aus einem kurzen Rohr, welches an einem Stahlseil oder an einem Messband hängt und an beiden Enden durch Ventile verschließbar ist. Wenn das Rohr in das Wasser herunter gelassen wird, fließt durch die offenen Ventile kontinuierlich Wasser hindurch. Durch ruckartiges Hochziehen des Gerätes schließen sich die Ventile durch den Wasserwiderstand selbsttätig. Der Schließmechanismus kann auch elektrisch oder durch ein am Stahlseil hinabsinkendes Fallgewicht ausgelöst werden (Schöpfgerät nach RUTTNER, Abb. 2.34).

Die Geräte können aus Edelstahl, Borosilikatglas, Teflon oder Kunststoff bestehen. Ihr Vorkommen ist abhängig vom Durchmesser der Probenahmestelle und variiert zwischen 0,5 l und 30 l. Die Probenahme aus Oberflächengewässern erfolgt ebenfalls durch Schöpfproben. Auf dem Formblatt Hydrochemie sind Angaben zur dem verwendeten Schöpflot anzuführen.

Hubkolbenpumpe

Die Hubkolbenpumpe, auch Saugpumpe genannt, (Abb. 2.35 Bild 1) ist dem Prinzip nach eine Verdrängerpumpe und ist in Form der Schwengelpumpe verbreitet. Die Pumpe besteht aus einem Kolben, der in einem Zylinder läuft, kombiniert mit einem Zu- und Ablauf, die jeweils durch Ventile verschlossen werden. Der Antrieb kann von Hand oder durch Motor erfolgen. Der Kolben erzeugt in dem sich erweiternden Hohlraum einen Unterdruck. Der Atmosphärendruck drückt das Wasser in den Zylinder. Da der äußere Luftdruck (1013 mbar = 1013 hPa) nur einer Wassersäule von ca. 10 m das Gleichgewicht halten kann, ist die Förderhöhe eingeschränkt. Durch verschiedene Einflüsse wie Reibung und Wassertemperatur wird diese Förderhöhe vermindert. Sie liegt in der Praxis bei ca. 7 – 8 m.

Die Wasserentnahme erfolgt über einen in die Messstelle hinabzulassenden Saugschlauch. Bei größeren Entnahmetiefen (> 3 m) ist ein Fußventil am Ende des Saugschlauches erforderlich, um eine geschlossene Wassersäule zu gewährleisten. Zum Drosseln der Pumpe, um z.B. ein übermäßiges Absinken des Wasserspiegels zu vermeiden, muss der Auslassschlauch mit einem Absperrschieber oder -hahn versehen sein. Am besten lässt sich die Einstellung der Entnahmemenge mit einer elektronisch gesteuerten Drehfrequenzregelung der Hubkolbenpumpe erreichen. Moderne, für die Probenahme im Feldeinsatz geeignete Hubkolbenpumpen, gibt es in verschiedenen Ausführungen entweder als Elektromotorpumpen oder als Benzinmotorpumpen.

Unterwassermotorpumpe

Bei der Unterwassermotorpumpe (Tauchpumpe, Abb. 2.35 Bild 2) handelt es sich um eine meist mehrstufige Kreiselpumpe mit Elektroantrieb. Diese wird in die Grundwassermessstelle (an der Steigleitung hängend) unterhalb des Grundwasserspiegels eingebaut und pumpt (drückt mittels Schaufelrädern) das Wasser an die Oberfläche. Entgasungen sind weitgehend ausgeschlossen. Bei der Unterwassermotorpumpe ist der Elektroantrieb mit dem Pumpenteil fest verbunden. Zur Erzielung größerer Fördermengen werden mehrstufige Pumpen eingesetzt. Die Kühlung des Motors erfolgt durch das Brunnenwasser; ein Trockenfallen der Pumpe ist daher zu vermeiden. Nicht nur die Motorkühlung würde dadurch entfallen, auch die Zwischenlager zwischen den einzelnen Stufen (Kammer mit Laufrad) sind flüssigkeitsgeschmiert. Sinkt der Wasserspiegel in den Bereich des Einlaufteils (zwischen Motor und Stufen), tritt Luft in die Pumpe ein. Laufen die Zwischenlager trocken, führt das zu hoher Reibung, Erhitzung und starkem Verschleiß.

Die Wasserentnahme aus Messstellen mit geringem Durchmesser mittels einer Unterwassermotorpumpe wird durch den Pumpendurchmesser begrenzt. Daher wurde von der Firma Grundfos eine Unterwasserpumpe speziell für die Probenahme aus 2"-Grundwassermessstellen konstruiert. Die Förderleistung der Pumpe wird über die Frequenz des Wechselstroms mittels Frequenzumwandler geregelt. Durch die stufenlose Einstellung der Frequenz kann die Motordrehzahl verändert und so der erzielbare Volumenstrom der Pumpe von 0 bis 2,4 m^3/h bei einer Förderhöhe von 0 bis 95 m geregelt werden. Die Stromzuführung erfolgt über ein an der Steigleitung befestigtes Unterwasserkabel. Der Stromanschluss der Pumpe mit einer Netzspannung von 230 V bei 50 Hz oder an einem Stromaggregat mit ausreichender Reserveleistung, abgestimmt auf die angetriebene Pumpe.

Unterwassermotorpumpe sind wegen der relativ hohen Förderleistung nur in Messstellen mit ausreichendem Grundwasser-Zufluss einsetzbar.

Für einen mehrstufigen Pumpversuch ist es notwendig, den Volumenstrom in den verschiedenen Stufen genau einzustellen. Diese Drosselung geschieht mittels Schieber, Ventilen, Hähnen etc.. In der Praxis hat sich der Kugelhahn bewährt, mit dem eine äußerst exakte Einstellung des Volumenstroms möglich ist. Bei der Drosselung ist allerdings zu beachten, dass der Nennvolumenstrom der Pumpe nicht stark unterschritten wird, um eine Überhitzung des Motors zu vermeiden. Generell hat die Drosselung entsprechend der Pumpenkennlinie zu erfolgen.

Unterwassermotorpumpen werden durch das umgebende Wasser gekühlt und sind wenig störanfällig. Allerdings kann bei längerem Einsatz durch Verschleiß der Pumpe die Förderhöhe und die Förderleistung absinken, insbesondere wenn oft sand- und schlammhaltiges Wasser gefördert wird (LAWA 1993).

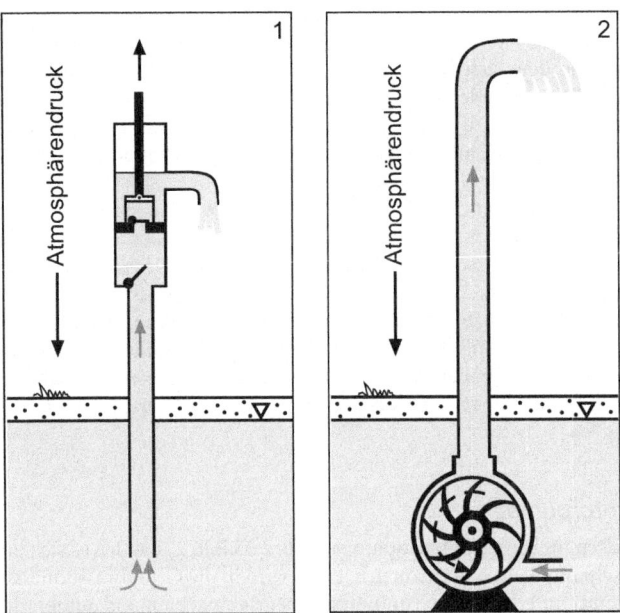

Abb. 2.35: Probennahmegeräte. 1: Hubkolbenpumpe; 2: Unterwassermotorpumpe.

Schlauchpumpe

Die Schlauchpumpe (Schlauchquetschpumpe, Peristaltikpumpe) ist eine Verdrängerpumpe mit der das Wasser durch äußere mechanische Verformung eines Schlauches durch diesen hindurchgedrückt wird. Die Verformung erfolgt durch Rollen- oder Gleitschuhe, die sich an einem Rotor bewegen. Der Ansaugdruck wird durch die Elastizität des Schlauches erzeugt. Bei kontaminierten Wässern hat sich die Verwendung von Schlauchpumpen bewährt. Bei kontaminierten Wässern werden die Peristaltikschläuche als Wegwerfartikel nur einmal eingesetzt.

Messungen der hydrochemischen Kenngrößen 81

Dadurch wird eine chemische Beinflussung des geförderten Wassers durch das Pumpenmaterial verhindert.

Schwingankerpumpe
Die Schwingankerpumpe wird durch einen Schwingankermotor (wie bei Rasierapparaten) anstelle eines rotierenden Motors angetrieben. Der Vorteil dieser Pumpen liegt in ihrem niedrigen Preis. Die erreichten Drücke und die Fördermengen sind gering. Dieser Umstand kann durch Hintereinanderschalten mehrerer Pumpen kompensiert werden.

2.7.3 Probennahme

Ziel jeder Probennahme ist es, für die nachfolgende Analyse eine der Fragestellung entsprechende repräsentative Grundwasserprobe zu gewinnen. Dabei sind folgende Punkte zu beachten (aus DWA-A 909, 2011):
- Grundsätzlich soll vor jeder Probennahme die Höhe des Wasserspiegels unter einem definierten Messpunkt gemessen werden. Bei Oberflächengewässern ist ebenfalls eine Messung der Sohllage unter dem gleichen definierten Messpunkt zu empfehlen. Meist wird dazu ein Lichtlot verwendet. Nach der Probennahme ist die Wasserspiegelmessung zu wiederholen.
- Die Entnahmetiefe ist von der Probennahmestelle abhängig. In Grundwassermessstellen sollte aus Gründen der Vergleichbarkeit die Entnahmetiefe einheitlich 1 m unter dem Wasserspiegel liegen. Bei nicht durchgehend verfilterten Grundwassermessstellen sollte die Entnahmetiefe im Bereich der Filteroberkante bis maximal 1 m oberhalb des Filters liegen, sofern die Höhe des Wasserstandes und die erwartete förderbedingte Absenkung des Wasserspiegels dies erlauben. Muss die Pumpe insbesondere bei voll verfilterten Messstellen im Bereich des Filters eingebaut werden, ist diese 1 m unterhalb des zu erwartenden abgesenkten Wasserstandes zu platzieren. Die Pumpe darf keinesfalls im Bereich der Messstellen-Sohle oder eines eventuell vorhandenen Sumpfrohres eingehängt werden, um nicht den Wasserspiegel in das Filterrohr abzusenken oder Verunreinigungen aus dem Sumpfrohr anzusaugen. Bei besonderen Fragestellungen in Verbindung mit den hydrogeologischen Gegebenheiten und dem Messstellenausbau kann die Entnahme auch aus anderen, im Protokoll (Anh. 5, Formblatt 10) zu vermerkenden Tiefen, erfolgen.
- Die Förderrate der Pumpe ist den hydrogeologischen Verhältnissen anzupassen. Wird bei der Förderung eine erhöhte Absenkung festgestellt, dann ist die Förderrate so weit zu reduzieren, dass die erwartete förderbedingte Absenkung nicht überschritten wird. Die Pumpe darf auf keinen Fall trockenfallen. Sollte jedoch die erwartete Absenkung unterschritten werden, kann die Förderrate erhöht werden, um die Abpumpzeit zu verringern. In jedem Fall sind die Förderrate (ggf. mit zugehöriger Frequenzangabe), die damit verbundene Absenkung und die Entnahmetiefe zu protokollieren.
- Das im Verlauf der Probennahme insgesamt geförderte Wasservolumen ist mittels Wasserzähler oder Stoppuhr und Auffanggefäß zu messen und zu protokollieren (Anh. 5, Formblatt 10). Abgepumptes Grundwasser wird in ausreichender Entfernung unterstromig versickert oder in einen Vorfluter eingeleitet (LAWA 1993). Die eigentliche Probennahme erfolgt mit gedrosselter Pumpenleistung.
- Der Probennahme-Zeitpunkt ist abhängig von der Probennahmestelle. Bei Grundwassermessstellen und Brunnen ist der Probennahme-Zeitpunkt an zwei Bedingungen geknüpft. Zunächst sollte mindestens das 1,5-fache des Volumens des Kreiszylinders abgepumpt / ausgetauscht werden, der sich aus dem Bohrlochdurchmesser (Achtung: Bohrlochdurchmesser > Durchmesser der Messstelle) und der wassererfüllten Filterlänge ergibt. Parallel zum Abpumpen wird das geförderte Wasser in einer Durchflussmesszelle hinsichtlich seiner physiko-chemischen Eigenschaften kontinuierlich überwacht. Bei einer Konstanz der

Leitfähigkeit als Orientierungsgröße kann die Probennahme erfolgen. Eine zusätzliche Beobachtung der Temperatur, des pH-Wertes und der Trübung kann ebenfalls zweckmäßig sein. Es sollte auf jeden Fall gewährleistet sein, dass die Qualität des geförderten Wassers der des umgebenden Grundwasserleiters entspricht und nicht mehr durch die Messstelle beeinflusst ist.
- Der Probennahmeturnus ist abhängig von der Fragestellung und der zeitlichen Veränderung der hydrochemischen Kenngrößen. Er ist anhand der aus der Bestandsaufnahme (Kap. 3) bereits vorliegenden Analysen zu beurteilen und ggf. anzupassen.
- Die Beprobungsreihenfolge ist so festzulegen, dass die Probennahmestellen mit geringen Konzentrationen zuerst und die Messstellen mit hohen Konzentrationen zuletzt beprobt werden. Generell sollte die Beprobung der Grundwässer zeitlich vor der Beprobung der Oberflächengewässer erfolgen. Eine abschließende Reinigung der Probennahmegeräte nach jeder Probennahme verhindert eine Verschleppung von vermeintlichen Kontaminationen.
- Die Probennahme muss so nahe wie möglich an der Probennahmestelle des zu untersuchenden Grundwasserleiters erfolgen, um Veränderungen der Beschaffenheit des Grundwassers nach der Entnahme aus dem Grundwasserleiter gering zu halten.
- Die Analysenwerte müssen die Beschaffenheit der Wasserprobe bei der Probennahme wiedergeben. Da die Inhaltsstoffe zum Teil von den sich verändernden Milieubedingungen abhängen, sind gegebenenfalls Maßnahmen zur Stabilisierung und Konservierung nach den Vorschriften der DWA-A 909 (Tab. 12) anzuwenden. Ist dies nicht möglich, ist eine unmittelbare Vor-Ort-Bestimmung vorzunehmen.
- Die Proben sollten möglichst gekühlt und direkt ins Labor gebracht werden, da Temperaturschwankungen die Beschaffenheit verfälschen.
- Nach jedem Geländeeinsatz sind alle Mess- und Probennahmegeräte sorgfältig zu reinigen; auch vor jeder Probennahme ist eine Reinigung mit dem zu beprobenden Wasser erforderlich.
- Das Material der Probenbehälter sollte keine Veränderung der Beschaffenheit der Wasserprobe hervorrufen.
- Die Probe muss eindeutig und dauerhaft gekennzeichnet werden und der Entnahmestelle mit ihrer Stammdatei zugeordnet werden können.
- Die Daten zur Probennahme sind vor Ort in ein Protokoll (Anh. 5, Formblatt 10) einzutragen.

Weitere Aspekte der Planung, Vorbereitung, Übergabe der Probenbehälter, Dokumentation der Arbeitsschritte, Vor-Ort-Analytik und Auswertung von Plausibilitätstests werden im Arbeitsblatt DWA-A 909 (2011) ausführlich erläutert.

2.7.4 Vor-Ort-Analytik

Die Vor-Ort-Analytik umfasst Bewertungen und Messungen, die vor Ort durchgeführt werden. Sie beziehen sich auf die Eigenschaften des Wassers, die sich beim Transport verändern können. Es sind zu unterscheiden:
- Organoleptische Prüfung: Färbung, Trübung, Geruch und gegebenenfalls Geschmack des Wassers werden geprüft und beschrieben, da sich gerade hier leichte Veränderungen, wie z.B. Eisen(III)-Oxidhydratausfällung oder Überlagerung durch Fremdgeruch, einstellen können.
- Physikalisch-chemische Messungen, die vor dem Befüllen im Förderstrom elektrometrisch zu messen sind: Grundwassertemperatur, Lufttemperatur, elektrische Leitfähigkeit, pH-Wert, Sauerstoffgehalt (Redoxpotential).

Messungen der hydrochemischen Kenngrößen

Bei den einzusetzenden Messgeräten der physikalisch-chemischen Untersuchung wird durch Ausnutzung einer physikalischen Erscheinung (Messprinzip) ein vom Wert der Messgröße abhängendes, verarbeitbares Signal gebildet, in eine geeignete elektronische Form gebracht und ausgegeben.

Organoleptische Prüfung

Wegen der leichten und schnellen Veränderung der folgenden Messgrößen umfasst die Sofortprüfung vor Ort:
- Färbung: Die visuelle Prüfung der Färbung wird bei der Probennahme vor Ort durchgeführt. Im Labor erfolgt ggf. die Untersuchung und Bestimmung der Färbung nach dem Norm-Verfahren DIN EN ISO 7887. Die Angabe kann aber auch nach der Intensität (farblos, schwach, hell, dunkel) und dem Farbton (weiß, grau, gelb, grün, braun) erfolgen.
- Trübung: Bei der visuellen Prüfung der Trübung wird eine ca. 20 cm große Sicht-(SECCHI-) Scheibe an einem Messband abgesenkt und die Sichttiefe ermittelt; dies wird in der Regel bei Oberflächengewässern angewendet. Bei der optischen, der nephelometrischen Messung (DIN EN ISO 7027) mittels tragbaren Trübungsmessgeräts wird die Schwächung eines Lichtstrahls (λ = 860 nm) oder dessen Streuung (λ = 860 nm, Streuwinkel 90°) gemessen. Die Kalibrierung des Messgerätes erfolgt mit einer Formazin-Standardsuspension; Einheit FNU („formazine nephelometric unit") oder NTU („nephelometric turbidity unit"). Die Angabe der Trübung kann aber auch qualitativ nach der Intensität (klar, schwach, stark getrübt, undurchsichtig) erfolgen.
- Geruch: Im einfachsten Fall wird ein Geruch qualitativ mit der Nase bestimmt. Die Angabe erfolgt qualitativ einerseits nach der Intensität (ohne, schwach, stark) und andererseits nach der Art des Geruches (erdig, modrigsumpfig, stechend, faulig, jauchig, fischig, aromatisch, fäkalisch etc.) oder auch differenziert nach bekannten typischen Stoffen (Chlor, H_2S, Teer, Mineralöl, Benzin, etc.). Die quantitative Prüfung des Geruchs nach DIN EN 1622 erfolgt über den Geruchsschwellenwert TON („threshold odour number") im Labor. Dabei wird die geruchshaltige Wasserprobe mit geruchsfreiem Wasser solange versetzt, bis der Geruch nicht mehr wahrnehmbar ist. Der TON ist das Verdünnungsverhältnis des geruchshaltigen Wassers mit dem geruchsfreien Vergleichswasser. Nach der Trinkwasserverordnung liegt der Grenzwert für geruchsfreies Wasser bei TON 1; für 12° C warmes Wasser liegt der Grenzwert bei TON 2, für 25°C warmes Wasser bei TON 3. Die Prüfung des Geruchs erfolgt immer vor der Prüfung des Geschmacks, da der Geruchssinn viel differenzierter als der Geschmackssinn ist. Im Gelände kann nur eine erste grobe Abschätzung erfolgen.
- Geschmack: Die Geschmacksprüfung erfolgt durch Probieren analog zur Geruchsprüfung. Die Angabe erfolgt als Geschmacksschwellenwert TFN (**Threshold Flavour Number**), der das Verdünnungsverhältnis des geschmackhaltigen Wassers mit dem geschmackfreien Vergleichswasser wieder gibt. Eine direkte Geschmacksprüfung sollte nur bei eindeutig unbedenklicher Wasserqualität erfolgen.

Die Ergebnisse der Organoleptischen Prüfung werden in das Protokoll (Anh. 5, Formblatt 10) unter dem Abschnitt „Organoleptische Prüfung" eingetragen.

Temperatur

Die Temperatur des Wassers wird bei der Probennahme gemäß DIN 38404-4 gemessen. Die Angabe erfolgt in °C (CELSIUS) oder in der SI-Einheit K (KELVIN). Die für die Beschaffenheit der Wasserprobe gültige Wassertemperatur sollte nach Möglichkeit im Förderstrom der Pumpe am Auslaufrohr mit einem Thermometer mit 0,1 °C Teilung oder einer Temperatursonde gemessen werden. Dabei ist darauf zu achten, dass das Thermometer bei der Messung nicht dem temperaturverfälschendem Sonnenlicht ausgesetzt ist. Die Wassertemperatur kann in einigen Fällen durch Erwärmung in der Pumpe über der Temperatur im Grundwasser liegen.

Elektrische Leitfähigkeit

Die (spezifische) elektrische Leitfähigkeit, durch welche der Lösungsinhalt (Gehalt an dissoziierten Ionen) einer Wasserprobe orientierend bestimmt werden kann, wird bei der Probennahme gemäß DIN EN 27888 gemessen. Da die elektrische Leitfähigkeit temperaturabhängig ist, wird diese immer auf 25 °C (früher: 20 °C) bezogen. Gute Messgeräte verfügen über eine (automatische) Temperaturkompensation auf die Bezugstemperatur. Die Angabe erfolgt in der Einheit µS/cm, da dieser Zahlenwert angenähert dem gelösten Feststoffinhalt in mg/l entspricht. Die Angabe mS/m lässt sich durch Multiplikation mit dem Faktor 10 auf die Einheit µS/cm umrechnen. Die elektrische Leitfähigkeit wird mit kalibrierten Elektroden, z.B. einer Wechselstrom-Messbrücke (DIN 38 404 Teil 8), im Förderstrom oder über einen Bypass mit geschlossener Messzelle gemessen. Leitfähigkeitselektroden müssen entsprechend den Vorschriften des Herstellers eingesetzt, gepflegt und gelagert werden.

pH-Wert

Der pH-Wert wird mit Hilfe einer Einstabmesskette (z.B. Glaselektrode) direkt im Förderstrom oder über einen Bypass mit geschlossener Messzelle gemessen (DIN EN ISO 10523). Die Messung des pH-Wertes besteht in der Erfassung der Summe von Potentialsprüngen, die an den Enden einer stromlosen elektrochemischen Messkette mit Hilfe eines Präzisionspotential-Messgerätes gemessen werden. Der für den pH-Wert bestimmende Potentialsprung findet an der äußeren Oberfläche der Glasmembrane der pH-Elektrode statt. Da es sich bei der pH-Messung um eine stromlose Spannungsmessung handelt, sollte bei der Messung des pH-Wertes das Leitfähigkeitsmessgerät nicht angeschaltet sein, da dabei eine Prüfspannung zur Widerstandsmessung angelegt wird. Die Angabe des pH-Wertes erfolgt mit einer Genauigkeit von einer Stelle hinter dem Komma unter Angabe der Wassertemperatur bei der pH-Messung. Die Ablesung eines pH-Wertes erfolgt erst, wenn sich innerhalb von 5 Minuten nur noch Änderungen kleiner als 0,1 Einheiten ergeben. Moderne pH-Messgeräte besitzen an der pH-Elektrode zusätzlich ein Thermometer. Durch das parallele Messen der Wassertemperatur kann im Gerät der gemessene pH-Wert auf 25°C umgerechnet und somit temperaturkompensiert angegeben werden.

Vor jedem Messeinsatz oder bei Auffälligkeiten während des Messeinsatzes muss die Elektrode neu kalibriert werden. Dies erfolgt mit Hilfe von mindestens zwei Kalibrierpuffern (z.B. pH 4,0 und pH 7,0 bzw. pH 7,0 und pH 9,0). Die Pufferlösungen müssen vor dem Kalibrieren auf die Temperatur des Messgutes gebracht werden. Die Kalibrierung muss ebenfalls so lange erfolgen, bis sich innerhalb von 5 Minuten die Werte nur noch kleiner als 0,1 Einheiten ergeben. Die Bestimmungstemperatur wird am pH-Messgerät als Bezugstemperatur eingestellt. Die Kalibrierpuffer müssen regelmäßig im Labor geprüft werden und sollten mit einem Herstellungs- bzw. Verfallsdatum versehen sein. Kalibrierpuffer, deren Behälter länger als 6 Monate geöffnet sind, sind zu verwerfen bzw. müssen hinsichtlich ihrer Verwendbarkeit geprüft werden. Die genaue Bedienung einer pH-Elektrode ist der jeweiligen Bedienungsanleitung zu entnehmen.

Bei gering mineralisierten Grundwässern (elektr. Leitfähigkeit < 100 µS/cm) ist die Verwendung von Elektroden mit Schliffdiaphragma empfehlenswert.

pH-Elektroden sind entsprechend den Vorschriften des Herstellers sorgfältig zu warten und zu lagern. Sie unterliegen einer natürlichen Alterung, die durch Messung der Steilheit der Kennlinie und der Nullpunktabweichung (Asymmetrie) überwacht werden kann.

Mit Lackmus-Papierstreifen lässt sich ebenfalls der pH-Wert in wässrigen Lösungen in Form einer Schnellanalytik grob abschätzen. Nach kurzem Eintauchen in die Probe erscheint bei pH-Werten kleiner als 4,5 Lackmus rot, bei Werten größer als 8,3 blau und dazwischen violett.

Redoxspannung

Die Messungen der Redoxspannung (früher Redoxpotential) sind sehr sorgfältig auszuführen, da sonst keine repräsentativen Werte erhalten werden. Die Messung nach DIN 38404-6 muss

Messungen der hydrochemischen Kenngrößen

solange durchgeführt werden, bis eine Konstanz der Anzeige von ± 1 mV über 5 Minuten eingehalten wird. Die Messzeit kann eine halbe Stunde und mehr dauern. Die Redoxspannung wird mit Hilfe einer Einstabmesskette (z.B. Metallelektrode) direkt im Förderstrom oder über einen Bypass mit geschlossener Messzelle von rund 150 ml Inhalt gemessen. Der von der Außenluft abgeschlossene Durchfluss soll ohne größeren Überdruck rd. 10 ml/s betragen. Die Messung der Redoxspannung beruht in der Ausbildung einer Potentialdifferenz zwischen dem Inneren einer inerten Festelektrode aus Platin oder Gold und der angrenzenden wässrigen Lösung. Mit Hilfe eines Präzisions-Millivoltmeters wird die Summe aller auftretenden Potentialsprünge zwischen einer Bezugselektrode z.b. Silber/Silberchlorid und der Edelmetall-Messelektrode gemessen. Da es sich hier um eine stromlose Spannungsmessung handelt, sollte bei der Messung der Redoxspannung das Leitfähigkeitsmessgerät nicht angeschaltet sein. Die Angabe der Redoxspannung mit einer Ablesegenauigkeit von 1 mV ist ausreichend. Oxidierende und reduzierende Wässer sollen nicht mit denselben Elektrodenpaaren gemessen werden, da dann mit langen Einstellzeiten bis über 1 Stunde zu rechnen ist. Die Elektrode wird in einer KCl-Lösung aufbewahrt, nicht jedoch in destilliertem Wasser, da dies das Bezugssystem zerstören würde. Für die spätere Bewertung der gemessenen Redoxspannung ist die gleichzeitige Bestimmung des pH-Wertes und der Temperatur notwendig. Die wichtigsten Bedingungen zur Bestimmung der Redoxspannung von Grundwässern sind SEEBURGER & KÄSS (1989) zu entnehmen. Durch Einhaltung dieser Bedingungen kann eine Reproduzierbarkeit der Messung der Redoxspannung mit einer Abweichung kleiner als ± 20 mV erreicht werden. Ausreißer mit deutlich höheren Abweichungen sind dennoch nicht auszuschließen und können insbesondere beim Vergleich verschiedener Messmethoden auftreten.

Die Redoxspannung eines Grundwassers muss vor Ort gemessen werden. Messungen im Labor führen aufgrund von Veränderungen unter Einfluss der Atmosphäre (Sauerstoff) zu falschen Ergebnissen. Die genaue Bedienung einer Redoxelektrode ist der jeweiligen Bedienungsanleitung zu entnehmen.

Sauerstoff

Der Gehalt an gelöstem freien Sauerstoff gibt Hinweise auf oxidierende oder reduzierende Verhältnisse im Grundwasserleiter und sollte deshalb immer (bei der Probennahme) bestimmt werden. Die Bestimmung erfolgt gemäß DIN EN 25813, die Ergebnisse werden als Massenkonzentration angegeben. Zur Umrechnung auf Stoffmengeneinheiten gilt der Zusammenhang: ist $\beta(O_2) = 1$ mg/l entspricht $c(O_2) = 0,0313$ mmol/l. Messverfahren zur Bestimmung des O_2-Gehalts sind auch in DVWK (1994) zusammengestellt.

Der Sauerstoffgehalt eines Grundwassers kann mit Hilfe einer Elektrode unmittelbar während der Probennahme elektrochemisch bestimmt werden. Die Messung setzt eine Anströmung der Elektrode voraus, die bei Grundwasserbeprobungen in der Regel direkt im Förderstrom oder über einen Bypass mit Durchflussmesszelle gegeben ist. Unter Vakuum, z.B. beim Einsatz von Saugpumpen, ist die Messung des Sauerstoffgehaltes nicht möglich, da dabei die Membran in der Durchflussmesszelle zerstört werden kann. Die Elektroden sind je nach Bauart und Messprinzip gemäß den Angaben des Herstellers zu warten.

Schnellanalytik

In der Wasseranalytik werden seit einigen Jahren neben den bewährten Analysemethoden der deutschen Einheitsverfahren (DEV) auch Schnellverfahren eingesetzt. Zu diesem Zweck werden von den Herstellern die notwendigen Testsätze (Testsets, Testkits, tragbare Wasserlaboratorien) mit den notwendigen Reagenzien und Vergleichslösungen und dem technischen Zubehör angeboten. Diese Testsätze gestatten eine schnelle Wasseranalytik vor Ort wie sie z.B. im Bereich der Abwasseranalytik, der Gewässerüberwachung, aber auch bei Unfällen beim Umgang mit wassergefährdenden Stoffen (Chemieunfall, Transportunfall, Bersten von Transportbehältern, Brand, etc.) notwendig ist. Auch für die kostengünstige und schnelle Untersuchung von Wasserproben im Gelände sind diese Testsätze durchaus anwendbar. Der Vorteil der Verfahren liegt darin, dass zu ihrem Einsatz keine Fachkenntnisse erforderlich sind. Die Untersuchung kann vor Ort vorgenommen werden und stellt einen geringen Zeit- und Kostenaufwand dar. Prinzipiell beruhen die Verfahren fast alle auf kolorimetrischen und titrimetrischen Messungen unter Anwendung der bekannten Verfahren. Das Preisspektrum ist weit gespannt; während Reagenzpapiere nur wenige Euro kosten, müssen für Photometer und entsprechend tragbare Wasserlaboratorien mehrere tausend Euro veranschlagt werden. Generell beruhen die Verfahren auf folgenden Prinzipien:

- Teststreifenverfahren: Dieses Verfahren ist aus der pH-Wert-Messung bekannt. Hierbei werden die Teststäbchen mit ihren Reaktionszonen in das Wasser getaucht. Der durch diesen Wasserkontakt entstehender Farbumschlag ermöglicht in Verbindung mit einer Vergleichsfarbskala die Abschätzung der Konzentration des zu untersuchenden Stoffes. Die analytische Genauigkeit dieser Verfahren ist allerdings begrenzt. Aufgrund der geringen Empfindlichkeit eignen sich Teststreifen im Allgemeinen für die Wasseranalytik bei größeren Stoffkonzentrationen. Allerdings kann diese Methode zur ersten Orientierung dienen.
- Visuell-kolorimetrische Verfahren: Diese Verfahren stellen – was ihre Genauigkeit und finanziellen Rahmen anbelangt – einen Kompromiss zwischen den Teststreifenverfahren und den aufwendigen photometrischen Verfahren dar. Die kolorimetrischen Verfahren beruhen mit wenigen Ausnahmen auf bekannten Farbreaktionen. Neu ist allerdings, dass die notwendigen Reagenzien, Reaktionsgefäße sowie Gebrauchsanweisungen komplett für die Anwendung zusammengestellt wurden. Hierzu wird die Wasserprobe in das Reaktionsgefäß eingefüllt. Die notwendigen Reagenzien in Form von Lösungen oder Pulver werden vordosiert zugegeben. Die entsprechende Farbreaktion wird abgewartet. Mithilfe der Farbintensität im Reaktionsgefäß lässt sich die Konzentration des zu untersuchenden Stoffes bestimmen. Bei einigen Geräten werden Farbvergleichsscheiben mitgeliefert, die eine schnelle Bestimmung gestatten. Wichtig ist es, die Haltbarkeit der Reagenzien zu beachten.
- Photometrie: Bei diesem Verfahren kommt ein batteriebetriebenes Taschenphotometer zum Einsatz, welches über eine hohe Leistung verfügt. Generell können alle photometrischen Methoden angewendet werden. Wichtig ist allerdings, dass der Anwender nicht nur das Gerät sondern auch die gesamte kalibrierte Analysemethode erwerben kann. Zur Bestimmung werden die Reagenzlösungen gemäß Gebrauchsanweisung pipettiert und die Messwerte am Gerät abgelesen. Umrechnungen sind nicht erforderlich. Die durch die Photometrie ermittelten Messwerte sind genauer und richtiger als Farbvergleichstests, dagegen ist der Anschaffungspreis entsprechend höher.

Zusammenfassend lässt sich sagen, dass die Verfahren der Schnellanalytik den Anforderungen der Praxis gut gerecht werden. Die photometrischen Verfahren sind hinsichtlich ihrer Nachweis-Empfindlichkeit und Genauigkeit für die Praxis Sehr gut geeignet. Im Gelände haben sich die kompakten visuell-kolorimetrischen Verfahren bewährt. Anbieter für diese Verfahren sind unter anderem folgende: Merk Millipore, Hach Lange, MACHEREY-NAGEL, Honeywell Riedel-de Haen, Dräger.

Die Ergebnisse der Schnellanalytik können im Abschnitt Analytik des Protokolls (Anh. 5, Formblatt 10) mit dem Vermerk „Schnellanalytik" eingetragen werden.

2.7.5 Maßnahmen zur Stabilisierung und Konservierung von Wasserproben

Einige Arbeiten müssen bereits bei der Probennahme vor Ort vorgenommen werden (DWA, 2011). Die nachfolgend aufgeführten Punkte sind nochmals in Tabelle 2.12 für die einzelnen Kenngrößen zusammengefasst.

Als Probennahmegefäße können je nach Untersuchungsvorgaben Glas- oder Kunststoffflaschen, in vielen Fällen beide Materialien auch wahlweise, verwendet werden. Probenvolumen

Messungen der hydrochemischen Kenngrößen

(0,5 bis 1,0 l), Flaschenmaterial, Vorreinigung und Probenzusätze sind mit dem untersuchenden Labor abzustimmen. Die Probenbehälter sind vor ihrer Befüllung dreimal mit dem zu untersuchenden Grundwasser auszuspülen und über den bis auf den Flaschenboden eintauchenden Schlauch zu befüllen. Die Behälter sollen nach der Füllung noch kurze Zeit überlaufen und sind nach langsamem Herausziehen des Schlauches sofort zu verschließen (LAWA 1993).

Bei der Probennahme und dem Befüllen der Probenbehälter müssen Einflüsse, welche die Probe verändern können, ausgeschaltet werden. Zur Bestimmung der „gelösten" Inhaltsstoffe sollten in der Regel Wasserproben in Abhängigkeit von den zu bestimmenden Kenngrößen vor Ort filtriert werden. Hierzu werden Filter mit einer Porenweite von 0,45 µm oder kleiner auch dann eingesetzt, wenn die Wasserprobe völlig klar erscheint. Für spezielle Fragestellungen kann auch die Abtrennung und Ermittlung der „ungelösten" Inhaltsstoffe zweckmäßig sein, z.B. bei der Untersuchung von **P**flanzen**b**ehandlungs- und **S**chädlingsbekämpfungs**m**itteln (PBSM), **P**olycyclische **a**romatische **K**ohlenwasserstoffe (PAK), Schwermetall-Komplexen oder Metallhydroxiden. Für die Bestimmung flüchtiger Wasserinhaltsstoffe, z.B. **L**eichtflüchtige **h**alogenierte **K**ohlenwasserstoffe (LHKW), ist eine unfiltrierte Probe zu verwenden. Bei jeder Filtration muss ein neues Filterblatt verwendet werden. Für die Bewertung und Vergleichbarkeit der Analysenergebnisse sind Angaben über die Filtration von besonderer Bedeutung und müssen im Probennahmeprotokoll (Anhang 1, Formblatt 10) angegeben werden.

Temperatureinflüsse durch Sonnenstrahlung sind durch geeignete Vorrichtungen (Sonnenschirm) zu vermeiden, ebenso die Einflüsse aus den Abgasen eventueller für den Pumpenbetrieb eingesetzter Stromaggregate. Zweckmäßigerweise werden diese in einem angemessenen Abstand von der Probennahmestelle dem Wind abgewandt (im Lee) aufgestellt (LAWA 1993).

Viele Kenngrößen können nach geeigneter Stabilisierung der Probe bei ihrer Entnahme mit einem Mineralsäure-Zusatz (Salzsäure, Schwefelsäure, Salpetersäure) im Labor hinreichend genau bestimmt werden. Für die Repräsentativität der Probe entscheidend ist auch der rasche Transport der Proben in das Untersuchungslaboratorium. Die Proben sollten stets kühl, unter Lichtabschluss und auch frostsicher gelagert werden.

Für die Bestimmungen im Laboratorium wird in Tabelle 2.12 ebenfalls eine Aufstellung für die längste tolerierbare Lagerzeit gegeben.

Tab. 2.12: Bestimmungen oder empfohlene Zusätze bei der Probennahme, Transport-, Lagerfähigkeit und Probengefäße (verändert nach DWA-A 909, 2011).

Analyt	Behälter		Konservierung	Lagerungszeit
	Material	Volumen [ml]	Technik	
Färbung	P, G	500	Kühlen auf 1°C bis 5°C	5 Tage
Geruch	G	500	Kühlen auf 1°C bis 5°C	6 Stunden
Trübung	P, G	100	Kühlen auf 1°C bis 5°C, im Dunkeln lagern	1 Tag
pH	P, G	100 (Behälter vollständig luftblasenfrei füllen)	Kühlen auf 1°C bis 5°C	6 Stunden
Leitfähigkeit	P, G	100 (Behälter vollständig luftblasenfrei füllen)	Kühlen auf 1°C bis 5°C	1 Tag
Sauerstoff O_2	P, G	300 (Behälter vollständig luftblasenfrei füllen)		4 Tage

Analyt	Behälter Material	Volumen [ml]	Konservierung Technik	Lagerungszeit
Gesamtlösungsinhalt/ Gesamttrockenrückstand	P, G	100	Kühlen auf 1°C bis 5°C	1 Tag
Feststoffe, suspendiert	P, G	500	Kühlen auf 1°C bis 5°C	2 Tage
Hydrogenkarbonat HCO_3 /Azidität und Alkalinität	P, G	500 (Behälter vollständig luftblasenfrei füllen)	Kühlen auf 1°C bis 5°C	1 Tag
Kohlenstoffdioxid CO_2	P, G	500 (Behälter vollständig luftblasenfrei füllen)	Kühlen auf 1°C bis 5°C	1 Tag
Gesamter organischer Kohlenstoff (TOC)	P, G	100	Ansäuern auf pH 1 bis 2 mit H_2SO_4	1 Woche
	P	100	Tiefgefrieren auf -20°C	1 Monat
organisches Chlor / Adsorbierbare organische Halogene (AOX)	P, G	1000 (Behälter vollständig luftblasenfrei füllen)	Ansäuern auf pH 1 bis 2 mit HNO_3, Kühlen auf 1°C bis 5°C und im Dunkeln lagern	5 Tage
Chemischer Sauerstoffbedarf (CSB)	P, G	100	Ansäuern auf pH 1 bis 2 mit H_2SO_4	1 Monat
Biochemischer Sauerstoffbedarf (BSB)	P, G	1000 (Behälter vollständig luftblasenfrei füllen)	Kühlen auf 1°C bis 5°C	1 Tag
Permanganatindex	P, G	500	Ansäuern auf pH 1 bis 2 mit H_2SO_4 (8 mol/l)	2 Tage
	P, G	500	Kühlen auf 1°C bis 5°C und im Dunkeln lagern	2 Tage
	P	500	Tiefgefrieren auf -20°C	1 Monat
Metalle (Al, U, Zn, Ni, Sb, As, Ba, Be, Cd, Ca, Cr, Co, Cu, Pb, K, Se, Li, Mg, Ag, Na, Sn, Mn, Fe, außer Hg)	P, BG	500 (säuregewaschen)	Ansäuern auf pH 1 bis 2 mit HNO_3	1 Monat
Gesamthärte (Ca+Mg)	P, BG	500 (säuregewaschen)	Ansäuern auf pH 1 bis 2 mit HNO_3	1 Monat
Bor	P	100 (Behälter vollständig luftblasenfrei füllen)		1 Monat

Messungen der hydrochemischen Kenngrößen

Analyt	Behälter		Konservierung	Lagerungszeit
	Material	Volumen [ml]	Technik	
Quecksilber	BG	500 (säuregewaschen)	Ansäuern auf pH 1 bis 2 mit HNO_3 und Zusatz von $K_2Cr_2O_7$ (0,05% massenbezogene Endkonzentration)	1 Monat
Eisen (II)	P, BG	100 (säuregewaschen)	Ansäuern auf pH 1 bis 2 mit HCl, Luftsauerstoff ausschließen	1 Woche
Chrom (VI)	P, G	100 (säuregewaschen)	Kühlen auf 1°C bis 5°C	1 Tag
Anionen (Be^-, F^-, Cl^-, NO^{2-}, NO^{3-}, SO^{4-}, PO_4^{3-})	P, G	500	Kühlen auf 1°C bis 5°C	1 Tag
Chlorid	P, G	100		1 Monat
Sulfat	P, G	200	Kühlen auf 1°C bis 5°C	1 Monat
Sulfid (leicht freisetzbar)	P	500 (Behälter vollständig luftblasenfrei füllen)	Kühlen auf 1°C bis 5°C	1 Woche
Silikat, gesamt	P	100	Kühlen auf 1°C bis 5°C	1 Woche
Silikat, gelöst	P	20	Kühlen auf 1°C bis 5°C	1 Monat
Fluoride	P (kein PTFE)	200		1 Monat
	P	500	Tiefgefrieren	1 Monat
	P	1000	Tiefgefrieren auf -20°C	1 Monat
Phosphor, gesamt	G, BG, P	250	Ansäuern auf pH 1 bis 2 mit H_2SO_4	1 Monat
	P	250	Tiefgefrieren auf -20°C	1 Monat
Orthophosphat, gelöst / Phosphor, gelöst	G, BG	250	Kühlen auf 1°C bis 5°C	1 Monat
	P	250	Tiefgefrieren auf -20°C	1 Monat
Gesamtstickstoff (TN_B)	P, G	500	Ansäuern auf pH 1 bis 2 mit H_2SO_4	1 Monat
Kjeldahl-Stickstoff	P, BG	250	Ansäuern auf pH 1 bis 2 mit H_2SO_4	1 Monat
	P	250	Tiefgefrieren auf -20°C	1 Monat
Ammonium, frei oder ionisiert	P, G	500	Ansäuern auf pH 1 bis 2 mit H_2SO_4, Kühlen auf 1°C bis 5°C	3 Wochen
	P	500	Tiefgefrieren auf -20°C	1 Monat

Analyt	Behälter		Konservierung Technik	Lagerungs-zeit
	Material	Volumen [ml]		
Nitrat	P, G	250	Kühlen auf 1°C bis 5°C	1 Tag
	P, G	250	Ansäuern auf pH 1 bis 2 mit HCl	1 Woche
	P	250	Tiefgefrieren auf -20°C	1 Monat
	P, G	200	Kühlen auf 1°C bis 5°C	1 Tag
Cyanid, gesamt	P	500	Alkalisieren bis >pH 12 mit NaOH, Kühlen auf 1°C bis 5°C	1 Woche, bei Anwesenheit von Sulfid nur 1 Tag
Cyanid nach Diffusion bei pH 6	P	500	Alkalisieren bis >pH 12 mit NaOH, Kühlen auf 1°C bis 5°C	1 Tag
Cyanid, leicht freisetzbar	P	500	Alkalisieren bis >pH 12 mit NaOH, Kühlen auf 1°C bis 5°C	1 Woche, bei Anwesenheit von Sulfid nur 1 Tag
Polychlorierte Biphenyle (PCB)	G	1000 (Behälter nicht mit der Probe vorspülen, Analyt haftet an der Behälterwand. Behälter nicht vollständig füllen, Behälter lösemittelgewaschen, Stopfen mit PTFE kaschiert)	Kühlen auf 1°C bis 5°C	1 Woche
Polycyclische aromatische Kohlenwasserstoffe (PAK)	G	500 (Behälter lösemittelgewaschen, Stopfen mit PTFE kaschiert)	Kühlen auf 1°C bis 5°C	1 Woche
Carbamat-Pestizide	G	1000 (Behälter lösemittelgewaschen)	Kühlen auf 1°C bis 5°C	2 Wochen
Saure Herbizide	G	1000 (Behälter nicht mit der Probe vorspülen, Analyt haftet an der Behälterwand. Behälter nicht vollständig füllen, Behälter mit PTFE-Verschluss, Septum oder Glasliner)	Ansäuern auf pH 1 bis 2 mit HCl, Kühlen auf 1°C bis 5°C	2 Wochen
	P	1000	Tiefgefrieren auf -20°C	1 Monat

Messungen der hydrochemischen Kenngrößen

Analyt	Behälter		Konservierung	Lagerungs-zeit
	Material	Volumen [ml]	Technik	
Pestizide, Organochlor-, Organophosphor- und Organostickstoffverbindungen	G, P (für Glyphosat)	1000 bis 3000 (Behälter nicht mit der Probe vorspülen, Analyt haftet an der Behälterwand. Behälter nicht vollständig füllen, Behälter lösemittelgewaschen, Stopfen mit PTFE kaschiert)	Kühlen auf 1°C bis 5°C	Konservierungszeit des Extraktes 5 Tage
Hydrazin	G	500	Ansäuern mit HCl auf 1 mol/l	1 Tag
Austreibbare Stoffe durch Purge und Trap	G	100 (Stopfen mit PTFE kaschiert)	Ansäuern auf pH 1 bis 2 mit H_2SO_4	1 Woche
Kohlenwasserstoffe	G	1000 (Behälter nicht mit der Probe vorspülen, Analyt haftet an der Behälterwand. Behälter nicht vollständig füllen, Behälter lösemittelgewaschen)	Ansäuern auf pH 1 bis 2 mit H_2SO_4 oder mit HCl	1 Monat
Trihalogenmethane	G	(Behälter vollständig luftfrei füllen) Headspace-Vials (mit PTFE-kaschiertem Septum)	Kühlen auf 1°C bis 5°C	2 Wochen
Monocyclische aromatische Kohlenwasserstoffe	G	500 (Behälter vollständig luftfrei füllen) Headspace-Vials (mit PTFE-kaschiertem Septum)	Ansäuern auf pH 1 bis 2 mit HNO_3	1 Woche
Chlorierte Lösemittel	G	250 (Behälter vollständig luftfrei füllen) Headspace-Vials (mit PTFE-kaschiertem Septum)	Ansäuern auf pH 1 bis 2 mit HCl	1 Tag
			Kühlen auf 1°C bis 5°C	1 Tag
	P	1000	Nach Filtration und Extraktion mit heißem Ethanol tiefgefrieren auf -20°C	1 Monat

Analyt	Behälter		Konservierung	Lagerungs-zeit
	Material	Volumen [ml]	Technik	
Phenolindex	BG (dunkel)	1000 (Behälter nicht mit der Probe vorspülen, Analyt haftet an der Behälterwand. Behälter nicht vollständig füllen, Behälter säuregewaschen)	Ansäuern auf pH <4 mit H_3PO_4 oder H_2SO_4	3 Wochen
Öl und Fett	G	1000 (Behälter lösemittelgewaschen)	Ansäuern auf pH 1 bis 2 mit H_2SO_4 oder HCl	1 Monat
Tenside, anionisch	G	500 (mit Methanol spülen)	Ansäuern auf pH 1 bis 2 mit H_2SO_4, Kühlen auf 1°C bis 5°C	2 Tage
Tenside, kationisch	G	500 (mit Methanol spülen)	Kühlen auf 1°C bis 5°C	2 Tage
Tenside, nichtionisch	G	500 (Behälter vollständig luftblasenfrei füllen)	Zusatz von 37% v/v Formalin, (Endkonzentration 1% v/v)	1 Monat

P = Kunststoff (z.B. Polyethylen, PTFE (Polytetralfluorethen), PVC (Polyvenylchlorid), PET (Polyethylenterephthalat), G = Glas, BG = Borosilicat-Glas

2.8 Bestimmung der geohydraulischen Kenngrößen

Eine der wichtigsten geohydraulischen Kenngrößen stellt der Durchlässigkeitsbeiwert k_f (m/s) im Untergrund dar. Nach DIN 4049 werden die Gesteinskörper im Untergrund unterschieden in

- Grundwasserleiter: Gesteinskörper, der geeignet Grundwasser weiterzuleiten, mit einem k_f-Wert von $k_f > 10^{-5}$ m/s,
- Grundwassergeringleiter (Grundwasserhemmer): Gesteinskörper, der im Vergleich zu den benachbarten Gesteinskörpern eher gering wasserdurchlässig ist, mit einem k_f-Wert von $k_f < 10^{-5}$ m/s und $k_f > 10^{-9}$ m/s und
- Grundwassernichtleiter (Grundwasserstauer): Gesteinskörper, der wasserundurchlässig ist oder unter der jeweiligen Betrachtungsweise als wasserundurchlässig angesehen werden darf, mit einem k_f-Wert von $k_f < 10^{-9}$ m/s.

Im Lockergestein lässt sich der diskrete Gesteins-Durchlässigkeitsbeiwert an der gestörten Bodenprobe aus einer Bohrung mittels Korngrößenanalyse bestimmen. An ungestörten Steckzylinderproben lässt sich der Durchlässigkeitsbeiwert auch mittels Durchströmungsversuche im Labor unter konstanter (für Proben mit größerer Durchlässigkeit) oder veränderlicher Druckhöhe (für Proben mit geringer Durchlässigkeit) bestimmen.

Im Festgestein oder auch bei einem komplex geschichteten Lockergestein ist die Bestimmung der integralen Gebirgsdurchlässigkeit erforderlich. Der über die gesamte Mächtigkeit des Grundwasserleiters integrierte Durchlässigkeitsbeiwert, auch als Transmissivität T_{GW} (m²/s) bezeichnet, wird durch geohydraulische Versuche bestimmt.

Bei den geohydraulischen Verfahren wird generell unterschieden zwischen hydraulischen Versuchen

Bestimmung der geohydraulischen Kenngrößen

- in einem einzelnen Brunnen/Bohrloch und
- in einem Messfeld mit einem Brunnen/Bohrloch und mehreren Bohrlöchern.

Die meisten geohydraulischen Verfahren – mit Ausnahme des Langzeitpumpversuchs – liefern nur angenäherte Durchlässigkeitsangaben in unmittelbarer Umgebung des Bohrlochs, sodass zur Erfassung der hydrogeologischen Eigenschaften eines kompliziert aufgebauten Grundwasserleiters bzw. eines Grundwassergeringleiters oder -nichtleiters eine relativ große Anzahl an Versuchen oder auch eine längere Versuchsdauer erforderlich wird. Der Durchlässigkeitsbeiwert sollte mit verschiedenen Verfahren ermittelt werden, um verfahrensabhängige Fehler ausschließen zu können. Vor- und Nachteile der verschiedenen Verfahren sind in Tabelle 2.13 gegenübergestellt. Die einzelnen Methoden sind jeweils für das entsprechende Untersuchungsobjekt unter Berücksichtigung der Erkundungstiefe, der Bohrlochstabilität, dem zu erwartenden Durchlässigkeitsbeiwert (anhand der vorliegenden Lithologie abgeschätzt) und der gewünschten Aussagegenauigkeit auszuwählen. Weitere Angaben zu den einzelnen Verfahren finden sich in der weiterführenden Literatur.

In den meisten Fällen ist ein stationärer Grundwasserströmungszustand für die Auswertung von Fließvorgängen unerlässlich. Zur Überprüfung der Art des Grundwasserströmungszustands (stationär/instationär) werden die Absenkungswerte s, z.B. im Bohrloch, in der Grundwassermessstelle oder im Vorratsbehälter, dekadisch gegen die logarithmisch dargestellte Zeit t aufgetragen (= Absenkungskurve). Der erwünschte quasistationäre Grundwasserströmungszustand (Beharrung) ist dann erreicht, wenn die Absenkungskurve eindeutig einem linearen, asymptotischen Verlauf folgt.

Tab. 2.13: Geohydraulische Tests. Vor- und Nachteile (nach COLDEWEY & KRAHN 1991).

Verfahren	Vorteile	Nachteile	Anwendung
Pumpversuch	Durchlässigkeitsangaben für größere Gebiete gültig	großer Zeitaufwand hohe Kosten	GwLeiter
Langzeitpumpversuch	exakte Durchlässigkeitsangaben		
Kurzzeitpumpversuch	geringer Zeitaufwand geringe Kosten genaue Durchlässigkeitsangaben	Durchlässigkeitsangaben nur für kleine Gebiete gültig	GwLeiter GwHemmer
Open-End-Test	geringer Zeitaufwand geringe Kosten Minimum an Versuchsausrüstung	nur angenäherte Durchlässigkeitsangaben nur punktuelle, tiefenabhängige Durchlässigkeitsangaben	GwLeiter GwHemmer

Verfahren	Vorteile	Nachteile	Anwendung
Pulse-Test	genaue Druckmessung	nur angenäherte Durchlässigkeitsangaben	GwHemmer
	anwendbar für Gebirgsbereiche mit geringer Durchlässigkeit	Durchlässigkeitsangaben nur für unmittelbare Bohrlochumgebung gültig	
	geringer Zeitaufwand	Durchlässigkeitsangaben beziehen sich nur auf punktuelle, tiefenabhängige Testabschnitte	
	geringe Kosten	bei zu hohem Druckimpuls: Verformung der Bohrlochwandung und hydraulisches Aufreißen des Gebirges	
		Zerstörung des Packers in klüftigen Zonen	
Packer-Test	geringer Zeitaufwand	nur angenäherte Durchlässigkeitsangaben	GwLeiter
	geringe Kosten	Durchlässigkeitsangaben nur für unmittelbare Bohrlochumgebung gültig	GwHemmer
	exakte Festlegung von Auflockerungszonen	bei zu hohem Druck: Aufreißen bzw. Freispülen von Klüften, Umläufigkeiten um Packer möglich	
	anwendbar über und unter dem Grundwasserspiegel	Schwierigkeiten bei exakter Messung des Abpressdruckes	
		Zerstörung des Packers in klüftigen Zonen	
Slug-Test/ Bail-Test	geringer technischer Aufwand	nur angenäherte Durchlässigkeitsangaben	GwLeiter
	geringer Zeitaufwand	Durchlässigkeitsangaben nur für unmittelbare Bohrlochumgebung gültig	GwHemmer
	geringe Kosten		
	keine Änderung der hydraulischen Verhältnisse		

Verfahren	Vorteile	Nachteile	Anwendung
Drillstem-Test	Unterdruck in der Prüfstrecke, dadurch Freispülung von künstlich verstopften Trennfugen	nur angenäherte Durchlässigkeitsangaben Durchlässigkeitsangaben nur für unmittelbare Bohrlochumgebung gültig hoher Zeitaufwand hohe Kosten hoher hydraulischer Druck erforderlich Zerstörung des Packers in klüftigen Zonen	gespannter GwLeiter GwHemmer
Einschwingverfahren	geringer Zeitaufwand geringe Kosten exakte Festlegung von Auflockerungszonen keine Änderung der hydraulischen Verhältnisse	nur angenäherte Durchlässigkeitsangaben Durchlässigkeitsangaben nur für unmittelbare Bohrlochumgebung gültig Ergebnisse abhängig von der Konstruktion der GwMessstelle (kleiner Bohrdurchmesser günstig)	GwLeiter GwHemmer

Für die Hydrogeologische Kartierung ist die flächenhafte Verteilung des Durchlässigkeitsbeiwertes in den oberflächennahen Schichten von Bedeutung. Insbesondere bei der Konstruktion von Grundwassergleichen für den Grundwasserhöhenplan (Kap. 5.5) sind diese Angaben erforderlich. Im Nachfolgenden wird aufgrund dessen der Schwerpunkt der Beschreibung auf die Verfahren gelegt, die sich mit relativ geringem Personal- und Geräteeinsatz sowie Zeitaufwand sowohl an ausgebauten Grundwassermessstellen und Brunnen als auch von der Geländeoberfläche in einem relativ engen Untersuchungsraster aus durchführen lassen.

Weiterführende Literatur:

KRUSEMAN, G. P. & DE RIDDER, N. A., unter Mitarbeit von VERWEJ, J. M. (1994): Analysis and Evaluation of Pumping Test Data. - ILRI publication 2. Aufl., Bd. 47, 377 S.; Wageningen (International Institute for Land Reclamation and Improvement).

LANGGUTH, H.-R. & VOIGT, R. (2004): Hydrogeologische Methoden. - 2. Aufl., 1005 S., 304 Abb., zahlr. Tab.; Heidelberg (Springer).

BUSCH, K. F., LUCKNER, L. & TIEMER, K. (1993): Geohydraulik. - In: Mattheß, G. [Hrsg.]: Lehrbuch der Hydrogeologie, Band 3, 497 S., 238 Abb., 50 Tab.; Berlin (Borntraeger).

BUTLER, J.J. Jr (1998): The Design, Performance, and Analysis of Slug Tests. - 252 S.; Boca Raton (CRC).

2.8.1 Kurzzeitpumpversuch

Bei Kurzzeitpumpversuchen wird ein stationärer Strömungszustand innerhalb der kurzen Pumpphase oft nicht erreicht. Besondere Anforderungen werden an die schnelle und exakte

Messung der Wasserstände und der Zeit sowie des Volumenstroms gestellt. Die ermittelten Durchlässigkeitsangaben gelten nur für die nähere Umgebung des Bohrlochs.

Zu den Vorteilen der Kurzzeitpumpversuche gehören der geringe Zeitaufwand und die geringen Kosten. Außerdem liefert das Verfahren relativ genaue Durchlässigkeitsangaben.

Von Nachteil ist die geringe Ausbreitung des Absenkungstrichters, d.h. die Durchlässigkeitsangaben beziehen sich auf ein relativ kleines Gebiet. Für die Entnahme und Ableitung des geförderten Wassers sollte eine Abstimmung mit der zuständigen Behörde erfolgen, in einigen Fällen ist sogar eine Genehmigung einzuholen, insbesondere dann, wenn das geförderte Wasser kontaminiert ist.

Die Durchführung des Kurzzeitpumpversuches wird in einem Protokoll (Anhang 1, Formblatt 11-14) dokumentiert. Bei den Formblättern wird jeweils unterschieden zwischen Berichtsblatt (Bericht) und Formblatt mit den Messwerten, sowie zwischen Entnahmebrunnen und Messstellen in der Umgebung. Das Formblatt enthält mehrere der folgenden Angaben:
- Bezeichnung der Bohrung/des Brunnens und Angabe der zugehörigen Messstellen (Bezeichnungen der Messstellen, Eigentümer),
- Nennung des TK 25 Blattes (nur zur geographischen Einordnung),
- Koordinaten der Messstelle,
- Beschreibung des Messpunktes (z.B. Böschungsoberkante, Brückenpfeiler, Gewässersohle, Unterkante Straßendurchlass, Oberkante Einleitungsrohr),
- Höhe des Messpunktes (bezogen auf Bezugsebene Normalhöhennull),
- Name der Bearbeiter (Messung durchgeführt von, Messung ausgewertet von),
- Datum und Uhrzeit der Messung und der Auswertung.

Zusätzliche Angaben zum Bericht des Entnahmebrunnens:
- Name der Bohrfirma (Entnahmebrunnen gebohrt von),
- Name der Projektleitung (Projekt geleitet von),
- Nummer des Pumpversuchs,
- Länge der Ableitungsrohre (m) und Angabe des Ortes der Einleitung (z.B. in Gewässer, Kanalisation, freie Wiese im Abstrom),
- Angaben zum Verfahren der Volumenstrommessung (Angabe der Überfallbreite des Messkastens mit Art des Überfalleinschnittes oder Beginn und Ende der Stands der Anzeige am Wasserzähler oder Nennung anderer Verfahren),
- Datum und Uhrzeit des Pumpversuches (detaillierte Angaben zu den einzelnen Versuchen bzw. Pumpstufen, Angaben zur Pump- und Wiederanstiegszeit),
- falls vorhanden: weitere Angaben zum Bohrverfahren beim Bau des Entnahmebrunnens: Angabe des Bohrverfahrens und der verwendeten Spülungszusätze, Bezeichnung der Wasserprobe (Eintrag ins Formblatt Hydrochemie, Anhang 1, Formblatt 10), Bohrlochtiefe, Ausbautiefe, Einbautiefe der Pumpe, Ruhewasserspiegel.

Zusätzliche Angaben zum Bericht der Grundwassermessstelle:
- Ruhewasserspiegel (bezogen auf MP und bezogen auf die Bezugsebene Normalhöhennull),
- Höhe des Geländes (bezogen auf MP und bezogen auf die Bezugsebene Normalhöhennull),
- Tiefe der Sohle (bezogen auf MP),
- Tiefe der Filter (von bis bezogen auf MP),
- Filterlänge (m),
- Bemerkungen (Witterungsverhältnisse, verwendetes Messgerät, Besonderheiten, etc.),
- Datum und Uhrzeit des Pumpversuches (detaillierte Angaben zu den einzelnen Versuchen bzw. Pumpstufen, Angaben zur Pump- und Wiederanstiegszeit),
- falls vorhanden: weitere Angaben zum Bohrverfahren bei der Erstellung der Messstelle: Angabe des Bohrverfahrens und der verwendeten Spülungszusätze, Bezeichnung der Wasserprobe (Eintrag ins Formblatt Hydrochemie, Anhang 1, Formblatt 10), Bohrlochtiefe, Ausbautiefe, Einbautiefe der Pumpe, Ruhewasserspiegel.

Bestimmung der geohydraulischen Kenngrößen

Versuchsdurchführung

Pumpversuche müssen im Einvernehmen mit der zuständigen Behörde sachgemäß vorbereitet, durchgeführt und protokolliert werden (DVGW 1997). Im Anhang 5 sind Formblätter (Formblätter 11 bis 14) zum Ausfüllen enthalten. Bei einem Kurzzeitpumpversuch (Abb. 2.36) wird der Grundwasserspiegel kurzzeitig durch Abpumpen abgesenkt und anschließend der Wiederanstieg des Wasserspiegels im Bohrloch gemessen (HÖLTING & COLDEWEY 2013). Besondere Sorgfalt ist auf die genaue Messung der Wasserspiegellagen vor und am Ende der Pumpphase h_1 (m) und die Wasserspiegellage zu einem späteren Zeitpunkt h_2 (m) sowie die zugehörigen Zeiten t_1 (s) und t_2 (s) zu legen. Auch der Volumenstrom des abgepumpten Wassers $\dot{V}$ (m³/s) sollte genau gemessen und dokumentiert werden.

Auswertung der Wiederanstiegsphase

Eine Methode zur Auswertung der Wiederanstiegskurve aus den sich einstellenden Spiegellagen erläutern HÖLTING & COLDEWEY (2013). Unter der Voraussetzung, dass $l_{Bl}/r_{Bl} > 8$ ist, ergibt sich:

$$k_f = \frac{r_{Bl}^2}{2 \cdot l_{Bl} \cdot (t_2 - t_1)} \cdot \ln\left(\frac{l_{Bl}}{r_{Bl}}\right) \cdot \ln\left(\frac{h_1}{h_2}\right) \qquad \text{(Gl. 12)}$$

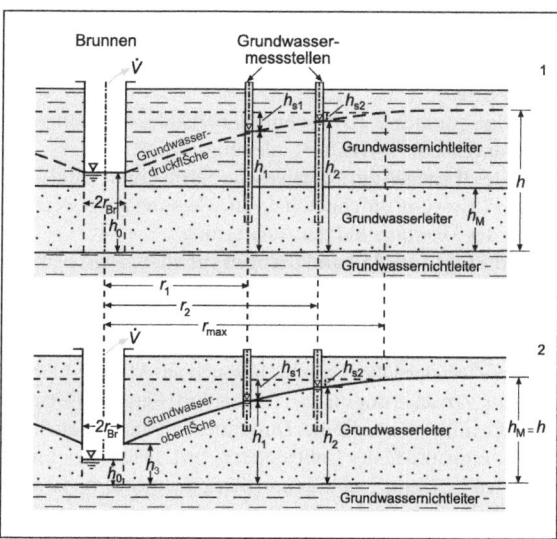

Abb. 2.36: Kurzzeitpumpversuch. Begriffe und Kenngrößen von Pumpversuchen. 1: Gespanntes Grundwasser; 2: Freies Grundwasser (HÖLTING & COLDEWEY 2013).

2.8.2 Auffüllversuch

Die Ermittlung des Durchlässigkeitsbeiwertes mittels Auffüllversuchs stellt eine schnelle und einfache Methode dar. Beim Auffüllversuch (Versickerungsversuch) wird das Standrohr der Bohrung teilweise mit Wasser gefüllt und damit eine bestimmte Aufstauhöhe (konstante Druckhöhe) gegenüber dem Ausgangs- bzw. Ruhewasserspiegel erzeugt. Der Wasserüberdruck kann über den
- verfilterten Bereich,

- über die offene Bohrlochwand,
- über das offene Bohrlochende (sog. Open-End-Tests, Abb. 2.37 Bild 1),
- über den anstehenden Boden (Doppelring-Infiltrometerversuch, Abb. 2.37 Bild 2) bzw.
- über die abgepackerte offene Bohrlochwandung im Festgestein (Packer-Test)

in den Untergrund hinein abgebaut werden. Je nach Form des Bohrlochs, Größe der Sickerfläche und Geometrie der Sickerfront kommen unterschiedliche Auswertungsverfahren zum Einsatz. Die Ergebnisse werden des Weiteren vom Grad der Wassersättigung, von der Temperatur des Versuchswassers und von den vorherrschenden Grundwasserverhältnissen beeinflusst.

Aus der zeitlichen Absenkrate des Wasserspiegels (instationärer Strömungszustand) bzw. der konstanten Wasserzugabe bei konstanter Auffüllhöhe (stationärer Strömungszustand) in der Bohrung wird der Durchlässigkeitsbeiwert ermittelt.

Vorteil dieses Verfahrens ist der geringe Kosten- und Zeitaufwand sowie die Anwendbarkeit im gesättigten und ungesättigten Bereich. Der Nachteil des Verfahrens liegt in nur angenäherten, punktuellen und tiefenabhängigen Durchlässigkeitsangaben. Auffüllversuche eignen sich generell nur zu einer größenordnungsmäßigen Bestimmung der Durchlässigkeitsbeiwerte. Bei einer Anwendung oberhalb der Grundwasseroberfläche ist es eine verlässliche Methode zur Bestimmung von vertikal gerichteten Durchlässigkeiten. Auch beim Einsatz in oberflächennahen grundwasserführenden Lockergesteinen ergibt dieser Versuch gute Ergebnisse. Durch das Einbringen von Packern kann dieser Versuch auch teufenorientiert erfolgen.

Die Durchführung des Auffüllversuches wird in einem Protokoll (Anh. 5, Formblatt 15) dokumentiert. Das Formblatt enthält folgende Angaben:
- Bezeichnung der Messstelle,
- Nennung des TK 25 Blattes (nur zur geographischen Einordnung),
- Koordinaten der Messstelle,
- Beschreibung des Messpunktes (z.B. Böschungsoberkante, Brückenpfeiler, Gewässersohle, Unterkante Straßendurchlass, Oberkante Einleitungsrohr),
- Höhe des Messpunktes (bezogen auf Bezugsebene Normalhöhennull),
- Name der Bearbeiter (Messung durchgeführt von, Messung ausgewertet von),
- Datum und Uhrzeit der Messung und der Auswertung,
- Ruhewasserspiegel (bezogen auf MP und bezogen auf die Bezugsebene Normalhöhennull),
- Höhe des Geländes (bezogen auf MP und bezogen auf die Bezugsebene Normalhöhennull),
- Tiefe der Sohle (bezogen auf MP),
- Angaben zum Filter: Tiefe der Filter (von bis bezogen auf MP) und Filterlänge (m),
- optional Angaben zur Versickerungsfläche: Radius (m), Filterfläche (m^2),
- optional Angaben zur Infiltrometerfläche: Durchmesser vom Außenring (m), Durchmesser vom Innenring (m), Einbautiefe des Infiltrometers (m), Fläche des Innenringes (m^2), Herkunft des verwendeten Wassers, Trübung und Temperatur des verwendeten Wassers sowie Stauhöhe des Wassers im Innenring (m),
- Angaben zum Vorratsbehälter: Volumen (m^3), Höhe (m), Radius (m), Fläche (m^2),
- Bemerkungen (Witterungsverhältnisse, verwendetes Messgerät, Besonderheiten, etc.).

Stationäre Versuchsbedingungen bieten sich bei höheren Durchlässigkeiten im Untergrund an, instationäre Versuchsbedingungen bei geringeren Durchlässigkeiten. Der Aufbau des Auffüllversuches sieht folgendermaßen aus. Der Open-End-Test wird im verrohrten Bohrloch über die offene Bohrlochsohle durchgeführt. Dabei wird das Bohrloch unter instationären Bedingungen mit Wasser aufgefüllt und anschließend der Absenkungsvorgang beobachtet (Abb. 2.37 Bild 1).

Für den Versuchsaufbau des Doppelring-Infiltrometerversuches werden zwei Stahlringe ineinander in den Boden gerammt. Über ein Messrohr mit der Querschnittsfläche A_{Ro} wird über die Fläche des Innenringes A_{Pr} versickert. Dabei wird unter instationären Bedingungen der Absenkungsvorgang im Innenring beobachtet (Abb. 2.37 Bild 2). Die Trennung von Innen- und Außenring dient der Stabilisierung des Infiltrationsvorgangs.

Bestimmung der geohydraulischen Kenngrößen

Unter stationären Bedingungen wird der Wasserspiegel im verrohrten Bohrloch bzw. im Innenring über eine kontrollierte Wasserzufuhr stabil gehalten. Die Wasserzufuhr aus einem separaten Wasservorratsbehälter kann über einen kapazitiven Füllstandssensor gesteuert werden, der mit dem Auslassventil des Behälters gekoppelt ist. Die Größe und Form des Wasservorratsbehälters (20 l bis 1.300 l) sollte an die zu erwartende Durchlässigkeit des Untergrundes angepasst werden, sodass eine genügend genaue Erfassung der Vorratsänderung im Behälter gewährleistet werden kann. Mit immer geringeren Durchlässigkeiten sind immer schlanker werdende Wasservorratsbehälter (mit immer geringerem Durchmesser) von Vorteil.

Vor Beginn der Auffüllversuche sind die natürliche Grundwasseroberfläche (Ruhewasserspiegel) und die Bohrlochtiefe bzw. Einbautiefe des Infiltrometers einzumessen. Weitere Angaben zum Versuchsaufbau sind im zugehörigen Formblatt zu verzeichnen.

Bei einem Open-End-Test unter instationären Bedingungen wird direkt nach Auffüllung des Bohrlochs der Wasserstand über dem Ruhewasserspiegel gemessen. Es wird die zeitliche Veränderung des Wasserspiegels im Bohrloch erfasst. Die Messreihe ist beendet, wenn der Ruhewasserspiegel wieder erreicht ist. Bei einem Doppelring-Infiltrometerversuch unter instationären Bedingungen wird die zeitliche Veränderung des Wasserstandes im Innenring oder im darüber befindlichen Messrohr erfasst. Die Messreihe ist beendet, wenn der Wasserspiegel die Messrohrunterseite verlässt oder der Schwimmer im Innenring den Boden berührt.

Unter stationären Bedingungen wird bei beiden Versuchen Wasser aus dem separaten Wasservorratsbehälter das Bohrloch bzw. in den Innenring eingeleitet und zwar so weit, bis der kapazitive Füllstandssensor reagiert und das Ventil verschließt. Es läuft erst dann wieder Wasser in das Bohrloch bzw. in den Innenring, wenn der Wasserstand absinkt. Mit dieser einzuhaltenden Stauhöhe, die zu registrieren ist, beginnt bei gefülltem Wasservorratsbehälter der eigentliche stationäre Versuch. Es wird hierbei die zeitliche Wasserstandsänderung im Wasservorratsbehälter erfasst. Die Messreihe ist beendet, wenn der Wasservorratsbehälter leer bzw. wenn über mehr als 10 Messintervalle die gleiche Vorratsänderung zu verzeichnen ist und sich bei nahezu vollständiger Wassersättigung eine quasistationäre Strömung eingestellt hat.

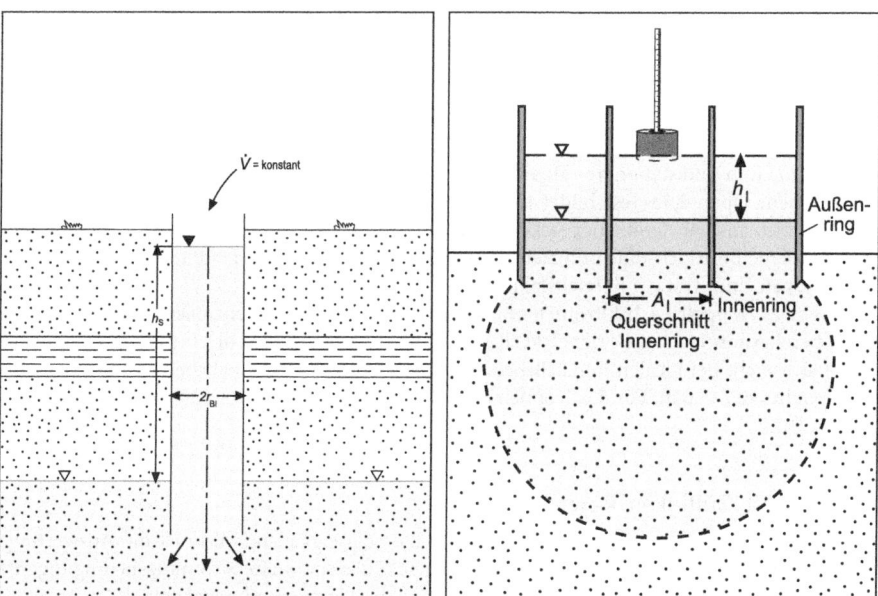

Abb. 2.37: Auffüllversuch. 1: Open-End-Test, 2: Doppelring-Infiltrometerversuch (Hölting & Coldewey 2013).

Auswertung

Bei der Auswertung der Auffüllversuche wird ebenfalls zwischen den Versuchen unter stationären und den Versuchen unter instationären Bedingungen unterschieden.

Die einfache Grundgleichung für Auffüllversuche unter stationären Bedingungen mit konstanter Druckhöhe lautet analog zur DARCY-Gleichung:

$$k_f = \frac{\dot{V}}{(C \cdot \Delta h)} \qquad \text{(Gl. 13)}$$

mit:
k_f = Durchlässigkeitsbeiwert (m/s)
$\dot{V}$ = Volumenstrom, hier Versickerungsrate / Infiltrationsrate (m³/s)
C = Bereichsfaktor (m)
Δh = Potentialdifferenz, hier konstante Stauhöhe des Wassers im Bohrloch/Innenring (m)

Für die Auswertung der Auffüllversuche unter instationären Bedingungen wird die konstante Stauhöhe h (m) durch die zeitabhängige Größe $h(t)$ (m) und der Volumenstrom $\dot{V}$ (m³/s) durch die Speicheränderung im Bohrloch bzw. im Innenring ersetzt. Durch Einsetzen, anschließender Integration und Einsetzen der Grenzwerte lautet die Gleichung dann:

$$k_f = \left(\frac{A}{C \cdot \Delta t}\right) \cdot \ln\left(\frac{h_1}{h_2}\right) \qquad \text{(Gl. 14)}$$

mit:
k_f = Durchlässigkeitsbeiwert (m/s)
A = Querschnittsfläche des Bohrlochs / Innenringes / Messrohrs (m²)
C = Bereichsfaktor (m)
Δt = Zeitspanne, hier $\Delta t = t_2 - t_1$ (s)
h_1 = Potentialdifferenz, hier Stauhöhe zum Zeitpunkt t_1 (m)
h_2 = Potentialdifferenz, hier Stauhöhe zum Zeitpunkt t_2 (m)

Der Bereichsfaktor C besitzt die Dimension einer Länge und ist vergleichbar mit dem Quotienten aus durchflossenem Querschnitt und Fließlänge des klassischen DARCY-Versuches (SCHNEIDER 1971). Er ist von der Form des Strömungsbereiches abhängig und gilt für Versuche mit instationären und stationären Bedingungen.

Bei einem Open-End-Test bildet sich am offenen Bohrlochende ein kugelförmiger Strömungsbereich aus. Die Größe der Sickerfläche hängt vom Radius r des Bohrlochs ab; wenn nur über die offene Bohrlochsohle infiltriert wird beträgt die Filterstrecke $L = 0$ m. Somit ergibt sich für den Open-End-Test ein Bereichsfaktor von $C = 5{,}5 \cdot r$.

Bei einem Doppelring-Infiltrometer bildet sich unterhalb des Innenringes ein radialer Strömungsbereich aus. Die Größe der Sickerfläche hängt ab vom Radius r des Innenringes und verändert sich nicht bei idealen Versuchsbedingungen; bei idealen Versuchsbedingungen beträgt die Filterstrecke $L = 0$ m. Für das Doppelring-Infiltrometer ergibt sich somit ein Bereichsfaktor von $C = 1$ m.

Aussagekraft, Gültigkeit, Bewertung

Wichtigste Voraussetzung für korrekt ermittelte Durchlässigkeitsbeiwerte ist die Auswertung der Versuchsphase mit konstanter Versickerungsrate (quasistationäre Strömungsbedingungen), die sich erst ab einer nahezu vollständigen Sättigung des Untergrundes einstellt.

Skin-Effekte können vorwiegend in Bohrlöchern zu geringe Durchlässigkeiten vortäuschen. Bei Versuchen in tonreichen Schichtenfolgen behindert bzw. verhindert die Quellung von Tonmineralen im Bereich der Bohrlochwandung einen Wasseraustausch mit der Schichtenfolge. In diesen Schichtenfolgen kann bereits durch das Bohrverfahren aufgrund einer Verschmierung der Bohrlochwandung mit zermahlenem Bohrklein der Durchlässigkeitsbeiwert beeinflusst werden. Unter Umständen verfälschen unzulänglich bekannte hydrogeologische Rahmenbedingungen (Lage der Grundwasseroberfläche und der Grundwassersohle) die Durchlässigkeitsbeiwerts-Berechnung. Diese Einflüsse müssen bei der Versuchsdurchführung erkannt und in der Dokumentation aufgeführt werden.

2.9 Messung der geophysikalischen Kenngrößen

Zur Erkundung der hydrogeologischen Verhältnisse eines Areals aber auch bei der Festlegung eines Bohransatzpunktes für Brunnen oder Grundwassermessstellen werden geophysikalische Kenngößen als Grundlage eingesetzt. Mit Hilfe von geoelektrischen Widerstandsmessungen können Materialien im Untergrund wie Ton, Schluff, Sand, Kies oder Festgestein lokalisiert werden. Der Wassergehalt des Materials und die spezifische Leitfähigkeit des Grundwassers beeinflussen die Widerstandsmessung des Untergrundes. Im Folgenden sind die verschiedenen Messmethoden und deren Einsatzmöglichkeiten kurz zusammengefasst (MOORE 2002):

Elektrische Widerstandsmethoden:
- Untergrundstratigraphie,
- Kartierung von Kontaminationsfahnen,
- Ortung von Brunnen mit unbekannter Lage,
- Kartierung der Süß-/Salzwassergrenze,
- Feststellung von Kluftrichtungen.

Elektromagnetisch induzierte Methoden:
- Kartierung von leitfähigen organischen Kontaminationen,
- Ortung von erdverlegten Einrichtungen, Tanks und Fässern,
- Ortung von Brunnen mit unbekannter Lage,
- Erkundung der Stratigraphie,
- Ortung der Süß-/Salzwassergrenze.

Seismische Refraktions- und Reflexionsmethoden:
- Kartierung der Oberkante von Festgestein und der Grenzen von Rinnenstrukturen im Untergrund,
- Messung des Flurabstandes des Grundwassers,
- Feststellung von Kluftrichtungen,
- Erkundung der Stratigraphie.

Georadarmethoden:
- Ortung von vergrabenen Objekten,
- Messung von geringen Flurabständen,
- Ortung von unterirdischen Behältern und undichten Stellen,
- Ortung von Lösungskanälen und Höhlen (Karst).

Magnetische Methoden:
- Ortung von vergrabenen Stahlbehältern,
- Ortung von Brunnen mit unbekannter Lage,
- Ortung von unterirdischen Leitungen und Tanks.

Metalldetektoren:
- Ortung von Metallbehältern,
- Ortung von unterirdischen Metalltanks und -leitungen,
- Ortung von Brunnen mit unbekannter Lage.

Gravimetrische Methoden:
- Lokalisierung von überdeckten Flusssedimenten in Gebieten mit Festgestein,
- Ortung von unterirdischen Höhlensystemen.

Bohrlochgeophysik:
- Ermittlung von Zonen hoher Durchlässigkeit,
- Ortung von Versalzungsbereichen,
- Feststellung der Wasserqualität,
- Korrelation der Lithologie.

Weiterführende Literatur:
KNÖDEL, K., KRUMMEL, H. & LANGE, G. (2005): Geophysik. – Bundesanstalt für Geowissenschaften und Rohstoffe [Hrsg.]: Handbuch zur Erkundung des Untergrundes von Deponien, Band 3, 2. Aufl., XXXII, 1102 S., 553 Abb.; Berlin (Springer).

3 Bestandsaufnahme

Eine Bestandsaufnahme enthält die Zusammenstellung aller gesammelten Informationen sowie deren Auswertung und Bewertung im Hinblick auf die gegebene hydrogeologische Fragestellung. Während die Sammlung der Daten in der Regel zahlreiche Wege erfordert, lässt sich die Bestandsaufnahme der Daten am Schreibtisch durchführen. Dabei wird zunächst nur auf die gesammelten Daten zurückgegriffen.

Die Sammlung der Daten ist ein sehr wichtiger Arbeitsschritt, da diese Daten als Grundlage für die Vorbereitung und Planung der Geländearbeiten (Kap. 4) dienen. Eine frühzeitige Planung – angepasst an die jeweilige Fragestellung – ermöglicht die richtige Auswahl der benötigten Methoden und Geräte (Kap. 2). Dadurch wird der Zeit- und Kostenaufwand reduziert. Manche Arbeiten können nur zu einer bestimmten Zeit durchgeführt werden; dann können aufgrund einer frühzeitigen Planung und Organisation Verzögerungen während der Gelände- und Kartierarbeiten vermieden werden.

Durch eine gewissenhafte Bestandsaufnahme lässt sich bereits ein konzeptionelles Modell des Untergrundes entwickeln; alle späteren Untersuchungen dienen durch einen Vergleich dann der Verifizierung (Bestätigung oder Revision) dieses Modells.

Eine Bestandsaufnahme umfangreicher Datenvorräte erfordert generell einen systematischen Ansatz, der den jeweiligen Fragestellungen angepasst werden kann. In einigen Fällen greift die Vorauswertung (Kap. 3.2.3) auf spezielle analytische Berechnungsverfahren zurück, die weiter unten beschrieben werden.

3.1 Sammlung von Daten

Die Hauptquelle für die geologischen und hydrogeologischen Daten stellen die Geologischen Dienste der Bundesländer und des Bundes dar (Kap. 9.1). Diese halten die veröffentlichten Unterlagen wie Karten und Publikationen aber auch Berichte und Einzeldaten zur Einsicht und zum Verkauf bereit. Häufig sind Bohrlochdaten in digitaler Form vorhanden, sodass diese sich mit einem Geoinformationssystem einfach weiter verarbeiten lassen. Die Auswahl veröffentlichter Unterlagen erfolgt nach Zusammenstellungen oder kann im Internet erfolgen. Andere Daten müssen häufig einzeln abgefragt werden. Während die veröffentlichten Daten leicht zu beschaffen sind, erfordert das Auffinden unveröffentlichter Gutachten, Berichte und Einzeldaten eine sorgfältige und oft langwierige Recherche. Die Auswahl und Menge der zur Verfügung stehenden Daten schwankt von einem Bundesland zum anderen, oft auch innerhalb eines Bundeslandes. Häufig sind die relevanten Informationen über eine Anzahl von Behörden und öffentlichen Einrichtungen verstreut. In Kapitel 9.3 sind Internetadressen verschiedener nationaler und internationaler Institutionen zusammengefasst, die hydrogeologische und geologische Informationen besitzen. Neben den o.g. Institutionen gibt es auch öffentliche Verbände oder große Firmen, die Daten von ihren Liegenschaften sammeln. Im folgenden sind die wichtigsten Bezugs- und Informationsquellen aufgeführt, bei denen erfahrungsgemäß Material zur weiteren Auswertung vorliegt (WEBER & NEUMAIER 1993):

- Bundesdienststellen für Geowissenschaften, Gewässerkunde, Umweltschutz, Gesundheitswesen, Meteorologie, Hydrographie, Wasserwirtschaft,
- Deutsche Bahn, Deutsche Post,
- Landesdienststellen für Geowissenschaften, Gewässerkunde, Wasserwirtschaft, Umweltschutz, Chemie, Abfallwirtschaft, Gewerbeaufsicht, Forstwirtschaft, Bergbau, Straßenbau,
- Kommunale Behörden für Umweltschutz, Gesundheitswesen, Chemie, Wasserwirtschaft, Abfallwirtschaft, Bauwesen, Vermessungswesen,
- Industrie- und Handelskammer, Handwerkskammer, Landwirtschaftskammer,
- Wasserwirtschaftsverbände, Bodenverbände, Kommunalverbände,
- Energieversorgungsunternehmen, Entsorgungsunternehmen.

Im Allgemeinen ist die Datenlage von behördlicher Seite in Europa, Nordamerika und Australien sehr gut. In den meisten restlichen Ländern ist die Datenlage eher schlecht. In einigen Ländern sind Topographische Karten und Luftbild-Daten aus Sicherheitsgründen nicht erwerbbar und nur schwer zugänglich. Eine Genehmigung zur Dateneinsicht wird hier oft von nur von übergeordneten Behörden oder vom Militär erteilt.

In Zeitschriften veröffentlichte Beiträge sind leider meistens unspezifisch und geben nur selten Auskunft über Basisdaten bzw. Datenquellen. Manchmal ist der Zugang zu den Daten kostenfrei (WMS-Server (Web Map Service), z.B. OpenGIS); in den meisten Fällen sind mit der Beschaffung von Daten Kosten verbunden, ob beim Kauf von Publikationen, Berichten oder Karten bzw. als Gebühr für die Dateneinsichtnahme und -vervielfältigung.

Für gewisse Fragestellungen z.B. bei der Altlastenuntersuchung hat sich die Befragung sogenannter Zeitzeugen sehr bewährt (Kap. 3.1.8). Zeitzeugen sind Personen, die ihren Wohnsitz in unmittelbarer Nähe eines Objekt haben oder auf der Altlastverdachtsfläche tätig waren. Für die systematische Befragung solcher Personen sind spezielle Fragebögen entwickelt worden.

3.1.1 Topographische Informationen

Topographische Karten bilden die wichtigste Grundlage der hydrogeologischen Gelände- und Kartiermethoden. Sie sind wichtig bei der Orientierung im Gelände, bei der Planung von Geländeeinsätzen und dem Auffinden hydrogeologisch relevanter Objekte wie Brunnen, Quellen und Gewässer. Außerdem stellen die Karten die Grundlage für eine spätere Präsentation der Ergebnisse in Form von Berichten und Gutachten (Kap. 7) dar. Dass zum Verständnis der Umgang und das Verständnis von Kartenunterlagen selbstverständlich ist, muss nicht besonders erwähnt werden.

Der Maßstab der verwendeten Topographischen Karte ist abhängig von der Fragestellung und der verfügbaren Auswahl. Große Maßstäbe wie 1 : 25.000, 1 : 10.000 und noch besser 1 : 5.000 bieten im Gelände die Möglichkeit der exakten Positionsbestimmung. Kleinere Maßstäbe wie 1 : 50.000 oder 1 : 100.000 bieten sich eher an, um Übersichten in Berichten und Gutachten darzustellen. In jedem Fall hängt die Wahl des Kartenmaßstabes von der Fragestellung und der Anwendbarkeit ab. Topographische Karten mit Höhenlinien und ohne farbige Flächen (also am besten in schwarz/weiß) sind am besten geeignet.

In besonderen Fällen ist eine eigene Topographische Karte auf der Basis von veröffentlichtem Material anzufertigen. Durch Übertragung der wichtigen Informationen und Objekte wird eine subjektive Auswahl der Daten gewährleistet. Wenn sich das Untersuchungsgebiet über mehre-

Sammlung von Daten

re Blätter eines Kartenwerkes erstreckt ist es sinnvoll, eine eigene Karte zusammen zu stellen. In der digitalen Bearbeitung mit GIS kann in diesem Fall ein geeigneter Maßstab ausgesucht werden, sodass das gesamte Untersuchungsgebiet auf einem Blatt Platz findet. Liegen für das Untersuchungsgebiet nur analoge Karten vor, ist ein Kopierer mit Vergrößerungs- bzw. Verkleinerungsfunktion sinnvoll. Es empfiehlt sich bei allen Vergrößerungen und Verkleinerungen eine Maßstabsleiste anzubringen, da sich die Papiergröße produktionsbedingt oder durch erhöhte Luftfeuchtigkeit verändern kann. Eine weitere Möglichkeit der Kartenbearbeitung bietet der Scanner, mit dem das vorhandene Kartenmaterial digitalisiert wird. Die Weiterverarbeitung, wie die Auswahl von Details sowie Festlegung des Maßstabes werden am PC mit entsprechender Software durchgeführt. Generell ist bei diesen Arbeitstechniken zu bedenken, dass eine Vergrößerung einer Karte diese nicht genauer, sondern nur größer macht. Bei der Vervielfältigung von Karten ist zu beachten, dass der Nutzer (Lizenznehmer) eine Genehmigung einholen muss, die ggf. kostenpflichtig ist.

Topographische Karten sind bei den entsprechenden Fachdienststellen der Länder oder auch bei den Kommunen zu bestellen. Häufig liegen die Karten in digitaler Form vor. Dies erleichtert eine Weiterverarbeitung am PC.

3.1.2 Geologische Informationen

Für gewöhnlich liegen geologische Informationen in Form von Karten und Schnitten vor. Diese können bei den Geologischen Dienststellen bestellt werden. Außerdem halten Institutionen wie z.B. Bergämter, Umweltämter sowie Bergbaufirmen Spezialkarten vor. Dabei gibt es keine Einheitlichkeit im Maßstab, in der Genauigkeit und den in der veröffentlichten Karte enthaltenen Details. In vielen Ländern liegen Geologische Karten leider nicht flächendeckend vor. Häufig sind die Karten veraltet und bezogen auf die dargestellten Strukturen und Details überholt.

Wenn der Erwerb einer Geologischen Karte für das Untersuchungsgebiet nicht möglich ist, kann oft auf Duplikate bzw. Vervielfältigungen in örtlichen Büchereien, Bibliotheken und Museen zurückgegriffen werden. Fachbehörden für die Hydrologie, die Wasserwirtschaft und den Wasserbau sowie Kommunalverwaltungen besitzen ebenfalls häufig Duplikate, die einsehbar sind. Zu den meisten Geologischen Karten und Schnitten sind Erläuterungen verfügbar. Hochschulen besitzen darüber hinaus auch unveröffentlichte Berichte, Studien-, Kartier- und Diplomarbeiten, insbesondere dann, wenn dort das Fach Geologie vertreten ist.

Monographien, Bücher und wissenschaftliche Abhandlungen stellen eine weitere Datenquelle für geologische Informationen dar. Diese reichen von Veröffentlichungen von Geologischen Landesämter und Geozentren oder anderen Behörden, über Bücher von wissenschaftlichen Verlagen bis hin zu wissenschaftlichen Beiträgen in nationalen und internationalen Zeitschriften. Die Bundesanstalt für Geowissenschaften und Rohstoffe (BGR, Hannover) hat sich in zahlreichen Auslandseinsätzen mit hydrogeologischen Spezialfragestellungen beschäftigt. Der geologische Dienst der USA („US Geological Survey") hat in vielen Ländern der Erde hydrogeologische Untersuchungen durchgeführt und diese in Form von „Reports" veröffentlicht (Anhang 3). Um eine Veröffentlichungsliste für das Untersuchungsgebiet zusammenzustellen, sollten alle Literaturhinweise durchgesehen werden. Oftmals ist ein Kontakt zu lokalen naturwissenschaftlichen Gesellschaften und Vereinigungen, bei denen sich der ein oder andere Hobby-Geologe engagiert, sehr wertvoll. Die lokalen Büchereien verfügen meist über eine Zusammenstellung der Namen und Adressen solcher Zusammenschlüsse (Kap. 10).

Viele unveröffentlichte Daten über Bohrlochaufzeichnungen aus der Wasser-, aufgrund- sowie Mineralöl- und Energieressourcen-Erkundung werden von Geologischen Landesämtern, dem Bundesanstalt für Geowissenschaften und Rohstoffe, kommunalen Fachbehörden sowie von Ingenieurbüros und Consultingfirmen gesammelt. Auch beim Bau von großen Verkehrswegen wie z.B. Autobahnen, Eisenbahnen, Kanälen etc. aber auch beim Bau von Gebäuden werden eine Vielzahl von flachen Bohrungen erstellt, deren Daten bei den zuständigen Behörden und den Bohrfirmen archiviert werden.

3.1.3 Hydrogeologische Informationen / Grundwasser

Hydrogeologische Informationen zur Ausdehnung von Grundwasserleitern mit Angabe zu deren Mächtigkeit, Durchlässigkeit, Ergiebigkeit, Grundwasserhöhengleichen, Grundwasserfließrichtung und Chemismus liegen nur selten in Form von Hydrogeologischen Karten und Schnitten vor. Ausnahmen bilden hydrogeologisch sensible Gebiete (z.b. das Ruhrgebiet aufgrund der bergbaulichen Aktivitäten), deren hydrogeologische Situation flächendeckend in einem Hydrogeologischen Kartenwerk erfasst ist (z.b. Hydrologische Karte des Steinkohlenreviers im Maßstab 1 : 10.000). In jüngerer Zeit werden aufgrund der zunehmenden Bedeutung der Hydrogeologie Hydrogeologische Übersichtskarten in kleinen Maßstäben von 1 : 50.000 erstellt. Häufig handelt es sich bei diesen Hydrogeologischen Karten lediglich um die Umsetzung geologischer Informationen in hydrogeologischen Einheiten. Eine Ausnahme stellen die Hydrologischen Karten der Westfälischen Berggewerkschaftskasse, heute DMT, Essen dar (BIRK & COLDEWEY 1994). Diese basieren auf umfangreichen Kartier-, Nivellier- und Bohrarbeiten sowie chemischen Untersuchungen.

Eine Messung des Grundwasserstandes wird in einigen Ländern flächendeckend durch Wasserbehörden und Wasserversorgungsunternehmen, sowie Geologische Landesämter und andere staatliche Organisationen vorgenommen (z.B. Landesgrundwasserdienst des Landesumweltamtes NRW). In der Umgebung von Wassergewinnungsanlagen wird der Grundwasserstand oftmals in relativ dichten Messnetzen aus Beobachtungsmessstellen und Brunnen beobachtet. Dabei ist aber die Kenntnis wichtig, wie der Grundwasserstand gemessen wird und zu welchen Betriebsphasen (Pumpphase, Ruhephase).

Angaben über Grundwasser-Entnahmeraten sind nur schwer zugänglich. Oftmals liegen diese nur als monatliche oder jährliche Gesamtentnahmeraten vor. Tägliche Entnahmeraten unterliegen starken Schwankungen aufgrund schwankender Abnahme durch die Verbraucher (z.B. Industrie, Haushalte). Da für den täglichen Wasserverbrauch von Personen und Tieren Schätzzahlen bzw. Richtwerte existieren, ist es möglich z.B. in ländlichen Bereichen – nach Ermittlung der Einwohnerzahl der Kommune und des Tierbestandes (zu erfragen bei der Landwirtschaftskammer) – eine Abschätzung der Gesamtförderraten zu erstellen.

Angaben über die Grundwasserqualität werden in der Regel von denen vorgehalten, die das Grundwasser fördern oder Grundwasserstandsmessungen durchführen. Da die Grundwasserqualität zeitlichen und räumlichen Schwankungen unterliegt, sind möglichst viele Daten zur Qualität zusammen zu tragen.

Außerdem gibt es Hydrochemische Karten, in denen Informationen zur Hydrochemie in Form von Einzeldaten und in Form von Isolinien dargestellt werden. Eine Sonderrolle spielen die so genannten Vulnerabilitätskarten, die einen Überblick über die potentielle Verunreinigungsgefahren des Grundwassers aufgrund der verschiedenen Durchlässigkeiten geben.

3.1.4 Hydrologische Informationen / Oberflächenwasser

In fast allen Ländern werden in den großen Gewässern routinemäßig Abflussmessungen durchgeführt. In den kleineren Gewässern liegen ebenfalls, oftmals allerdings nur punktuelle, kurzfristig gemessene Abflussdaten vor. Für gewöhnlich werden die Messungen von öffentlichen Dienststellen durchgeführt, die für Hydrologie und Wasserwirtschaft zuständig sind. Des Weiteren sind lokale staatliche Einrichtungen aus der Wasserwirtschaft, dem Hochwasserschutz und dem Grundwassermanagement für solche Messungen verantwortlich. Die Daten der Abfluss-

Sammlung von Daten 107

messungen liegen oftmals als durchschnittliche Tageswerte, tägliche Gesamtwerte oder kontinuierlich ermittelte Werte vor. Die Ergebnisse werden häufig in Form von Jahrbüchern, bezogen auf die Flusseinzugsgebiete veröffentlicht und stehen damit der Öffentlichkeit zur Verfügung.

3.1.5 Klimatische Informationen / Niederschlag und Verdunstung

Niederschlagsmessungen werden in den meisten Ländern durch staatliche Einrichtungen (z.B. Deutscher Wetterdienst) aber auch zunehmend private Institutionen (z.B. Fernsehsender, kommerzielle Anbieter) durchgeführt. Darüber hinaus messen Wasserbehörden, Universitäten, Schulen sowie Wasserversorgungsunternehmen und Abwasserbeseitigungsunternehmen den Niederschlag. Die gleichen Einrichtungen führen oftmals auch andere meteorologische Messungen durch, wie Verdunstung auf offenen Wasserflächen und andere Kenngrößen, die zur Berechnung des Verdunstungsverlustes benötigt werden. In Deutschland werden Niederschlagsmessungen in vielen lokalen Wasserwerken und Klärwerken täglich vorgenommen und sind somit oftmals auch lokal und sofort verfügbar. Einige Industriezweige der Chemie und des Bergbaus sammeln Wetterdaten. So verfügt der Ruhrbergbau mit den Wetterdaten der ehemaligen Westfälischen Berggewerkschaftskasse (heute DMT, Essen) über lückenlose Aufzeichnungen des innerstädtischen Wettergeschehens im Ruhrgebiet.

3.1.6 Luft- und Satellitenbilder

Die Arbeit mit Luft- und Satellitenbildern hat in den letzten Jahren stark an Bedeutung gewonnen. Die Verfügbarkeit von Luft- und Satellitenbildern schwankt sehr stark von Land zu Land. Unter manchen Umständen sind diese Bilder zu militärischen Zwecken erstellt worden und deren Zugänglichkeit somit stark eingeschränkt. Satellitenbildinformationen sind sehr gut verfügbar vom Landsat-Satellit (betrieben von den USA) und vom Spot Image-Satellit (betrieben von Frankreich) sowie dem deutschen Radar-Satelliten.

Die hydrogeologische Auswertung von Luft- und Satellitenbildern (KRONBERG 1984, STETS 1986) eignet sich besonders zur Untersuchung von Kluftgesteinen (COLDEWEY & KRAHN 1991). Durch Strukturanalysen von Linearen wird der tektonische Beanspruchungsplan und somit die Verteilung wasserwegsamer Klüfte untersucht. Luftbilder sind in analoger Form in den entsprechenden Archiven der Landesvermessungsämter zu erhalten oder können als digitale Orthophotos über die Geobasisdatendienste vieler Kommunen bzw. der Landesvermessung direkt in eine digitale Auswertung eingebunden werden (WebGIS- und WMS-Services). Da meist aus mehreren Jahren Aufnahmen vorliegen, sind so auch zeitliche Veränderungen von Oberflächennutzungen (z.B. Deponien, Bauwerke) detektierbar (BUCHER 2007, ALBERTZ 2009). Sollen große Areale Ziel hydrogeologischer Untersuchungen sein, empfiehlt sich die (multispektrale) Auswertung geometrisch hochauflösender Satellitendaten, wie z.B. jene des QUICKBIRD- oder IKONOS-Sensors (KUX et al. 2007) oder bereits verfügbarerer hyperspektraler Scanner (HyMAP- oder ENMAP-Daten). Letztere sind insbesondere aufgrund ihrer vielfältigen IR-Sensitivität in der Lage durchfeuchtete Oberflächen und physikochemische Bodenparameter vom Flugzeug bzw. Satelliten aus zu erfassen (BELOCKY & GRÖSEL 2001).

3.1.7 Veröffentlichungen / Berichte / Gutachten

Einen großen Fundus für Informationen stellen Veröffentlichungen, Berichte und Gutachten dar. Diese haben den Vorteil, dass sie häufig kostenlos zu Verfügung stehen. Bei Berichten und

Gutachten ist es unter Umständen möglich, dass der Besitzer der Daten eine Kostenbeteiligung an deren Erhebung erwartet. Der weitere Vorteil dieser Datenquellen ist, dass sie oftmals Werte enthalten, die in dieser Form nicht mehr gewinnbar sind und darüber hinaus Vergleichswerte aus früheren Zeiten liefern. Während die Veröffentlichungen über Literaturzitate oder Internet-Recherche einfach zu ermitteln sind, sind Berichte und Gutachten nicht frei zugänglich und deshalb nicht einfach aufzufinden. Diese Unterlagen werden häufig durch staatliche Institutionen auf Länder- oder kommunaler Ebene gesammelt und zwar sowohl nach dem Inhalt des Gutachtens als auch nach dem Zweck der Erstellung. So sind für die geologischen, hydrogeologischen und klimatologischen Daten die bereits genannten Länder- und Bundesdienststellen verantwortlich (Kap. 3.1). Auf kommunaler Ebene gibt es zahlreiche Ämter im Bereich der Bauaufsicht und des Umweltschutzes, die eigene Daten aber auch Fremddaten aufgrund gesetzlicher Auflagen sammeln.

3.1.8 Befragung der Öffentlichkeit

Wenn die Geländearbeiten anstehen, kommt es oft vor, dass Grundwassermessstellen oder Brunnen nicht auffindbar sind oder sich auf privatem Gelände befinden. In diesem Fall ist der Kontakt zu den Bürgern notwendig. Dabei kommt es immer wieder vor, dass das Wissen der zahlreichen Bürger – Fachleute wie Laien – ein enormes Informationspotential darstellt. Hier ruft die Beobachtungsgabe des Befragten und die berufliche Ausbildung allerdings unterschiedliche Wertigkeiten der Aussage hervor. Im Zweifelsfall müssen die persönlichen Informationen und Meinungen nachträglich auf ihren Wahrheitsgehalt überprüft und im Gelände verifiziert werden.

3.2 Zusammenstellung der gesammelten Daten

Die Zusammenstellung der gesammelten Daten kann analog in einem Ordner- bzw. Archivsystem oder digital in Datenbanken oder Fachinformationssystemen (FIS) erfolgen. Bei der Zusammenstellung der gesammelten Daten wird unterschieden zwischen unveränderlichen Eigenschaften der hydrogeologischen Objekte (Stammdaten) und veränderlichen Eigenschaften (Messdaten). Parallel dazu müssen die Ortsangaben bzw. raumbezogenen Informationen für die einzelnen Daten in einer analogen Karte oder in einem GIS festgehalten werden. Oftmals werden die Daten aus Datenbanksystemen von Behörden oder Verbänden übernommen. Hier sollte die Kompatibilität der verwendeten Systeme überprüft werden. Es ist sinnvoll, die Empfehlungen und Standards für eine grenzüberschreitend harmonisierte Erhebung, Auswertung und Darstellung digitaler hydrogeologischer Daten von der AD-HOC-AG HYDROGEOLOGIE (2011) zu übernehmen.

Die veränderlichen Eigenschaften sind aussagekräftige und leicht zu ermittelnde Kenngrößen, die im Vorfeld der Geländeuntersuchungen geschätzt werden können, u.a. als Grundlage für anschließende Detailuntersuchungen im Gelände (weitere Bohrungen, geohydraulische Tests, hydrochemische Analytik, etc.). Dieses System lässt sich nach dem gleichen Prinzip bei der späteren Bearbeitung ständig erweitern und gibt dem Auftraggeber die Möglichkeit, nach Beendigung der in Auftrag gegebenen Arbeit neue Informationen nach dem gleichen Prinzip einzuarbeiten.

Zu den Stammdaten (unveränderlichen Daten) zählen je nach Fragestellung unter anderem:
- Nummer der Messstelle (Bezeichnung der Messstelle, Achtung: unterschiedliche Betreiber benutzen unterschiedliche Nummerierungen, zusätzlich ggf. Archivnummer),

Zusammenstellung der gesammelten Daten

- Art der Messstelle (z.B. Brunnen, Grundwassermessstelle, Bohrung, Rammkernsondierung),
- Eigentümer der Messstelle,
- Betreiber der Messstelle,
- Ortslage (evtl. Skizze, Lageplan),
- Nummer der TK 25,
- Rechts- und Hochwerte oder UTM-Werte,
- Messpunkt an der Messstelle, dessen Höhe nivelliert wurde (bei Grundwassermessstellen i.d.R. die Oberkante bei geöffneter Messstellenkappe),
- Höhe des Messpunktes (MP) (± m NHN),
- Gelände unter Messpunkt und bezogen auf Normalhöhennull,
- Sohle unter Messpunkt und bezogen auf Normalhöhennull,
- Durchmesser der Messstelle (m),
- Zugänglichkeit,
- Bohrprofil (Daten als gescanntes Bild oder in einer separaten Datenbank),
- Position und Länge des Filters oder Ausbauprofil (Daten als gescanntes Bild oder in einer separaten Datenbank),
- Bild der Messstelle (gescanntes Bild, Fotodatei),
- Art der durchgeführten Messungen (Verknüpfung zu weiteren separaten Datenbanken).

In weiteren separaten Datenbanken lassen sich weitere Stammdaten ablegen, wie z.B.:
- Informationen zum Eigentümer der Messstelle (Name, weitere Namen, Straße, PLZ, Ort, Telefon, Fax, Internet, E-Mail-Adresse),
- Informationen zum Betreiber der Messstelle (Name der Behörde oder des Verbandes, weitere Namen, Straße, PLZ, Ort, Telefon, Fax, Internet, E-Mail-Adresse),
- Informationen über die geologische Situation an einer Messstelle (Lage der Unterkanten und Oberkanten einzelner Schichten unter dem Messpunkt mit Angabe von Lithologie, Stratigraphie, Mächtigkeit, Durchlässigkeit, Transmissivität, Speicherkoeffizient, Herkunft der Daten, Literaturzitate, etc.),
- Informationen über die hydrogeologische Situation an einer Messstelle (Lage der Unterkanten und Oberkanten einzelner hydrographischer Einheiten unter dem Messpunkt mit Angabe von Durchlässigkeit, Transmissivität, Speicherkoeffizient, Maximaler Grundwasserstand, Minimaler Grundwasserstand, Mittlerer Grundwasserstand / Median der Grundwasserstände, Herkunft der Daten, Literaturzitate, etc.).

Zu den Messdaten (veränderliche Daten) zählen:
- Grundwasserstand (Einzelmessungen, Ganglinien, statistische Daten),
- Abfluss bei oberirdischen Gewässern,
- Schüttung von Quellen,
- spezifische elektrische Leitfähigkeit,
- Wassertemperatur,
- pH-Wert,
- Sauerstoffgehalt,
- Redoxpotential,
- anorganische Inhaltsstoffe (Tab. 2.12),
- organische Inhaltsstoffe (Tab. 2.12),
- Witterungsbedingungen (Niederschlag, Evaporation, Windgeschwindigkeit, Temperatur, Luftfeuchte, Sonnenscheindauer, etc.).

Generell ist es wichtig bei den einzelnen Daten die Herkunft als Literaturzitat zu dokumentieren. Dies ist besonders bei der Erstellung der Berichte und Gutachten (Kap. 7) von Bedeutung. Die sorgfältige Auflistung der Daten mit Nennung der Quelle in Form einer Referenzliste bzw. Literaturliste dokumentiert die hohe Qualität und Aussagekraft der Datensammlung.

3.3 Vorauswertung und Evaluierung der Daten

Die Verwendung von vorhandenen und gesammelten Daten hat den großen Vorteil, dass diese mit einem geringen Kostenaufwand nutzbar sind, gegenüber den noch zu gewinnenden Daten im Gelände. Andererseits besitzen Fremddaten qualitative Unsicherheiten. Allerdings wird ein erfahrener Hydrogeologe mit regionalen Kenntnissen in der Lage sein, die Qualität seiner Datenquellen (z.B. Bohrfirma, Chemielabor) einzuschätzen. Bei chemischen Analysen lässt sich durch eine Ionenbilanz die Qualität der Analytik bestimmen (HÖLTING & COLDEWEY 2013). In wichtigen Fragestellungen sind die Fremddaten im Gelände z.B. an Grundwassermessstellen und Brunnen zu überprüfen.

3.4 Vorbereitung der Geländearbeiten

Ein wichtiger Bestandteil der hydrogeologischen Arbeiten sind die Geländearbeiten. Sie liefern die Ausgangsdaten für die spätere Ausarbeitung der Berichte und Gutachten. Die Vorbereitung dieser Arbeiten ist mit größter Sorgfalt zu planen. Dies betrifft zunächst die Fragestellung, aufgrund derer die entsprechenden Methoden ausgewählt werden müssen. Die unterschiedlichen Methoden z.B. hydrochemische oder geohydraulische Untersuchungen machen den Einsatz entsprechenden Fachpersonals und der dazugehörigen Geräte notwendig. Für gewisse Probleme sind langfristige Untersuchungen notwendig, z.B. über eine Vegetationsperiode. Eine entsprechende Vorplanung ist erforderlich. Des Weiteren können bestimmte Untersuchungen an gewisse Klimabedingungen geknüpft sein, wenn z.B. das Gelände nur im Sommer befahrbar ist. Dies ist häufig beim Einsatz von größeren Bohrgeräten ein Problem. Neben der Koordination der entsprechenden Geländearbeiten im eigenen Haus ist auch häufig der Einsatz von Fremdfirmen mit einzuplanen, z.B. Firmen oder Vermessungsbüros bzw. Chemielabors. Dieses Zusammenspiel verschiedener Fachrichtungen ist präzise zu planen, besonders im Hinblick auf die Zeit- und Kostenplanung.

3.5 Geographisches Informationssystem

Ein Geographisches Informationssystem ermöglicht die computergestützte Sammlung, Speicherung, Auswertung und Darstellung der Daten. Dabei ist es mehr als die bloße Darstellung der im Gelände gewonnenen Kenngrößen in einer Karte, sondern es erlaubt durch die Analyse dieser Raumdaten Aussagen über das gesamte Untersuchungsgebiet zu treffen. In einem Messraster können durch Interpolation jedem Punkt in der Karte diskrete Werte zugewiesen werden. Zudem ist es möglich, für Bereiche, die außerhalb des Messrasters liegen, unter Berücksichtigung der geologischen und geographischen Verhältnisse, die Messwerte zu extrapolieren. Die Darstellung der räumlichen Verteilung einer Kenngröße (Konzentration, Schichtmächtigkeit, etc.) erfolgt zumeist mittels kontinuierlichen Farbabstufungen („Farbrampen") oder linienhaft durch Isolinien bestimmter Werte. Heute hat sich in der geologischen Ausbildung und der ingenieurgeologischen Praxis vor allem die Software ArcGIS® von ESRI Inc. (Environmental Systems Research Institute, Redlands, CA.) aufgrund der allgemeinen Anwendbarkeit durchgesetzt. Spezialisiertere Software (z.B. Finite Elemente-Programme) ermöglichen den Datentransfer mit ArcGIS oder lassen sich durch Plug-Ins direkt in ArcGIS einbinden (STRASSBERG et al. 2011).

Die Grundlage eines jeden GIS-Projektes stellen die georeferenzierten thematischen Karten dar. Hierbei sind verschiedene Dateiformate zu unterscheiden. Topographische Karten oder Grundkarten, die z.B. Informationen über den Verlauf von Straßen und Flüssen besitzen, liegen zumeist als monochrome Rasterdaten vor. Mit den in diesen Karten dargestellten Objekten

Geographisches Informationssystem

sind im GIS keine Attribute verknüpft. Sie verhalten sich wie eingescannte (TIFF-Format) und anschließend georeferenzierte analoge Geländekarten. Demgegenüber können thematische Karten als Vektordaten vorliegen. Sie zeichnen sich dadurch aus, dass die in ihnen dargestellten Flächen lagemäßig exakt festgelegte Grenzen besitzen und bestimmte Sachinformationen mit diesen verknüpft sind. Eine als Vektordatensatz vorliegende geologische Karte kann z.B. für jede dargestellte Fläche Informationen über die Lithologie, die Mächtigkeit, die Durchlässigkeit etc. enthalten. Die Informationen werden im Hintergrund in einem Datenbanksystem verwaltet und ständig erweitert. Der Nutzer hat hierbei die Möglichkeit, die Karte je nach relevanter Eigenschaft farblich individuell darzustellen. Die Vorteile von Vektordaten gegenüber den Rasterdaten sind, neben den Attributen, ein geringerer Speicherbedarf und eine exakte Darstellung auch bei starker Vergrößerung.

Die im Gelände vorliegenden Strukturen werden in GIS-Projekten als sogenannte Shape-Files, dies sind Datei-orientierte Vektormodelle ohne Topologie, digitalisiert. Mittels dieser Shape-Files („Form"-Daten) werden geometrische Eigenschaften wie die Lage und die Geometrie eines Objektes mit Attribut-Daten verknüpft. Es stehen drei verschiedene „Shapes" zur Verfügung:

Punkte:
- Jeder Punkt ist durch einen Rechts- und Hochwert lagemäßig bestimmt.
- Die Attribute gelten nur ganz lokal für diesen Punkt.
- Punktförmige Shapes können direkt aus Excel-Dateien (.xls) erzeugt werden.
- Punkte werden häufig für Quellen, Probennahmepunkte, Bohransatzpunkte etc. verwendet.

Linien:
- Eine Linie ist durch einen Start- und Endpunkt, mit jeweiligen Rechts- und Hochwerten lagemäßig bestimmt. Eine Linie kann als Linienzug beliebig viele Knotenpunkte besitzen.
- Die Attribute gelten für den gesamten Linienzug.
- Streckenangaben können über einen sogenannten m-Wert (linearer Messwert der Länge) definiert werden.
- Linien werden häufig für Vorfluter, Störungen, Straßen, Leitungen etc. verwendet.

Polygone:
- Ein Polygon ist eine Fläche, die durch lagemäßig festgelegten Eckpunkte definiert wird.
- Die Attribute gelten für die gesamte Polygonfläche.
- Polygone werden häufig für (hydro-)geologische Einheiten, Flächen unterschiedlicher Landnutzung, Seen, Gebäude etc. verwendet.

Die einzelnen Shape-Files werden in einer Karte standardmäßig ohne bestimmte Erscheinung (symbology) dargestellt. Dass in der Karte z.B. eine offene Bohrung als ein nummerierter schwarzer Kreis oder eine Verbreitungsgrenze als Linie dargestellt werden sollen (Signaturen für die Kartierung in Anhang 2), muss zunächst von Hand editiert werden. Sind alle optischen Eigenschaften der Shapes festgelegt, lässt sich deren Erscheinung als sogenannter Layer speichern. Da die dargestellten Attribute selbst nicht im Layer enthalten sind, ist dieser mit seiner Shape-Datei fest verknüpft. Dies hat den Vorteil, dass durch Importieren eines Layers in verschiedene GIS-Projekte die jeweiligen Strukturen identisch angezeigt werden. Zudem werden redundante Datensätze vermieden, da nur eine Shape-Datei für mehrere Projekte nötig ist.

Folgende Arbeitsschritte sind bei der Bestimmung der Vorflutverhältnisse in einem Untersuchungsgebiet notwendig. Ein Ingenieurbüro wird beauftragt, die Vorflutverhältnisse in einem bestimmten Gebiet zu untersuchen. In einem ersten Schritt werden die vom Auftraggeber zur Verfügung gestellten Daten (Topographische Karten, Luftbilder, Bohrverzeichnisse, etc.) digitalisiert und in dem GIS dargestellt (Abb. 3.1). Der Auftragnehmer kann diese Daten durch eigene Untersuchungen, die bereits in diesem Raum durchgeführt wurden, ergänzen. Oftmals wird hierbei, wenn Auftraggeber und Auftragnehmer in unterschiedlichen Koordinatensystemen arbeiten, eine Transformation der Daten erforderlich, die mit Hilfe von Software durchgeführt wird. Es lassen sich somit anhand der Voruntersuchungen im Büro (Desktop GIS) wichtige Informationen über das Untersuchungsgebiet gewinnen und bestmögliche Probennahmepunkte und/oder Bohransatzpunkte lagemäßig festlegen. Diese werden als Shape-Files in der digitalen Karte angelegt und mit den relevanten Kenngrößen, die vor Ort gemessen werden sollen, editiert. Dieser Schritt muss sehr sorgfältig geplant werden, da häufig die Probennahme von einer anderen Person durchgeführt wird, als derjenigen, die diese Probennahmepunkte festgelegt hat. Wird eine Kenngröße nicht beachtet, so wird diese auch nicht im Gelände gemessen und kann später aufgrund veränderter Verhältnisse nicht reproduziert werden. Sind alle Voruntersuchungen und die Datenaufbereitung im Büro abgeschlossen, werden die Daten vom Desktop GIS auf ein mobiles GIS übertragen. Dieses System kann mit jedem Tablet-PC oder einem GPS Handheld Computer genutzt werden. Inzwischen sind auch schon GIS-Systeme für Smartphones verfügbar. Per GPS lässt sich die eigene Position in der Karte auf dem Display verfolgen und der Probennahmepunkt bzw. Bohransatzpunkt exakt erreichen. Die zuvor angelegten Shape-Files werden direkt im Gelände mit den relevanten Vor-Ort-Kenngrößen editiert. In einem abschließenden Schritt werden die editierten Shape-Files wieder in das Desktop GIS eingepflegt und stehen der weiteren Verarbeitung zur Verfügung.

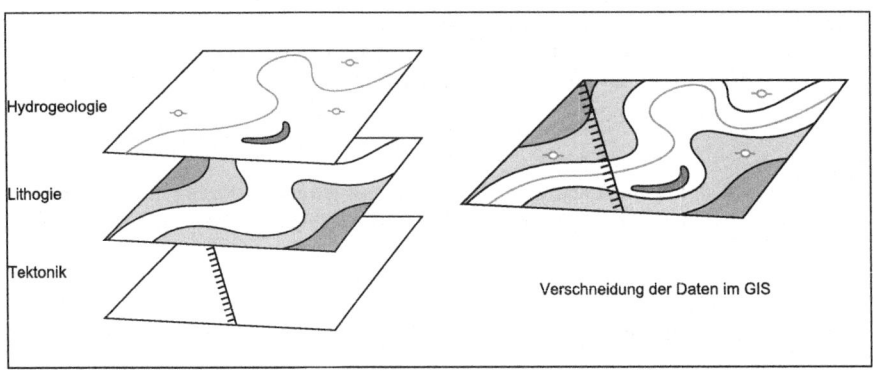

Abb. 3.1: Geographisches Informationssystem. Verschneidung der Daten im GIS.

Weiterführende Literatur:

AD-HOC-AG HYDROGEOLOGIE (1997): Hydrogeologische Kartieranleitung. – Geol. Jb., 2: 3-157, 15 Abb., 6 Tab., 10 Anl., Hannover (BGR).

STRASSBERG, G., JONES, N.L. & MAIDMENT, D.R. (2011): Arc Hydro Grondwater – GIS for Hydrogeology. – 160 S., 167 Abb.; Redlands, CA. (ESRI Press).

3.6 Aufbewahrung und Sicherung

Unter Aufbewahrung und Sicherung sind alle Maßnahmen und Einrichtungen zu verstehen, durch die recherchierten Daten, die Messergebnisse aus den späteren Geländearbeiten sowie die daraus entwickelten Pläne und Karten auf Zeit oder auch auf Dauer vor Verlust, Entwendung und Beschädigung geschützt werden (LAWA 1982).

4 Geländearbeiten

4.1 Allgemeine Gesichtspunkte der Geländeaufnahme

Für die Erkundung der hydrogeologische Verhältnisse sind Geländeaufnahmen unverzichtbar. Dazu gehören Geländebegehungen zur Erkundung der hydrogeologischen, hydrologischen und biologischen Gegebenheiten. Des Weiteren werden die vorhandenen Grundwassermessstellen, Brunnen und Quellen überprüft und gemessen. Außerdem werden Hinweise auf vorhandenes Grundwasser durch Kartierung der Flora und Fauna gesammelt.

Klassische, geowissenschaftliche Feldkartierungen mit Kartierbrett, Feldbuch und Formblättern haben sich in der Vergangenheit zur Geodatenerfassung bewährt. Um die gewonnene Geländeinformation innerhalb von Geoinformations- (GIS) oder Fachinformationssystemen (FIS) zugänglich zu machen, sollten die Analogdaten nachträglich digitalisiert und aufgearbeitet werden. Damit die zeit- und damit kostenintensive nachträgliche Digitalisierung der Punkt-, Linien-, Flächen-, sowie Sachdaten entfallen kann, kommen bereits seit mehreren Jahren Systeme zur direkten digitalen, mobilen Geodatenerfassung (MDE) mit DGPS-Unterstützung (**D**ifferential **G**lobal **P**ositioning **S**ystem) erfolgreich für unterschiedlichste geowissenschaftliche Zwecke zum Einsatz (BRINKKÖTTER-RUNDE 1995). Mit der MDE ist es möglich, abseits vom Computerarbeitsplatz Daten zu erfassen.

Für die hydrogeologische Kartierung ist eine angepasstes Konzept bzw. eine sinnvolle Kombination von Gerät und Software auszuwählen. In den Geowissenschaften im Allgemeinen haben sich in der Vergangenheit u.a. die Software-Lösungen GISPAD und ArcPad sowie der Einsatz von GPS Handheld-Computern bewährt.

4.2 Vorbereitungen

Da das Spektrum der zu kartierenden Details im Gelände sehr vielfältig ist, bedarf es einer umfassenden Vorbereitung der Geländearbeiten. Dies betrifft die Zeitplanung, die Ablaufplanung und Gewinnung und Sammlung von Daten im Gelände. Zur Vorbereitung der Geländearbeiten im Allgemeinen werden folgende Arbeitsschritte empfohlen:
- Zusammenstellung der Stammdaten aller hydrogeologischen Objekte mit Sachbezug (Kap. 3.2) und deren Verwaltung in einem Geoinformationssystem (Kap. 3.4),

- Eintragung aller relevanten Punkt-, Linien- und Flächeninformationen in eine analoge Geländekarte bzw. in eine digitale Geländekarte (hier auch Eintragung der Sachdaten möglich),
- Entwurf eines Untersuchungs- und Messprogrammes (in Abhängigkeit von der Fragestellung),
- Vorbereitung von analogen Formblättern (Anh. 5) oder Eingabemasken der MDE-Software (angepasst an die entsprechende Fragestellung),
- Organisation des Personal- und Geräteeinsatzes (einschließlich Fahrzeuge und Unterkunft).

4.2.1 Übersichtsbegehung

Nach der Bestandsaufnahme vorhandener Daten und Karten (Kap. 3) und den allgemeinen vorbereitenden Arbeitsschritten beginnen die Geländearbeiten. Als erstes findet eine Übersichtsbegehung statt, um die bestehenden Daten räumlich einzuordnen und das Untersuchungs- und Messprogramm festzulegen. Der Hydrogeologe erkundet das gesamte Untersuchungsgebiet und notiert sich natürliche und anthropogen beeinflusste Gegebenheiten, einschließlich Gewässer, morphologischer Senken, Flächennutzung, etc. Besondere Aufmerksamkeit sollte auf unterschiedlich gefärbte Böden und Vegetationsänderungen gelegt werden (Tab. 4.1). Interessante Rückschlüsse auf die derzeitige und vergangene Situation ergeben sich aus persönlichen Gesprächen mit Anwohnern und Zeitzeugen (Kap. 3.1.8).

Tab. 4.1: Übersichtsbegehung. Gesichtspunkte.

Gesichtspunkte	zu achten auf	Hinweis auf
geologische	Bodenbeschaffenheit, Lesesteine	anstehende geologische Schichten, Schichtgrenzen, Mächtigkeit der Überlagerung, geologische Störungen
	Geländeformen: Terrassen, ehemalige Flussläufe, Geländeabrisse und -aufwölbungen, Einsenkungen im Gelände (Dolinen)	anstehenden Boden oder Fels, Schichtgrenzen, geologische Störungen, Rutsch- und Kriechhänge, Auslaugung wasserlöslicher Gesteine im Untergrund (Karst), Erdfälle
	Vegetation, Wuchs von Bäumen an Hängen	anstehende Schichten, Grundwasserverhältnisse, Rutschungen, Geländesenkungen in der jüngeren Vergangenheit

Allgemeine Gesichtspunkte der Geländeaufnahme

Gesichts-punkte	zu achten auf	Hinweis auf
hydrogeolo-gische	Quellen	ggf. Schichtenaufbau, Grundwasser-Stockwerke
	Verteilung von Wasseraustritten, Feuchtstellen	Rutschungen, Auslaugung, wasser-lösliche Gesteine
	Wasserläufe, ständig oder zeitweilig	Grundwasserspiegel, ggf. Wasser-durchlässigkeiten
	Vegetation	geringen Grundwasser-Flurabstand, Quellenhorizonte
	Bohrungen, Grundwassermess-stellen, Brunnen, Weidebrunnen, Baugruben, Wasserhaltung in Baugruben	Schichtenaufbau, Grundwasserspie-gel, ggf. Wasserdurchlässigkeiten
zivilisato-rische / an-thropogene	Baugruben, Friedhöfe, Kanalisati-onsarbeiten, Ausschachtungen	geologischer Aufbau
	Kiesgruben	geologischer Aufbau
	Bauarbeiten in der Umgebung oder deren Vorbereitung (z.B. Boh-rungen)	künftige Nachbarbebauung, den Bau-grund und dessen Eigenschaften
	Art und Gründung der Nachbarbe-bauung	Gründungsmöglichkeiten, Beeinflus-sung des Vorhabens durch Dritte und Einflüsse auf Dritte
	Bauschäden in der Umgebung	Baugrundverhalten und Sonderfra-gen (z.B. Setzungen)
	Brunnen	Grundwasser, Anforderung an die Wasserhaltung, Abdichtung des Baugrundes
	Auffüllungen	Deponie von Bauschutt, Müll, usw.
	Halden, Stollen, Fördergerüste	Bergbau
	Leitungen	Behinderung bei Aufschluss- und Bauarbeiten, Versorgung mit Wasser und Strom, Ableitung von anfal-lendem Wasser

4.2.2 Untersuchungsprogramm / Messprogramm

Das Untersuchungsprogramm stellt eine Festlegung der zur Beantwortung hydrologischer Fragestellungen erforderlichen Untersuchungen dar und besteht aus der Beschreibung des Ziels, der Festlegung von Messnetz und Messprogramm sowie der Festlegung der Datenerfas-sung, Datenverarbeitung und Auswertung. Im eigentlichen Messprogramm werden die zu messenden Kenngrößen, Art, Zeitfolge und Dauer der Messungen und der Probennahme sowie Messverfahren und Randbedingungen festgelegt (nach DIN 4049).

Somit setzt sich das Untersuchungsprogramm einer hydrogeologische Kartierung aus den Geländearbeiten (Kap. 4) zusammen. Im Messprogramm sind die Messmethoden und -geräte (Kap. 2) in Abhängigkeit von den hydrogeologischen Ausgangsbedingungen oder einer speziellen Fragestellung entsprechend anzupassen und festzulegen.

4.2.3 Organisation der Geländearbeiten

Eine hydrogeologische Untersuchung kann nur so gut sein wie die Qualität der Geländedaten und der Anwendung wissenschaftlicher Methoden durch den Hydrogeologen. Der Hydrogeologe sollte ein vollständiges analoges und/oder digitales Feldbuch führen. Das analoge Feldbuch sollte gebunden sein und aus nummerierten und ggf. wasserfesten Seiten bestehen („all-weather writing paper"). Es sollte möglichst mit einem wasserfesten Stift (z.B. ein allwetterfester Kugelschreiber „AirpressPen") geschrieben werden. Wenn die Seiten aus nicht wasserfestem Papier bestehen, hat sich der Einsatz von weichen Bleistiften (2B oder 3B) bewährt. Die Eintragungen sollten chronologisch erfolgen. Das Feldbuch sollte ebenfalls sorgfältig konstruierte Skizzen und Zeichnungen enthalten.

Als digitales Feldbuch eignen sich die im Kapitel 4.1 aufgeführten Software-Lösungen. Letztendlich sollten in den Eingabemasken der MDE-Software ausreichende Möglichkeiten zur Aufnahme weiterer und meist außergewöhnlicher Aspekte bestehen. In jedem Fall ist das Mitführen eines analogen Feldbuches im Gelände empfehlenswert.

Bei einem Geländeeinsatz sollten immer Ersatzteile und eine Grundausstattung an Werkzeug für kleinere Reparaturarbeiten mitgeführt werden, damit die Geländearbeit nicht vorzeitig abgebrochen werden muss.

Vor den Geländearbeiten müssen die Geräte zur Messung der Abstände und Tiefen untereinander kalibriert werden. Dies ist notwendig, da es – insbesondere bei Lichtloten und Kabellichtloten – durch Reparaturen zu Verkürzungen des Messkabels bzw. -bandes kommen kann. Eine Verkürzung des Messbandes ist unbedingt auf dem Gerät zu vermerken und bei der Messung zu berücksichtigen. Des Weiteren kann es durch Alterungsprozesse zu einer Längung insbesondere des Kunststoff-Flachkabels des Kabellichtlotes kommen. Dieser Fehler wirkt sich immer stärker aus je tiefer der zu messende Grundwasserstand ist. Eine Kalibrierung kann z.B. mittels Stahlmessbänder erfolgen.

4.2.4 Überprüfung des Messnetzes

Soweit Messstellen für Untersuchungen genutzt werden, sollten sie folgende allgemeine Kriterien erfüllen:
- Zugänglichkeit,
- Sichtkontrolle der Messstelle,
- eindeutiger Lage- und Höhenbezug,
- Informationen über die hydrogeologischen Verhältnisse (geologischer Schnitt, eindeutige Zuordnung zu einer hydrogeologischen Einheit),
- Kenntnisse über den Ausbau und dessen Qualität (Tiefe, Innendurchmesser, Ausbaumaterial, Lage der Filterstrecken und Ringraumabdichtungen),
- ausreichender Grundwasseranschluss; ausreichende Versickerungsfähigkeit (z.B. bei Eingabestellen für Markierungsversuche),
- für Abflussmessungen: geeigneter Gewässerzustand (z.B. keine Verkrautung, keine großen Geröllе),

Durchführung der Geländearbeiten 117

Neben diesen allgemeinen Kriterien gibt es für spezielle Untersuchungen noch besondere Anforderungen an die Mess- und Probennahmestellen, so z.B. für Untersuchungen der Grundwasserbeschaffenheit (DWA 2011).

Die Prüfung des technischen Zustands einer Grundwassermessstelle erfolgt im Gelände durch Lotung mittels Lichtlot oder Tiefenlot. Die Funktionsprüfung einer Grundwassermessstelle erfolgt im Gelände durch Wasserstandsmessungen oder Auffüllversuche (Kap. 4.3.2).

4.3 Durchführung der Geländearbeiten

Die hydrogeologischen Geländearbeiten dienen in erster Line der punktförmigen Erfassung wichtiger Kenndaten mittels unterschiedlicher Messmethoden und -geräte (Kap. 2). Im Folgenden finden sich wichtige organisatorische Hinweise zur Durchführung der Geländearbeiten, die über die Beschreibung der Messmethoden und -geräte hinaus gehen.

4.3.1 Öffnung von Brunnenabdeckungen und Grundwassermessstellen

Brunnen und Grundwassermessstellen bestehen meist aus einem Rohr mit unterschiedlichem Durchmesser. Sie sind auf verschiedene Weise vor Beschädigung gesichert. Alle Einrichtungen unter der Geländeoberfläche sind durch Abdeckungen aus Beton, Stahl, Holz etc. gesichert, bei Grundwassermessstellen geschieht dies zusätzlich durch eine Verschlussklappe. Zur Öffnung der weit verbreiteten SEBA-Kappe mit Normalverschluss genügt bei dem Normalverschluss ein 6-Kant-Stiftschlüssel, für den Sicherheitsverschluss wird ein 5-Kant-Stiftschlüssel benötigt. Zum Öffnen der heute nicht mehr produzierten HWK-Kappen (früherer Hersteller **H**ydrometrische **W**erkstätten, **K**aufbeuren) ist ein spezieller Schlüssel mit Innengewinde zum Aufschrauben von Verschlussbolzen notwendig, der in den Deckel geschraubt wird. Nach dem Einschrauben kann ein Sicherheitsstift gezogen und die Kappe geöffnet werden. Darüber hinaus gibt es eine Vielzahl selbst hergestellter Kappen und Deckel mit unterschiedlichen Schlössern. Die Art des zu verwendenden Schlüssels kann vorab beim Betreiber der Grundwassermessstelle erfragt werden. Es empfiehlt sich für den Geländeeinsatz ein Werkzeugsortiment anzulegen, bestehend aus:
- Sechskant-Stiftschlüsselsatz,
- Vierkant-, Sechskant-Steckschlüsselsatz,
- Satz Drei-, Vier- und Fünfkant- (Innen- und Außen-)Schaltschrankschlüssel (sind auch als Kombinationsschlüssel im Fachhandel erhältlich),
- Schraubendreher,
- Rohr- und Spitzzange (Telefonzange),
- HWK-Schlüssel,
- Rostlösespray.

Vor dem Entfernen der Brunnenabdeckung oder dem Öffnen der Grundwassermessstelle muss – falls erforderlich – der gesamte umgebende Bereich von Boden, Vegetation und weiteren Rückständen mittels eines Spatens und eines Handfegers befreit werden. Dies erleichtert zum Einen das Öffnen des Brunnens, zum Anderen wird dadurch verhindert, dass Verschmutzungen in den Brunnen bzw. die Grundwassermessstelle fallen. Bei älteren Brunnenabdeckungen ist beim Betreten Vorsicht geboten, da diese durch Alterung instabil sein können.

Beim Öffnen ist große Vorsicht geboten. Da viele Abdeckungen keine Griffe oder Grifflöcher besitzen, ist die Gefahr von Quetschungen für Füße und Hände gegeben. Hierbei kann der vorsichtige Einsatz folgender Werkzeuge: Brechstange, Kuhfuß, Haken oder Kanaldeckelheber hilfreich sein. In jedem Fall ist der Eigentümer bzw. Betreiber der Anlagen zu informieren und ggf. um Hilfe zu bitten.

4.3.2 Funktionsprüfung einer Grundwassermessstelle

Die Prüfung der Funktionstüchtigkeit einer Grundwassermessstelle bezieht sich auf ihren baulichen Zustand, ihre Zugänglichkeit, die Messbarkeit sowie eine mögliche Beeinflussung der Messwerte. Die Ergebnisse dieser Prüfung sind auf dem Formblatt 2 (Anh. 5) einzutragen. Hinweise auf notwendige Reparaturarbeiten oder sonstige Maßnahmen sind auf der Rückseite des Formblattes zu vermerken.

Zur Feststellung der hydraulischen Verbindung der Grundwassermessstelle mit dem Grundwasser ist eine Funktionsprüfung vorzunehmen. Vor der Funktionsprüfung ist zu untersuchen, ob das Beobachtungsrohr frei von Fremdkörpern und die Filterstrecke nicht übermäßig verschlammt ist. Hierzu ist eine Tiefenlotung und ein Vergleich mit der Ausgangstiefe (Solltiefe) vorzunehmen. Erforderlichenfalls sollte der Funktionsprüfung eine Reinigung oder Entschlammung der Messstelle vorangehen. Eine Absaugung der an der Messstellensohle abgelagerten Sedimente kann mittels Wasserhochdruckpumpe oder Presslift erfolgen.

Die Funktionsprüfung kann durch Auffüllung (Schluckversuch) oder Absenkung (Pumpversuch) des Ruhewasserspiegels erfolgen. Dieser muss ungestört sein, es dürfen also in einem angemessenen Zeitraum vor dem Versuch keine Entnahmen/Auffüllungen stattgefunden haben.

Bei Grundwassermessstellen wird die Funktionsprüfung zweckmäßig im Auffüllverfahren durchgeführt. Die Auffüllung ist so durchzuführen, dass der Wasserstand außerhalb der Grundwassermessstelle möglichst wenig beeinflusst wird. Die Auffüllhöhe soll deshalb nicht zu groß sein; bei Grundwassermessstellen genügt eine Differenzhöhe von ca. 50 cm. Es sollte für die Auffüllung ausschließlich sauberes Wasser zum Einsatz kommen, damit es zu keiner Beeinflussung der Prozesse im Grundwasser kommt. Am besten geeignet ist das vor Ort vorliegende Grundwasser.

Im Einzelnen wird folgendermaßen vorgegangen:
- Abstichmessung vor der Auffüllung (Ruhewasserspiegel = RW) (m),
- Auffüllung des Rohres um etwa 50 cm,
- Abstichmessung nach der Auffüllung (Wasserspiegel unter Messpunkt in m),
- Abstichmessung in der Regel alle dreißig Sekunden, bis der Ruhewasserspiegel wieder erreicht ist. Sinkt der Wasserspiegel unter Messpunkt sehr langsam, muss hier nicht gewartet werden bis der Ruhewasserspiegel erreicht wird. Das Messintervall kann in diesem Fall nach den ersten Messungen vergrößert werden; der Messzeitraum soll dreißig Minuten nicht überschreiten.
- Berechnung der Aufhöhung (RW minus Wasserspiegel) (m),
- Auftragung der Aufhöhung gegen die Zeit,
- Einsetzen der Werte aus der ersten und letzten Messung in die Erfahrungsformel (NATERMANN in PFEIFFER 1962).

$$\varepsilon = \frac{2}{\Delta t} \cdot \frac{h_1 - h_2}{h_1 + h_2} \qquad \text{(Gl. 15)}$$

mit:
ε = NATERMANN-Kennwert (1/min)
h_1 = Höhe des aufgefüllten Wasserspiegels zu Beginn der Messung, bezogen auf den Ruhewasserspiegel (cm)
h_2 = Höhe des aufgefüllten Wasserspiegels am Ende der Messung, bezogen auf den Ruhewasserspiegel (cm)
Δt = Zeitspanne zwischen den beiden Messungen (min)

Als funktionstüchtig gilt eine Messstelle, deren ε-Wert größer oder gleich 0,0115 1/min ist. Bei Grundwasserhemmern kann dieser ε-Wert auch unterschritten werden, obwohl die Messstelle funktionstüchtig ist. Dies kann z.B. bei gering durchlässigen Gesteinen in der Umgebung von speziell angelegten Deponiestandorten der Fall sein. Eine Messstelle gilt als nicht funktionstüchtig, wenn der ε-Wert kleiner als 0,0115 1/min ist.

Das Protokoll der Funktionsprüfung nach Formblatt (Anhang 1, Formblatt 2) ist zur Stammakte der Grundwassermessstelle zu nehmen. Die Funktionsprüfung ist möglichst im Abstand von circa vier Jahren zu wiederholen. Sie ist außerdem dann durchzuführen, wenn Hinweise auf eine reduzierte Funktionstüchtigkeit vorliegen.

An kritischen Grundwassermessstellen kann der Einsatz von Kamerabefahrungen notwendig werden. Hierbei können die Übergänge der Bauelemente (Aufsatzrohr, Vollrohr, Filterrohr) sowie festgestellte Schäden (Zusickerung von oberflächennahem Grundwasser, Wurzelverwachsungen, abgerissene Bauteile) untersucht werden.

4.4 Durchführung der Kartierarbeiten

Die Hydrogeologische Kartierung dient in erster Linie der flächenhaften Erkundung von Grundwasser. Das Aufsuchen von Grundwasser setzt eine möglichst genaue Kenntnis der geologischen Beschaffenheit der zu kartierenden Gegend voraus. Der Kartierer sollte vor allem aber die Fähigkeit besitzen, die Morphologie des Gebietes, also die Formen seiner Oberfläche und ihre Entstehung, zu erkennen und richtig zu deuten (KEILHACK 1935).

Für die flächenhafte Erkundung werden punktuelle Informationen zu Quellen (Kap. 4.4.3), Grundwasserständen (Kap. 4.4.4) und Flurabständen (Kap. 4.4.5) so wie linienhaft angeordnete Informationen zu oberirdischen Gewässern (Kap. 4.4.2) in die Fläche übertragen.

Jede hydrogeologische Kartierung beginnt mit der Kartierung der geologischen Strukturen (Kap. 4.4.1). Anschließend erhält die Morphologie und der Verlauf oberirdischer Gewässer (Kap. 4.4.2) bis hin zu deren Quellen (Kap. 4.4.3) eine notwendige Beachtung.

4.4.1 Kartierung geologischer Strukturen (Festgesteine / Lockergesteine) mit hydrogeologischer Relevanz

Die geologische Aufnahme ist bei der hydrogeologischen Kartierung auf die für die Wasserbewegung im Untergrund relevanten Strukturen beschränkt. Zu den hydrogeologisch relevanten Strukturen gehören sowohl Zonen erhöhter als auch verminderter Wasserwegsamkeit. Bei der Geländeaufnahme sind in Festgesteinsgebieten u.a. folgende Aspekte zu untersuchen:
- Lagerungsverhältnisse, Schichtstreichen und -einfallen, Diskordanzen, Mächtigkeit der Gesteinseinheiten,
- Trennflächengefüge, u.a. Orientierung, Öffnungsweite, Häufigkeit, Verteilung und ggf. sekundäre Verkittung von Schichtfugen, Klüften, Störungen und Schieferungsflächen, Bankungsflächen, Absonderungsflächen (bei der statistischen Auswertung dieser Messungen ist die morphologische und tektonische Position der Aufschlüsse zu beachten),
- Art und Mächtigkeit der Verwitterung in Abhängigkeit von der morphologischen Position,
- Verbreitung von Auflockerungszonen mit erhöhten Wasserwegsamkeiten an Talflanken infolge Talvorschub, im Bereich von Sattelzonen und Aufwölbungen,
- Verkarstung und
- Subrosion (Dolinen, Erdfälle, Trockentäler, Subrosionssenken, Bachschwinden),
- Senkungsgebiete als Folge des Bergbaus.

Es erfolgt eine abschließende Einteilung der Festgesteinsgebiete in Homogenbereiche von Grundwasserleitern, Grundwassergeringleitern und Grundwassernichtleitern.
In Lockergesteinsgebieten sind u.a. von Bedeutung:
- Lagerungsverhältnisse, Glazialtektonik, Rinnensysteme, Schwemmfächer,
- Basis der Lockergesteine,
- Verbreitung gering durchlässiger Deckschichten im Hinblick auf eine erhöhte Schutzfunktion der Grundwasserüberdeckung und gespannte Druckverhältnisse,
- Lage von (auch nur temporär wasserführenden) Quellen und diffusen Grundwasseraustritten als Hinweis auf schwebende Grundwasservorkommen,
- Verbreitung organischer Böden (Hochmoor, Niedermoor, Torf, Moorerde),
- Ortsteinhorizonte, Raseneisenerze,
- Verlauf und Ausrichtung von geomorphologischen Elementen wie Terrassenkanten und früheren Gewässerläufen,
- Verlauf, Beschaffenheit und Wasserwegsamkeit von Störungszonen.

Es erfolgt eine abschließende Einteilung der Lockergesteinsgebiete in Homogenbereiche von Grundwasserleitern, Grundwassergeringleitern und Grundwassernichtleitern.

4.4.2 Kartierung oberirdischer Gewässer (Vorflutfunktion, Kolmation, Leakage)

Als oberirdische Gewässer wird das fließende oder stehende Gewässer einschließlich Gewässerbett bezeichnet. Sie lassen sich demzufolge unterteilen in
- Fließgewässer (Quellen, Gräben, Bäche, Flüsse) und
- Stillgewässer (Seen, Blänken).

Im Rahmen der hydrogeologischen Kartierungsarbeiten liegt der Schwerpunkt in der Kartierung des Verlaufes und der Wasserführung der Fließgewässer (Anh. 2, Nr. 3, 4, 9). Der Verlauf eines Fließgewässers wird häufig über geologische Strukturen im Untergrund manifestiert. Die Quelle stellt den ersten Punkt eines Grundwasserzutritts dar (Kap. 4.4.3) und ist ebenfalls häufig an die hydrogeologischen Untergrundverhältnisse gebunden. Außerdem ist die Wasserführung eines Fließgewässers im Laufe eines Jahres zu überprüfen. Ganzjährig fließende Gewässer (perennierend) verfügen über einen ganzjährigen seitlichen Grundwasserzutritt; teilweise trockenfallende Gewässer (intermittierend) liegen zeitweise oberhalb der Grundwasseroberfläche und können nach Regenereignissen Wasserverluste anzeigen. Das Versiegen eines Gewässers sowie der plötzliche Wiederaustritt können ein wichtiges Indiz für vorhandene Karstgrundwasserleiter sein. Eine stetige Verringerung der Wasserführung kann auf eine ständige Infiltration des Gewässers ohne die entsprechenden seitlichen Zuflüsse hindeuten und stellt somit auch einen Hinweis auf die Durchlässigkeit des Untergrundes dar.

Im Gelände lassen sich im Rahmen der Gewässerkartierung verschiedene Kenngrößen beschreiben und ermitteln. Bei Arbeiten in der Umgebung von Gewässern sollten immer die Sicherheitsaspekte (Kap. 8) beachtet werden. Eine Gewässerkartierung sollte immer die topographische Situation und den Zustand der Überflutungsfläche mit einbeziehen. Die folgenden Beobachtungen im Rahmen der Gewässerkartierung sind festzuhalten und eventuell durch Fotos, Skizzen, Schnitte zu dokumentieren:
- allgemeine Topographie,
- Breite und Tiefe des Gewässers,
- Ausbauzustand (Betonschalen, Spundwände, Uferbefestigungen, Weidengeflecht, Faschinen),
- anthropogene Installationen (Gebäude, Straßen, Brücken, Eisenbahnen, Dämme, Umleitungsstrukturen, Dränageleitungen, Steinbettungen, Deiche, Überlaufrinnen, etc.),

Durchführung der Kartierarbeiten

- Bauwerke im Gewässer (Wehre, Schwellen, Staustufen) oftmals mit Höhenangaben,
- Beschreibung des Gewässerbetts und des Ufers mit den anstehenden Sedimenten und Festgesteinen,
- Hinweise auf Überflutungen und deren Entwicklung (Hochwassermarken, Angeschwemmtes in Bäumen, schlammige oder schluffige Ablagerungen auf Vegetation und anderen Objekten, tote Wassertiere auf dem Ufer, Überflutungsfläche, Querprofil, Relation zur Breite des Gewässers),
- Stabilität des Ufers (Unterspülungen, Bäume mit freiliegenden über der Wasseroberfläche hängenden Wurzeln, Hinweis auf Bodenfließen, Rutschungen oder Auswaschungen, Grasnarben aufgrund von Massentransport),
- Abschätzung von Wasserzutritten und -verlusten (aus Schätzungen oder Messungen des Abflusses, eventuell Messung der Temperatur und der elektrischen Leitfähigkeit, sichtbar in den Böschungen oder zwischen den Betonplatten bei ausgebauten Gewässern),
- Sedimentationsmarken (Sandbänke, Schwemmsel, Hochwassermarken),
- Erosionsmarken (Striemen, freiliegende Baumwurzeln, instabile Vegetation, unterspülte Fundamente),
- Beobachtung des Wassergehaltes der Böden des Überflutungsbereiches (trocken, feucht oder wassergesättigt),
- Ökologische Indikatoren (Flora: Pflanzenspezies, Dichte und Zustand; Fauna: Makrozoobenthos des Interstitials zwischen Oberflächenwasser und Grundwasser, Kap. 4.4.7),
- Hinweis auf Tieraktivitäten im Gewässer und Uferbereich (z.B. Tunnel, Gräben oder Dämme),
- Grad der Kolmation (Korngröße bzw. Durchlässigkeit der Sedimente der Kolmationsschicht, Mächtigkeit der Kolmationsschicht),
- Art der Ausfällungen (Eisenausfällungen, Karbonatausfällungen), Ort der Ausfällungen (an der Gewässersohle als Schlamm; auf der Wasseroberfläche als Film oder Haut; im Uferbereich an der Wasseroberfläche als Film oder Haut) und Zustand der Ausfällungen (durchgängiger Film, zerrissener Film, wolkige Ausflockungen, Inkrustationen, etc.),
- Trübung (hohe Sedimentfracht),
- Färbung (Huminstoffe im Umfeld von anmoorigen Schichten),
- Wasserführung der Gewässer (fließend, stehend, trocken).

Die Abschätzung von Wasserzutritten und -verlusten geschieht über Beobachtungen im Gelände oder über direkte und indirekte Bestimmungsmethoden der Vorflutfunktion (Kap. 2.6). Der punktuelle Zutritt von Grundwasser ist an der Gewässersohle – ähnlich wie in Quellen – über kleinste Partikel (Sandkörner, Blätterreste, Ooide), die durch den Auftrieb in Schwebe gehalten werden, zu erkennen. Dort, wo Grundwasser flächen- oder linienhaft zutritt, tritt in der Regel keine Kolmation der Gewässersohle mit feinen Schlammablagerungen auf und die Sedimente der Gewässersohle sind grobkörniger.

In der kalten Jahreszeit wird aufgrund des Temperaturunterschiedes zwischen dem Grundwasser (im allgemeinen ± 10°C) und der umgebenden Luft Nebelbildung über Grundwasserzutritten beobachtet. In der warmen Jahreszeit erwärmt sich das Oberflächenwasser und der Grundwasserzutritt ist über eine lokale Temperaturabsenkung zu erfassen.

Durch den Zutritt von Grundwasser in das Oberflächengewässer mischen sind möglicherweise unterschiedliche Wassertypen mit unterschiedlichem Chemismus. In den meisten Fällen kommt es durch den Zutritt von reduzierendem Grundwasser in oxidierendes Oberflächengewässer zu Ausfällungen von Eisen- und Manganhydroxiden. Der Zutritt von Grundwasser mit sehr geringem pH-Wert (z.B. saures Grubenwasser oder Haldenwässer aus Bergbautätigkeiten) erzeugt sehr klares Oberflächenwasser; dieses Phänomen beruht auf der Ausflockung von Tonpartikeln durch erhöhten Gehalt an gelöstem Aluminium. Beim Zutritt von karbonatreichem Grundwasser in das Oberflächenwasser kommt es infolge der Druckentlastung und CO_2-Entgasung – und der damit verbundenen geringeren Löslichkeit von Hydrogencarbonat – oftmals zu Karbonatausfällungen in Form von Kalktuff (z.B. als Travertin, Sinterterrassen). Die Ausfällungen passieren meist mehrere Zehnermeter im Abstrom des Grundwasserzutritts an Stellen, wo die CO_2-Entgasung durch starke Turbulenz an Stromschnellen, Schwellen, Hindernissen oder Wehren begünstigt wird.

Durch den Zutritt von sauerstofffreiem, aber nährstoffreichem Grundwasser (z.B. in anmoorigen Gebieten mit hohem organischen Gehalt oder am Rand von landwirtschaftlichen Flächen mit starker Düngung) bildet sich in strömungsarmen Gewässern an der Wasseroberfläche ein schillernder mikrobieller Biofilm, die sogenannte Kahmhaut, aus. Sie ähnelt einem Ölfilm. Die Kahmhaut besteht u.a. aus Hefen (Kahmhefen), Lipiden und sauerstoffabhängigen Bakterien (z.B. eisenoxidierende Bakterien, meist mit unpolarer Oberfläche) und stellt eine gelatinöse Mixmasse dar. Durch Turbulenzen bei zunehmendem Wind neigen die hydrophoben Moleküle zur Schaumbildung aus Sauerstoff-Bläschen. Wenn man mit einem kleinen Stock durch den öligen Film hindurchzieht, zerreißt der Biofilm in einzelne Blättchen; eine ölige Kontamination durch Benzin oder Mineralöl zeigt hingegen Schlierenbildung und Verwirbelungen.

In ausgebauten Gewässern können Grundwasserzutritte aus den Fugen zwischen den Betonteilen und Rissen im Beton erfolgen und beobachtet werden. So kann ausgewaschenes Sediment in den Fugen und Rissen unterhalb des Gewässerspiegels einen Wasserzutritt anzeigen. Oberhalb des Wasserspiegels lassen sich Grundwasserzutritte manchmal direkt beobachten, wenn ein starker Gradient im Grundwasserleiter vorherrscht. Hier deutet generell fehlende Vegetation oder Nässezeiger-Vegetation (Kap. 4.4.7) in den Fugen und Rissen auf Wasserzutritte hin. Bedingt durch Ausfällungen können sich solche Wasserzutritte mit der Zeit verringern. Letztendlich sind nur qualitative Aussagen möglich. Allerdings gibt die Höhenlage der Wasserzutritte einen Hinweis auf die Lage der Grundwasseroberfläche.

Alle genannten Beobachtungen erfordern einen geschulten Blick und Erfahrung seitens des kartierenden Bearbeiters. Gewöhnlich sind nur qualitative Aussagen über das Auftreten der Wasserzutritte oder -verluste möglich; quantitative Informationen über die Austauschraten lassen sich mittels direkter und indirekter Bestimmungsmethoden der Vorflutfunktion (Kap. 2.6) erheben.

Wenn im Untersuchungsgebiet auch Stillgewässer (Seen, Blänken) vorliegen, ist in einem ersten Schritt zu klären, ob diese Stillgewässer einen Kontakt zum Grundwasserleiter besitzen und ob ein Überlauf vorhanden ist. Die Höhenlage der Unterkante des Überlaufes nimmt in niederschlagsreichen Zeiten einen großen Einfluss auf den Wasserstand des Stillgewässers; in niederschlagsarmen Zeiten kann der Wasserstand des Stillgewässers auf ein tieferes Niveau abfallen. Ein Stillgewässer mit vollkommen offenen Seeufern (z.B. junger Baggersee) wird vollständig von Grundwasser durchflossen; das Stillgewässer besitzt Grundwasserkontakt. Der Wasserstand im Stillgewässer zeigt den ausgespiegelten mittleren Grundwasserstand des Grundwasserleiters der Umgebung an. Im Grundwasseranstrom des Stillgewässers wird die Grundwasseroberfläche abgesenkt und im Grundwasserabstrom des Stillgewässers wird die Grundwasseroberfläche aufgehöht (Abb. 4.1 Bild 1). Im Grundwasserhöhenplan ist erkennbar, dass die Reichweiten der oberstromigen Absenkung und der unterstromigen Erhöhung der Grundwasseroberfläche abhängig ist von der Ausrichtung der Längserstreckung des Stillgewässers (Abb. 4.2 Bild 1 und Abb. 4.2 Bild 3).

Die Kippungslinie ist die Schnittlinie der weiträumigen unbeeinflussten Grundwasseroberfläche mit der Seewasseroberfläche. Die Lage der Kippungslinie zeigt den Kolmationsgrad eines Stillgewässers an. Bei vollkommen offenen Seeufern verläuft die Kippungslinie durch die Mitte des Sees. Mit zunehmendem Kolmationsgrad und Alter des Stillgewässers wandert die Kippungslinie in Richtung des Grundwasseranstroms (Abb. 4.1 Bild 2).

Bei Stillgewässern mit vollständig kolmatierten Seeufern (z.B. verlandeter See) liegt die Kippungslinie sogar außerhalb des Stillgewässers (Abb. 4.1 Bild 3). Hier stellen die kolmatierten Seeufer eine Fließbarriere für das Grundwasser dar. Im Grundwasseranstrom des Stillgewässers wird die Grundwasseroberfläche aufgestaut und aufgehöht und im Grundwasserabstrom des Stillgewässers wird die Grundwasseroberfläche abgesenkt (Abb. 4.1 Bild 3). Das Grundwasser muss den See komplett umströmen. Hier besteht kein Grundwasserkontakt. Auch am Grund-

Durchführung der Kartierarbeiten 123

wasserhöhenplan ist an den Grundwasserfließrichtungen erkennbar, dass der See umströmt wird (Abb. 4.2 Bild 2 und Abb. 4.2 Bild 4).

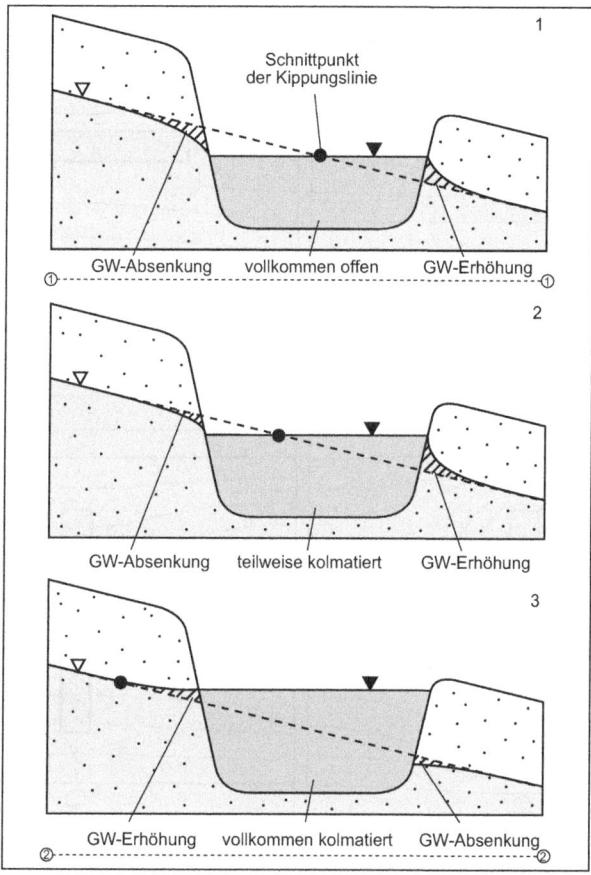

Abb. 4.1: Kolmationsgrad eines Sees mit Angabe des Schnittpunktes der Kippungslinie. 1: Schnitt durch einen See mit vollkommen offenen Seeufern (zugehöriger Schnitt in Abb. 4.2, Bild 3), 2: Schnitt durch einen See mit teilweise kolmatierten Seeufern (zugehöriger Schnitt in Abb. 4.2, Bild 4), 3: Schnitt durch einen See mit vollkommen kolmatierten Seeufern (verändert nach AKADEMISCHER NATURSCHUTZ UND LANDSCHAFTSPFLEGE 1980).

Eine Bestimmung des Grades der Kolmation an Stillgewässer (z.B. Seen) ist anhand von bereits konstruierten Grundwasserhöhenplänen möglich. Es werden die in Abbildung 4.1 möglichen Situationen unterschieden. In Abhängigkeit von der Ausrichtung eines länglichen Sees zu den Grundwasserhöhengleichen bzw. zur Grundwasserfließrichtung resultieren die in Abbildung 4.2 aufgezeigten Grundwasserhöhengleichen. Wenn nun in einem bereits von Fachkollegen konstruierten Grundwasserhöhenplan die Grundwasserhöhengleichen alle um einen See herumgeführt werden, dann besteht keine Kolmation, das heißt die Seeufer sind offen. Wenn nun aber die Grundwasserhöhengleichen auf das Seeufer zulaufen, dann ist der Grad der Kolmation sehr hoch, das heißt die Seeufer sind kolmatiert. Es sind in den von Fachkollegen konstruierten Verläufen der Grundwasserhöhengleichen aber auch alle Übergangsformen möglich.

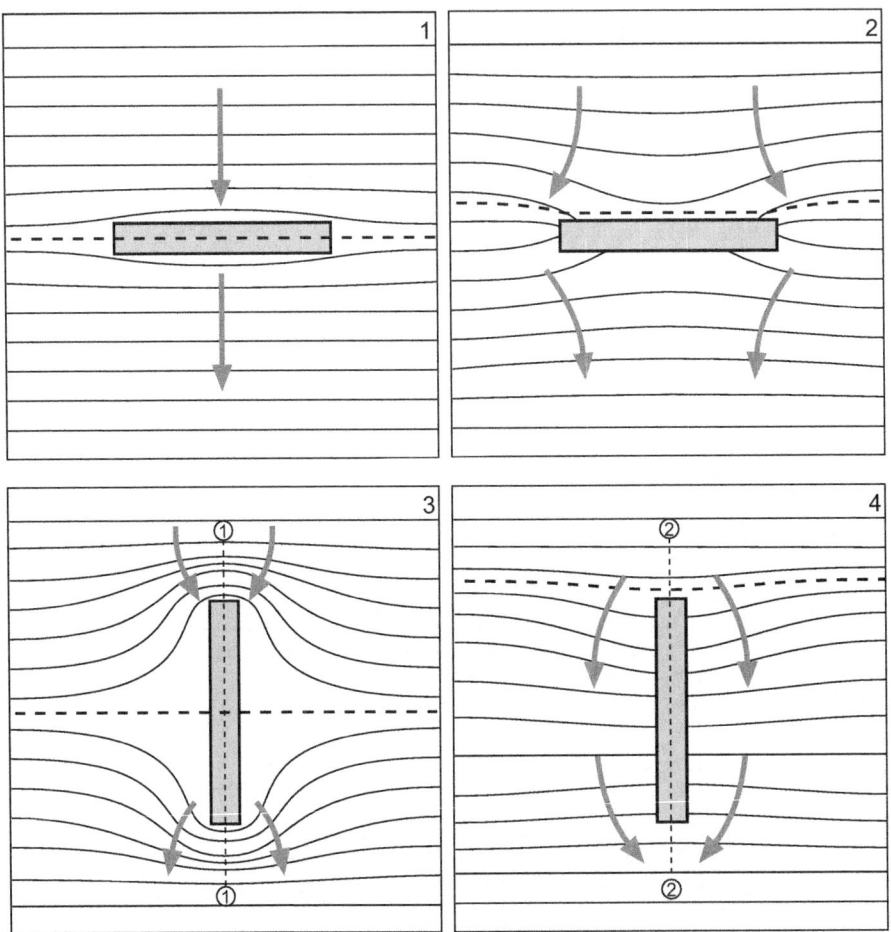

Abb. 4.2: Grundwasserhöhengleichen an einem See mit Angabe der Grundwasserfließrichtung (Pfeile) und Angabe der Kippungslinie (gestrichelte Linie). 1: Gleichen eines mit seiner Längsachse quer zur Grundwasserfließrichtung angeordneten rechteckigen Sees mit offenem Seeufer, 2: Gleichen eines mit seiner Längsachse quer zur Grundwasserfließrichtung angeordneten rechteckigen Sees mit kolmatiertem Seeufer, 3: Gleichen eines mit seiner Längsachse parallel zur Grundwasserfließrichtung angeordneten rechteckigen Sees mit offenem Seeufer, 4: Gleichen eines mit seiner Längsachse parallel zur Grundwasserfließrichtung angeordneten rechteckigen Sees mit kolmatiertem Seeufer.

4.4.3 Quellenkartierung

Quellen geben wichtige hydrogeologische Informationen. Sie sind Orte eng begrenzter natürlicher Grundwasseraustritte an die Oberfläche oder in ein Gewässer. Der Quellenaustritt ist an besondere hydrogeologische und hydraulische Bedingungen gebunden und gibt daher Auskunft über die Untergrundverhältnisse.

Der einfachste Weg, die in einem bestimmten Gebiet auftretenden Quellen zu kartieren, besteht in der Verfolgung der oberirdischen Fließgewässer in alle Verzweigungen hinein (KEIL-

HACK 1935). Oftmals gestaltet sich diese Vorgehensweise allerdings aufgrund der undurchdringlichen Vegetation in den Quellbachtälern als äußerst mühsam. Da die Lage der Quellen weitestgehend vom geologischen Bau abhängt, kann man sich dessen Kenntnis beim Kartieren zunutze machen. Wenn z.B. eine horizontal gelagerte und schlecht durchlässige Schicht im Liegenden einer durchlässigen Schicht auftritt, lässt sich die Grenze beider anhand von Quellenaustritten am Hang verfolgen. Wenn der Hang mit Erosionstälern zergliedert ist, finden sich die Quellen bei horizontal gelagerten Schichten in den tieferen Einbuchtungen der Täler. An den Vorsprüngen der Talränder (Bergrücken) finden sich eher weniger Quellen. Je näher die Einbuchtungen aneinander rücken, um so weniger Quellen finden sich an den Vorsprüngen; ist der Hang auf lange Strecken frei von Einbuchtungen, so sind zahlreiche kleinere Quellen oder Nassgallen entlang einer Quellenlinie am Hang zu erwarten. Bei geneigten Schichten ist die Lage der Quellen vom Grad der Schicht- und Hangneigung abhängig. In den meisten Fällen sind die Verhältnisse wie oben beschrieben. Nur wenn die Schicht mit dem Hang und steiler als der Hang einfällt, finden sich die Quellen in den Erosionstälern eher am Ausgang der Täler. Des Weiteren finden sich Quellen oftmals entlang von geologischen Störungen.

Bei der Kartierung von Quellen ist zu berücksichtigen, dass deren äußeres Erscheinungsbild außerordentlich verschiedenartig sein kann. Es lassen sich je nach Zielsetzung und Fachrichtung verschiedene Quellentypen unterscheiden. Aus hydrogeologischer Sicht lassen sich die Quellen klassifizieren aufgrund von Quellschüttung, Quellmechanismus, Art des Grundwasserleiters, geologischer Struktur, Temperatur und Hydrochemie. Die verschiedenen hydrogeologischen Quellentypen sind HÖLTING & COLDEWEY (2013) zu entnehmen. Aus ökologischer Sicht lassen sich andere, bzw. weitere Kriterien wie geographische Höhenlage, Morphologie, Nährstoffgehalt, Lichthaushalt und Natürlichkeitsgrad heranziehen. Daneben besitzen Quellen oftmals eine besondere kulturelle und wirtschaftliche Bedeutung und teilweise medizinische oder therapeutische Wirkung. Letztendlich sind Quellen aber nur Orte, an denen eine Grundwasser leitende Gesteinschicht an der Geländeoberfläche endet.

Die Antriebskraft für den Grundwasseraustritt in der Quelle ist der hydrostatische Druck infolge des Grundwassergefälles oder – unter entsprechenden geologischen Verhältnissen – ein Auftrieb nach dem Prinzip der kommunizierenden Röhren (artesische Quellen). Eine Sonderform des Quellenauftriebes ist der Gaslift. Das an Quellen austretende Wasser wird aufgrund der Grundwasserneubildung im Grundwasserraum des Quelleneinzugsgebietes erneuert.

Quellen treten regional oder lokal auf. Lokale Quellen sind vergleichsweise klein mit geringen Schüttungen und entstammen flachen Grundwasserkörpern. Die Schüttung dieser Quellen zeigt oftmals saisonale Schwankungen, manchmal in Abhängigkeit zur Niederschlagsrate. Lokale Grundwasserkörper werden schnell erneuert, und die Verweilzeit des Grundwassers ist vergleichsweise kurz. Hieraus resultiert eine geringere Mineralisation. Regional auftretende Quellen besitzen konstantere und größere Schüttungen und eine vergleichsweise höhere Mineralisation als lokal auftretende Quellen. Die Schüttung regional auftretender Quellen setzt auch in längeren Trockenzeiten nur sehr selten aus. Die Quellschüttung ist abhängig von drei Kenngrößen: dem Durchlässigkeitsbeiwert des Grundwasserkörpers, der Größe des Quelleneinzugsgebietes und der Grundwasserneubildungsrate.

Bei einer Quellengruppe weist die topographisch am höchsten gelegene Quelle die größten Schwankungen in der Quellschüttung auf; die topographisch am tiefsten gelegenen Quellen einer Quellengruppe zeigt neben einer größeren auch eine gleichmäßigere Quellschüttung an (KEILHACK 1935).

Im Rahmen einer Quellenkartierung sollten folgende Informationen gesammelt werden:
- Typ der Schüttung (ganzjährig [perennierend], zeitweise [intermittierend ; periodisch oder temporär], schnell wechselnde Wasserführung [aus Kluft- und Karstgrundwasserleitern, Karstquelle], konstante Wasserführung [aus Porengrundwasserleitern]),
- Quellschüttung (Angabe in l/s oder m^3/s),
- saisonale Ausbildung der Quellen (z.B. Wanderung des Quellaustritts mit den Jahreszeiten),

- Art des Grundwasserleiters (Lockergestein / Festgestein, Porengrundwasserleiter / Kluftgrundwasserleiter / Karstgrundwasserleiter),
- Quellmechanismus (hydrostatischer Druck, Auftrieb, Gaslift),
- geologische Struktur (Vorhandensein einer undurchlässigen Schicht oder Störung),
- Genese (Verengungsquellen, Schichtquellen oder Stauquellen, Einordnung nach HÖLTING & COLDEWEY 2013 möglich),
- Topographie (Größe und Lage des Quelleneinzugsgebietes, Ausbreitung des feuchten Raumes, Hangschuttquelle, Quellenlinie, Grundquellen, Submarine Quellen, Nassgallen),
- Hydrochemie des Quellenwassers (Weichwasserquellen / Silikatquellen, Hartwasserquellen / Karbonatquellen, Salzwasserquellen / Solequellen / [Chlorid]/ Halokrene, Gipsquellen [Sulfat], Schwefelquellen [H_2S], Mineralquellen)
- Ausfällungen / mikrobieller Biofilm (Vorhandensein, Farbe [rot/gelb: Eisen, schwarz: Mangan; weitere Farbe: weitere mögliche Inhaltsstoffe], Überzug auf Gestein, Sediment, Pflanzen, Leitungen; Ooide),
- Temperatur des Quellenwassers (Kaltwasserquellen [Temperatur kleiner als mittlere regionale Jahrestemperatur der Luft], Warme Quellen [Thermalquellen : 25-32°C], Heiße Quellen [über 32°C], keine Temperaturschwankungen [stenotherm : kaltstenotherm / warmstenotherm], starke Temperaturschwankungen [eurytherm]),
- pH-Wert des Quellenwassers (saure Quellen, alkalische / basische Quellen),
- Trübung des Quellenwassers (Hinweis auf direkten Einfluss von Oberflächenwasser),
- hygienischer Zustand des Quellenwassers (Analyse auf coliforme Bakterien).

Aus Sicht der Quellökologie (Zoologie und/oder Botanik) unterliegt eine Quelle kontinuierlichen kleinsträumigen Veränderungen. Außerdem spielen neben physiographischen auch biozönotische Faktoren eine Rolle. Aus diesem Grund sind die folgenden physiographischen Kriterien zur Einteilung von Quellen viel differenzierter:
- Wassertiefe / Fließgeschwindigkeit (Überrieselte Bereiche mit maximal 2 mm Dicke des Wasserfilms [hygropetrisch], schwach strömend mit Fließgeschwindigkeiten zwischen wenigen cm/s bis zu 0,5 m/s [lenitisch], stark strömend mit Fließgeschwindigkeiten von 10 cm/s [lotisch]),
- Morphologie / Strömungsverhältnisse (Sturzquelle = Rheokrene [hohe Strömungsgeschwindigkeiten], Tümpelquelle = Limnokrene [mit Quelle am Grund einer mit Wasser gefüllten Mulde/Senke, Grundquelle], Sicker-/Sumpfquelle = Helokrene [überlaufender Quelltopf mit Quellsumpf]),
- Substrat im Quellenbereich (Schlammquellen, Sandquellen, Schotterquellen / Kiesquellen, Kalksinterquellen / Kalktuffquellen, Moose, organisches Material / Detritus [Falllaub, Nadeln, Geäst, u.a.]),
- Größe des Quellenbereiches (Örtlich eng begrenzte punktuelle Quelle [Einzelquelle; < 100 m²], Großflächige Quellbereiche mit einer Vielzahl an Wasseraustritten [komplexe Quellen]),
- topographische Gegebenheit (gebirgig, hügelig, eben),
- orographische Höhenlage (Gebirgsquelle [hochmontan: höher als +800 mNHN)], Gebirgsquelle [obermontan: +600 bis +800 mNHN], Gebirgsquelle [montan: +450 bis +600 mNHN], Mittelgebirgsquelle [submontan: ca. +300 bis +450 mNHN], Hügellandquelle [kollin: ca. +150 bis +300 mNHN], Flachlandquelle [planar: bis ca. +150 mNHN]),
- Lichthaushalt (Waldquellen, Offenlandquellen / Wiesenquellen),
- Grad der Sommerbeschattung (vollbeschattet, teilbeschattet, unbeschattet),
- Nährstoffgehalt (nährstofffrei [xenotroph], nährstoffarm [oligotroph], mittleres Nährstoffangebot [mesotroph], nährstoffreich [eutroph], sehr nährstoffreich [olytroph], extrem nährstoffreich [hypertroph]),
- benachbarte Landnutzung (Nadelwald, Laubwald, Weide, Ackerbau, etc.),

Durchführung der Kartierarbeiten

- Natürlichkeitsgrad (Quellen im Intensivackerbau [Stoffeintrag über die Düngung], Quellen im intensiv genutzten Weidegrünland [Eintrag von Fäkalien], Quellen im Siedlungsbereich),
- Art und Bedingungen der Vegetation im Quellenbereich (tief wurzelnde Bäume oder Gras bewachsene Schlammkuhle) und außerhalb des Quellenbereichs,
- Fauna im Quellenbereich (z.b. Larven der Köcher- und Steinfliege als Hinweis auf gute Wasserqualität),
- Nutzung / Verbau (ungefasst / natürlich, gefasst [Natursteineinfassung, Brunnenfassung, Wasserbehälter, Weidetränke, Wassertretbecken, Quellverbau mit Oberflächenwassereinleitung]),
- Wasserschutzmaßnahmen (Einzäunung, Deckel, Schließsystem, etc.),
- Foto der Quelle (hilfreich zur Abschätzung der saisonalen Schwankungen),
- Färbeversuche zur Bestimmung des Quelleneinzugsgebietes und der Grundwasserfließrichtung.

Die Quellenkartierung sollte in einem möglichst kurzen Zeitraum durchgeführt werden. Besonders geeignet für die Erfassung von Trockenwetterabflüssen sind Messungen im Herbst nach längeren niederschlagsarmen Zeiträumen. Zahlreiche Landesämter in Deutschland (u.a. Rheinland-Pfalz, Bayern, Nordrhein-Westfalen) stellen Quellen-Leitfäden und Quell-Erfassungsbögen zur Verfügung.

Weiterführende Literatur:
BAYERISCHES LANDESAMT FÜR UMWELT (2008): Aktionsprogramm Quellen in Bayern. – Teil 1 bis 3, 2. Aufl.; Augsburg.
KOEHNE, W. (1948): Grundwasserkunde. - 2. neubearb. Aufl., 314 S.; Stuttgart (Schweizerbart).
LAWA (1995): Grundwasser – Richtlinien für Beobachtung und Auswertung Teil 4 – Quellen.
MINISTERIUM FÜR UMWELT, FORSTEN UND VERBRAUCHERSCHUTZ RHEINLAND-PFALZ (2008): Quellen-Leitfaden. – [Red.: Herbert Kiewitz. Bearb.: Holger Schindler, Wolfgang Frey] 1. Aufl. Bearb.-Stand: April 2008; Mainz.
NATURSCHUTZZENTRUM NRW (1993): Quellkartieranleitung. – 1. Aufl.; Recklinghausen.
NATURSCHUTZZENTRUM NRW (1994): Quellschutz – Materialheft zur Kampagne und Diaserie Nr. 5 des NZ NRW. – 2. Aufl., 64S.; Recklinghausen.

4.4.4 Flächendeckende Messung der Grundwasserstände (Stichtagsmessung, Durchführung von Messmethoden, Hydrogeologische Teilräume)

Die Messungen der Grundwasserstände zur Erstellung eines Grundwasserhöhenplans erfolgen durch eine sog. Stichtagsmessung. Bei einer Stichtagsmessung müssen in kurzer Zeit die Wasserstände in einer größeren Anzahl von Grundwasseraufschlüssen und weiteren Messstellen gemessen werden. Zur Vorbereitung der Messkampagne werden neben den vorbereitenden Aspekten aus Kapitel 4.2 folgende weitere Arbeitsschritte empfohlen:
- Bereitstellung und Funktionstest der Messgeräte zur Grundwasserstandsmessung (Kap. 2.3),
- Bereitstellung der notwendigen Schlüssel und Werkzeuge zum Öffnen der Messstellen (Kap. 4.3.1).

Bei der Durchführung der Messkampagnen sind vor allem folgende Gesichtspunkte zu beachten:
- Die Stichtagsmessungen sollten möglichst an einem Tag, allenfalls in wenigen aufeinander folgenden Tagen durchgeführt werden.
- Die Messungen sollten möglichst mit einem einheitlichen Messverfahren (z.B. Kabellichtlot) erfolgen.

- Die Witterungssituation und die Wasserführung in den Vorflutern sind zu dokumentieren.
- Mögliche Beeinflussungen durch Grundwasserentnahmen, temporäre Absenkungen oder Einleitungen sind zu vermerken.
- Für Stichtagsmessungen sind auch Messpunkte an oberirdischen Gewässern vorzusehen.
- Bei artesisch gespannten Grundwasserverhältnissen erfolgt die Messung entweder an einem Aufsatzrohr oder mit einem ausreichend genauen Manometer. Es ist darauf zu achten, dass nach der Messung Ventile oder Absperrvorrichtungen wieder verschlossen werden.
- Für die Ermittlung der jahreszeitlichen Grundwasserstandsschwankungen an einzelnen ausgewählten Messstellen sind wöchentliche Messungen über mindestens 12, besser 15 Monate erforderlich.

Um den Messzeitraum bei Stichtagsmessungen klein zu halten, empfiehlt sich eine Untergliederung des Kartiergebietes in hydrogeologische Teilräume, die nacheinander bearbeitet werden können. Weitere detaillierte Hinweise zur Beobachtung und Auswertung von Grundwasserständen gibt die Grundwasserrichtlinie 1/82 (LAWA 1984). Der mittlere Grundwasserstand, als Mittel aller verfügbaren Daten, kann nur aus langfristigen kontinuierlichen Messdaten bestimmt werden. Weitere Angaben wie mittlerer Grundwasserhöchststand, mittlerer Grundwassertiefststand, höchster Grundwasserstand und tiefster Grundwasserstand lassen sich aus den verfügbaren Daten statistisch ableiten.

4.4.5 Flächendeckende Ermittlung der Flurabstände

Bei der Erstellung von Flurabstandsplänen können Areale auftreten, die nicht durch Messwerte an Grundwasseraufschlüssen und Messstellen (Kap. 4.4.4) dokumentiert sind. Hier empfiehlt sich der Einsatz von entsprechenden Bohrverfahren zur Messung des Flurabstandes (Kap. 2.4). Die Schlitzsondiergeräte (LINNEMANN oder PÜRCKHAUER) haben den Vorteil, dass sie mit geringem Aufwand und niedrigen Kosten flächendeckend eingesetzt werden können. Ein weiterer Vorteil dieser Verfahren besteht darin, dass aufgrund des geringen Gewichtes auch schwer zugängliche Standorte untersucht werden können, die mit einem größeren Bohrgerät z.B. im Gebirge oder in dichten Waldgebieten nicht befahrbar sind. Nachteil dieser Verfahren ist allerdings, dass es sich hier nur um temporäre Werte handelt. Außerdem ist die Tiefe in Abhängigkeit vom Untergrund begrenzt. Besonderes Augenmerk ist hier auf die richtige Ansprache des tatsächlichen Grundwasserspiegels – wie in Kapitel 2.4 beschrieben – zu legen.

Die Bohransatzpunkte geplanter Bohrungen zur Ermittlung der Flurabstände sollten im Bohrplan (Kap. 5.7) verzeichnet werden. Günstige Positionen der Bohransatzpunkte liegen generell in Bereichen mit geringeren Flurabständen oder in Bereichen, in denen die Geländeoberkante eingetieft wurde (z.B. an der Sohle eines ausgetrockneten Baches). An Bohransatzpunkten in der Nähe von Höhenfestpunkten oder unveränderlichen Bezugspunkten (z.B. Brücken, Oberkante von Straßenkreuzungen) lassen sich die ermittelten Flurabstände für den Flurabstandsplan sogar nachträglich (nach erfolgter Nivellierarbeit, Kap. 2.1) in Grundwasserstände zur Konstruktion eines Grundwasserhöhenplans umrechnen. Idealerweise sollten somit die Bohransatzpunkte zueinander möglichst gleichseitige Dreiecke im Raum aufspannen.

4.4.6 Abschätzung der Schwankungen der Grundwasserstände

Eine Abschätzung der Schwankung des Grundwasserstandes kann über die Bodeneigenschaften unternommen werden. Die Berechnung der Schwankungen der Grundwasserstände ist eine statistische Herangehensweise (Kap. 4.4.4).

Durchführung der Kartierarbeiten

In der Bodenkunde (AD-HOC-AG BODEN 2005) wird der Grundwasserschwankungsbereich an der Färbung des Bodens abgelesen (Tab. 4.2). Er ist in der Regel mit der Mächtigkeit des grundwasserbeeinflussten Mineralbodenhorizontes mit überwiegend oxidierenden Verhältnissen (Go-Horizont) identisch. Bei künstlichen Grundwasserabsenkungen bleiben die Merkmale des Go-Horizontes erhalten. Ein sicheres Merkmal für den mittleren scheinbaren Grundwassertiefststand (mittlerer Grundwassertiefstand plus geschlossenem Kapillarsaum) ist die Obergrenze des grundwasserbeeinflussten Mineralhorizontes mit fast durchgehend reduzierenden Verhältnissen (Gr-Horizont). Probleme bei der Farbkennzeichnung ergeben sich bei sehr eisenarmen Böden oder auch bei primär „Bunten Tonen".

Tab. 4.2: Abschätzung der Schwankungen des Grundwasserstandes aus der Färbung des Bodens nach DIN 4021, Teil 3 (aus AD-HOC-AG BODEN 2005).

Bodenhorizont	Bodenart	Merkmale		
		Boden		Konkretion
		Farbe	Flecken und Streifen	Farbe
Oberhalb der Hochstände (Oxidationszone)	bindige Böden	braun bis gelb	-	-
	nichtbindige Böden	braun bis hellgelb	-	-
Go-Horizont Schwankungsbereich	bindige Böden	braun bis gelb, grau, grünlich	vorhandene Rostflecken	braun, dunkelbraun bis schwarz
	nichtbindige Böden	braun bis gelb, grau	vorhandene Rostflecken und Roststreifen	braun, dunkelbraun bis schwarz
Gr-Horizont Ständig im Wasser (Reduktionszone)	bindige Böden	blau, grün, grau	-	wenn vorhanden, dann olivfarben
	nichtbindige Böden	blau, grün, grau, jedoch mit schwacher Farbintensität	-	wenn vorhanden, dann olivfarben

4.4.7 Floristische und faunistische Hinweise

Die Flora stellt sich u.a. auf die hydrogeologischen Gegebenheiten ein. Dabei stellen die Zeigerwerte nach ELLENBERG (2001) von ökologischen und botanischen Beobachtungen und Erfahrungen abgeleitete und inzwischen durch Standortanalysen und ökophysiologische Untersuchungen bestätigte bzw. abgesicherte Kenngrößen für einzelne Pflanzenarten dar. Folgende Standortfaktoren werden im System der Zeigerwerte erfasst:
- Klimatische Faktoren (Licht, Temperatur, Kontinentalität) und
- Bodenfaktoren (Feuchtigkeit, Reaktion, Stickstoffversorgung, Salzgehalt, Schwermetallresistenz).

Hinweise zur Verwendung der Zeigerwerte sind ELLENBERG (2001) zu entnehmen. Die für die Hydrogeologische Kartierung relevante Feuchtezahl lässt sich unterteilen in:
- Starktrockenzeiger,

- Trockniszeiger,
- Frischezeiger (Schwergewicht auf mittelfeuchten Böden),
- Feuchtezeiger (Schwergewicht auf gut durchfeuchteten, aber nicht nassen Böden),
- Nässezeiger (Schwergewicht auf oft durchnässten und luftarmen Böden),
- Wechselwasserzeiger (Wasserpflanzen, die längere Zeit ohne Wasserbedeckung des Bodens erträgt),
- Wasserpflanze (unter Wasser wurzelnd, aber zumindest teilweise über die Oberfläche aufragend oder Schwimmpflanze) und
- Unterwasserpflanze (fast ständig untergetaucht).

Darüber hinaus zeigen Zeigerpflanzen nicht nur eine Abhängigkeit von den Klima- und Bodenfaktoren, sondern auch von weiteren Standortfaktoren. Nach BASTIAN & SCHRIEBER (1999) werden in Tabelle 4.3 einige höhere Pflanzen aufgeführt.

Tab. 4.3: Zeigerpflanzen der höheren Pflanzen in Abhängigkeit zum Wassergehalt des Bodens.

Bodeneigen-schaften	Standort		
	Acker	Grünland	Wald
trocken	Ackerkrummhals	Wiesen-Salbei	Fiederzwenke
	(*Lycopsis arvensis*)	(*Calvia prantensis*)	(*Brachypodium pinnant.*)
frisch	Klatschmohn	Gamand. Ehren-preis	Buschwindröschen
	(*Papaver rhoeas*)	(*Veronica chamaedrys*)	(*Anemone nemorosa*)
		Zaunwicke	Waldmeister
		(*Vicia sepium*)	(*Galium odoratum*)
feucht	Pfeffer-Knötterich	Sumpf-Dotterblume	Pfeifengras
	(*Polygonum hydropiper*)	(*Caltha palustris*)	(*Molinia caerulea*)
		Wald-Simse	
		(*Scirpus sylvatica*)	

Generell lassen sich aber auch Aussagen zu hydrophilen Landpflanzen machen (VON LINSTOW 1929), die geringe Flurabstände anzeigen. Unter den Waldbäumen ist die Fichte feuchtigkeitsbedürftig. Sie gedeiht auf Lössböden und vorzüglich auf Übergangsmooren. Die Fichte findet sich zum Teil in massenhaften Beständen von Waldschmiele (*Aera caespitosa*). Einen im Allgemeinen etwas höheren Feuchtigkeitsgehalt beanspruchen Weiden. Sie treten z.B. auf wasserstauendem Geschiebelehm oder Tonen auf. Nahes Grundwasser wird vor allem durch das Schilfrohr (*Phragmites communis*), dann aber auch durch die Glockenheide (*Erica tetralix*) und den Sumpf-Schachtelhalm (*Equisetum palustre*) angezeigt. Ebenso weisen ganz allgemein die Schwarz-Erle (*Alnus glutinos*) und die Grau-Erle (*Alnus incana*) auf Grundwasser hin. Feuchte Stellen in Wiesen sind häufig an der dunkler grünen Färbung kenntlich. Botanisch sind diese durch das Scharbockskraut (*Ficaria verna*), die Sumpf-Dotterblume (*Caltha palustris*), das Sumpfvergissmeinnicht (*Myosotos palustris*), das Wiesen-Schaumkraut (*Cardamine pratensis*), die Waldschmiele (*Aera caespitosa*), den Breitblättrigen Fingerwurz, auch Knabenkraut genannt, (*Orchis latifolia*) und den Lungen-Enzian (*Gentiana pneumonanthe*) ausgezeichnet.

Neben der Flora kann allerdings auch die Fauna Hinweise auf die hydrogeologischen Verhältnisse geben. So gräbt z.B. der Stierkäfer (*Typhaeus typhoeus*) auf sandigen Standorten Bauten

Durchführung der Kartierarbeiten

bis zu einer Tiefe von 40 cm. Werden diese Bauten angetroffen, so ist dies ein Hinweis auf einen Grundwasserspiegel bzw. Kapillarraum mit einer Tiefe von mehr als 40 cm. Das gleiche kann bei Maulwürfen in Talsenken beobachtet werden. Besonders wenn die Grabbauten in größerer Zahl auftreten, geben diese einen Hinweis auf trockene und durchfeuchtete Bodenbereiche, da diese Tiere feuchte Bereiche meiden. Bei sehr geringen Flurabständen entsteht bei starker Abkühlung der Luft Nebel, in dem sich bevorzugt Mücken- und Fliegenschwärme aufhalten.

5 Auswertung und Darstellung der Daten

Im Folgenden werden Hinweise zur Auswertung sowie schematische Beispiele für die Darstellung der Daten in entsprechenden Plänen (Kap. 5) und Karten (Kap. 6) gegeben. Aus Platzgründen ist es nur möglich, die generellen Bestandteile der Pläne und Karten darzustellen. Bei den Plänen handelt es sich jeweils um Zwischenprodukte der Dokumentation verschiedener Arbeitsschritte. Diese Grundlagen sind später Bestandteil der Karten (Kap. 6), die das Endprodukt aller Arbeitsschritte darstellen. Innerhalb der einzelnen Kapitel wird auf die Signaturen für die Darstellung der Objekte in den Plänen und Karten verwiesen, die in Anhang 2 tabellarisch aufgeführt sind.

Bei der Farbwahl der Signaturen in den Plänen und Karten (Anh. 2) gilt generell:
- Signaturen für unterirdische Gewässer (z.B. Grundwasserhöhengleichen, Quellen) sind violett,
- Signaturen für oberirdische Gewässer (z.B. Flüsse, Seen) sind blau,
- Signaturen für hydrogeologische Objekte (z.B. Abflusspegel, Mühle) sind schwarz,
- Signaturen für wasserwirtschaftlich bedeutende Objekte (z.B. Wassergewinnungsanlagen, Fassungsanlagen, Brunnen) sind rot.

5.1 Auswertung der Daten

Nach einer Evaluierung der Daten (Kap. 3.2.3) (Stammdaten und Messdaten) folgt deren Aufbereitung, die zur praktischen Verwertung laufend erfolgen sollte. Die Aufbereitung umfasst die Zusammenfassung der Daten in einer Datenbankstruktur (Haupttabelle, Tab. 5.1) sowie deren zeichnerische Darstellung in Form einer Gang- oder Summenlinien. Die Ganglinie erlaubt Rückschlüsse auf die Herkunft der zeitlichen Anregungen (z.B. Vorfluter, Niederschlag, GwBewirtschaftung) und die räumliche Verteilung der Kennwerte. Je nach Qualität der Ganglinie (Regelmäßigkeit der Messungen, angepasste Datendichte, Länge und Repräsentativität des Beobachtungszeitraumes etc.) sind vielfältige Auswertungen möglich.

Die aufbereiteten Grundwasserstandsmesswerte bilden die Ausgangsbasis für die Auswertung. In einem Plan der vorhandenen Grundwassermessstellen (Abb. 5.1) lässt sich die Lage der zu den Grundwasserstandsmesswerten gehörigen Grundwassermessstellen darstellen. Während in der Regel alle Messdaten aufbereitet werden, beschränken sich die Auswertungen oft nur auf Daten, die entsprechend den jeweiligen Fragestellungen ausgewählt werden. Da die Grundwasserstandsmessdaten sowohl Funktionen der Zeit als auch des Ortes sind, sollte mittels Auswertung versucht werden, zeitliche Veränderungen und räumliche Zusammenhänge herzustellen.

Auswertung der Daten

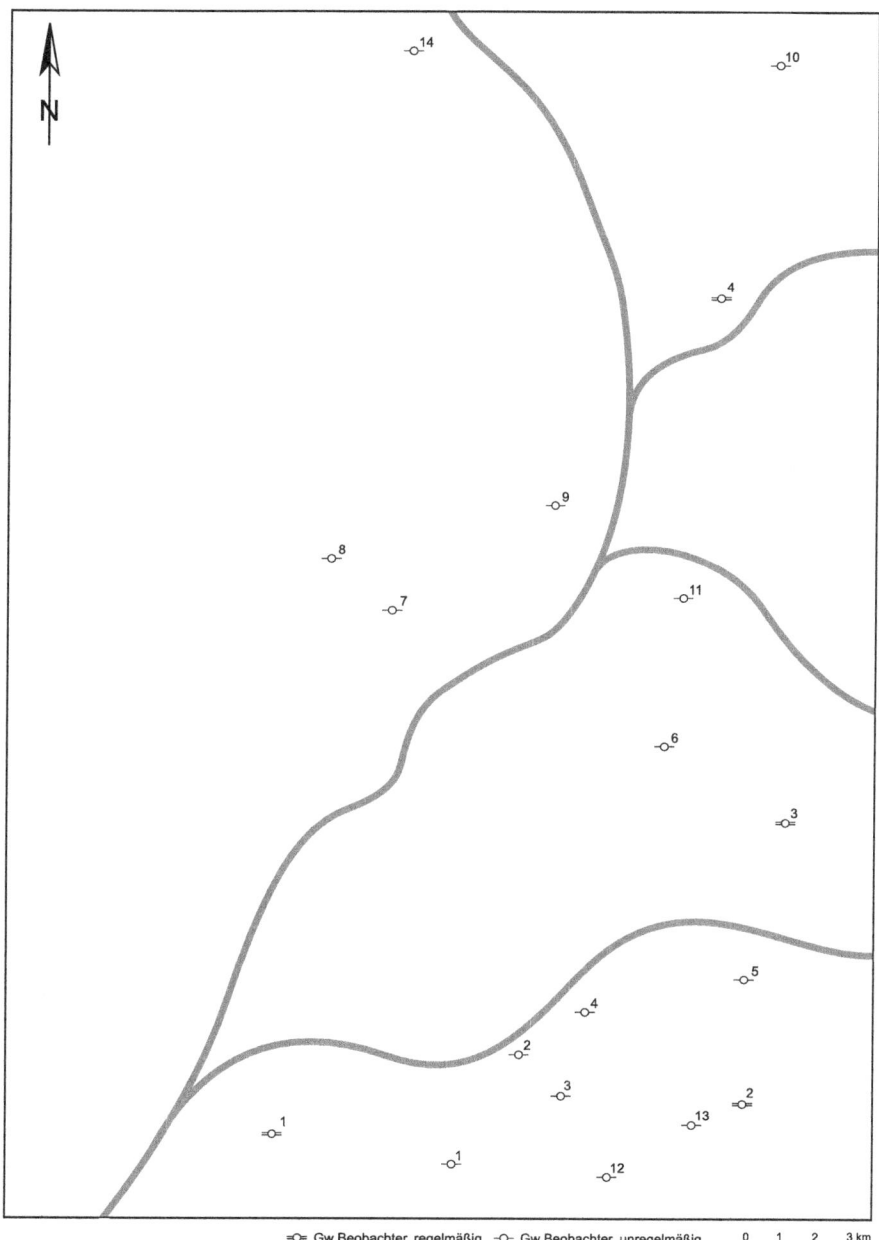

Abb. 5.1: Schematisches Beispiel eines Plans der vorhandenen Grundwassermessstellen.

Im Folgenden wird zwischen punktueller Auswertung zeitlich veränderlicher Größen und flächenhafter Auswertung zur Darstellung der räumlichen Zusammenhänge unterschieden.

- Punktuelle Auswertung: Bei der punktuellen Auswertung werden die Datenreihen einzelner Messstellen nach verschiedenen Gesichtspunkten ausgewertet. Die Ergebnisse sollen die Grundwasserverhältnisse im engeren Raum einer Messstelle kennzeichnen (LAWA 1982).
- Flächenhafte Auswertung: Um einen Überblick über die Grundwasserverhältnisse eines Gebietes zu bekommen, sind flächenhafte Auswertungen der Einzelbeobachtungen erforderlich. Die Auswertung erfolgt vor allem in Form von Plänen der Grundwasserhöhen (Kap. 5.5), von Hydrogeologischen Karten (Kap. 6.1), von Plänen und Karten des Grundwasserflurabstandes (Kap. 5.6 und Kap. 6.3) und von Karten der Grundwasserdifferenzen (Kap. 6.4). Es empfiehlt sich, diese Karten durch Hydrogeologische Schnitte (Kap. 6.2) zu ergänzen. Sowohl Karten als auch Schnitte verdeutlichen den Einfluss des Untergrundes, der Morphologie und der oberirdischen Gewässer sowie künstlicher Eingriffe in das Grundwasser (LAWA 1982).

Die Messwerte der Wasserhaushaltsgrößen bilden die Ausgangsbasis für die Auswertung der Wasserhaushaltsgrößen. Hier kann – wie bei den Grundwasserstandsmesswerten – zwischen punktueller und flächenhafter Auswertung unterschieden werden. In dem Plan der Wasserhaushaltsgrößen wird die Lage der Messstellen zur Erfassung der Wasserhaushaltsgrößen dargestellt (Kap 5.9); in den dazugehörigen Karten zu den Wasserhaushaltsgrößen werden die einzelnen Wasserhaushaltsgrößen flächendifferenziert dargestellt (Kap. 6.7).

5.2 Archivplan

Es empfiehlt sich, die im Gelände gemachten Beobachtungen und Messungen mittels eines wasserfesten Kugelschreibers in die Geländekarte einzutragen. Dies betrifft z.B. Beobachtungen, zum Verlauf von Gewässern, zur Lage von Brunnen und Grundwassermessstellen. Da heutzutage die Sammlung der Informationen im Gelände durch die digitale mobile Geodatenerfassung vereinfacht wird, können diese Daten im Anschluss an die Geländearbeiten mit geringem Aufwand in die Datenbank aufgenommen werden. Zusätzlich oder alternativ empfiehlt es sich, diese Daten möglichst am Ende eines jeden Arbeitstages in den Archivplan (Abb. 5.2) zu übertragen, da hierdurch die Daten auch bei einem digitalen Datenverlust erhalten bleiben. Dieser Archivplan wird nur zur Sammlung aller Informationen im Büro und nicht zur Bearbeitung im Gelände verwendet. Der Archivplan enthält neben den Geländebeobachtungen auch die Lage von hydrogeologisch wichtigen Punkten, wie z.B. Brunnen, Grundwassermessstellen, Messstellen an Gewässern etc., die bei der Auswertung der Unterlagen als relevant erachtet wurden. Der Eintrag von nicht gesicherten Informationen in den Archivplan erfolgt zunächst mit grünem Buntstift. Sobald die entsprechende Information durch Geländebeobachtungen gesichert wird, kann diese Information im Archivplan mittels rotem Kugelschreiber dauerhaft festgehalten werden.

Das im Folgenden erläuterte System zur analogen Archivierung hat sich bei der Kartierung der Hydrologischen Karte des Rheinischen Steinkohlenbezirkes durch die Westfälische Berggewerkschaftskasse, heute DMT, Essen über Jahrzehnte bewährt (COLDEWEY 1993). Die durch Geländebeobachtungen und bei der Datenauswertung gesammelten Informationen werden nach Sachgebieten sortiert. Diesen einzelnen Sachgebieten werden dann bestimmten Zahlengruppen zugeordnet. Der Vorteil dieses Systems liegt darin, dass aus der ersten Kennziffer das Sachgebiet zu ersehen ist. Außerdem besteht keine Verwechslungsgefahr zwischen den unterschiedlichen Informationen. Diese Archivnummer wird sowohl für die Information in den Akten als auch für die Lagebezeichnung in dem Archivplan verwendet.

Archivplan

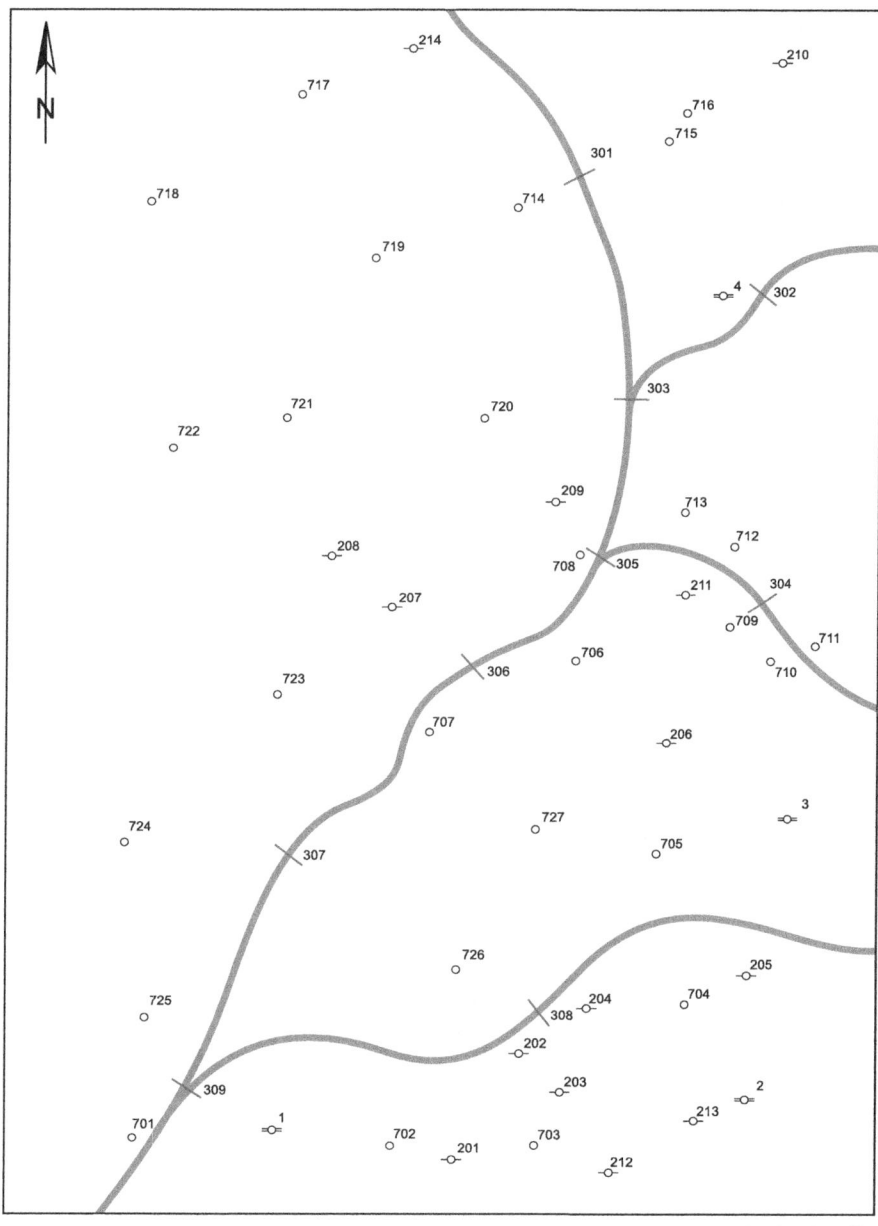

Abb. 5.2: Schematisches Beispiel eines Archivplans.

Eine Gliederung der Sachgebiete mit den dazu gehörigen Zahlengruppen könnte folgendermaßen aussehen:
- Ständige Grundwassermessstellen   001-199,
- Mögliche Grundwassermessstellen   200-299,
- Messstellen an Gewässern   300-399,

- Brunnen (Erlaubnisse, Bewilligungen)   400-499,
- Analysenpunkte   500-599,
- Altablagerungen   600-699,
- Bohrungen bis 10 m   700-799,
- Bohrungen über 10 m   800-999.

Die Zahlengruppen erleichtern auch die EDV-gestützte Datenverarbeitung. Neben der Eintragung in den Archivplan erhält jede Information die Archivnummer und das dazugehörige Symbol (Anh. 2). Die Einzelinformationen in Form von Kopien, Karten, Berichten, etc. aus der Bestandaufnahme lassen sich nach diesem System auch in einem Archiv abheften. Dem schematischen Beispiel des Archivplans (Abb. 5.2) ist die Zuordnung der Messstellen und Bohrungen zu den einzelnen Sachgebieten erkennbar.

5.3 Nivellierplan

Im Rahmen der hydrogeologischen Geländearbeiten muss zur Vorbereitung der notwendigen und später durchzuführenden Nivellierarbeiten ein Nivellierplan erstellt werden. Dieser enthält die Aufgabenstellung für den Vermesser. Der Vermesser kann dem Plan zum einen die einzumessenden Geländepunkte bzw. Brunnen und Grundwassermessstellen entnehmen, zum anderen kann er auf Grundlage des Nivellierplans die einzelnen Vermessungsschritte hinsichtlich ihres Arbeitsablaufes optimieren. Vor Beginn dieser Arbeiten sind die notwendigen Höhenfestpunkte (Signatur 14) und die zu nivellierenden Objekte (z.B. Brunnen, Bohrungen, Schnittlinien, Wehre, Gewässer, Gewässerverzweigungen) in den Nivellierplan einzutragen. Hierfür ist es wichtig, den genauen Messpunkt an den einzumessenden Objekten zu definieren. Bei Grundwassermessstellen und Brunnen eignet sich hierzu die Oberkante der Brunnenmauer bzw. die Oberkante der geöffneten Verschlusskappe, bei einem Wehr sollte hierfür die Überlaufkante verwendet werden. Bei Gewässern und Gewässerverzweigungen sollte die feste Gewässersohle eingemessen werden. Ist über dem Gewässer eine Brücke vorhanden, so kann auch ihre Oberkante bzw. ein befestigter Höhenbolzen an der Brücke zum Einmessen verwendet werden. Es ist wichtig, diese Messpunkte vor Ort zu markieren bzw. ihre Lage möglichst genau in den Unterlagen zu den Objekten zu beschreiben.

Im schematischen Beispiel eines Nivellierplans (Abb. 5.3) sind (im kleinen Rahmen) an den einzelnen Messpunkten die Messpunkthöhen bezogen auf ± m NHN und die Pegelhöhen im Gewässer sowie die Grundwasserstandshöhe an Bohrungen und Grundwassermessstellen schematisch dargestellt. Aufgrund der Einmessungen im Gelände, z.B. dem Messpunkt und dem Abstich an der Grundwassermessstelle, lassen sich die entsprechenden Grundwasserhöhen bezogen auf ± m NHN errechnen (Abb. 5.3). Diese Auswertung stellt die Grundlage für die Konstruktion des späteren Grundwasserhöhenplans dar.

5.4 Geländehöhenplan

Für die Weiterverarbeitung des Grundwasserhöhenplans und des Flurabstandsplans ist die Erstellung eines Geländehöhenplans notwendig. Generell ist davon auszugehen, dass für das Untersuchungsgebiet entsprechende Topographische Karten in Form eines digitalen Geländemodells (DGM) vorhanden sind. Sollte für das Untersuchungsgebiet kein digitales Geländemodell vorhanden sein, muss auf vorhandene Einzelhöhen aus Topographischen Karten zurück gegriffen werden. Diese werden in einen Geländehöhenplan übertragen. Sollte auch die Topographische Karte keine ausreichenden Höhen liefern, kann in Archiven nach entsprechenden

Geländehöhenplan

Daten recherchiert werden. Des Weiteren können es Daten sein, die durch offizielle Höhenfestpunkte vorhanden sind oder aber auch bei Firmen, Verbänden, Städten oder Gemeinden etc. vorliegen. Diese Daten gilt es in eine Karte einzuzeichnen und durch die Geländehöhen zu ergänzen, die durch ein eigenes Nivellement erfasst wurden.

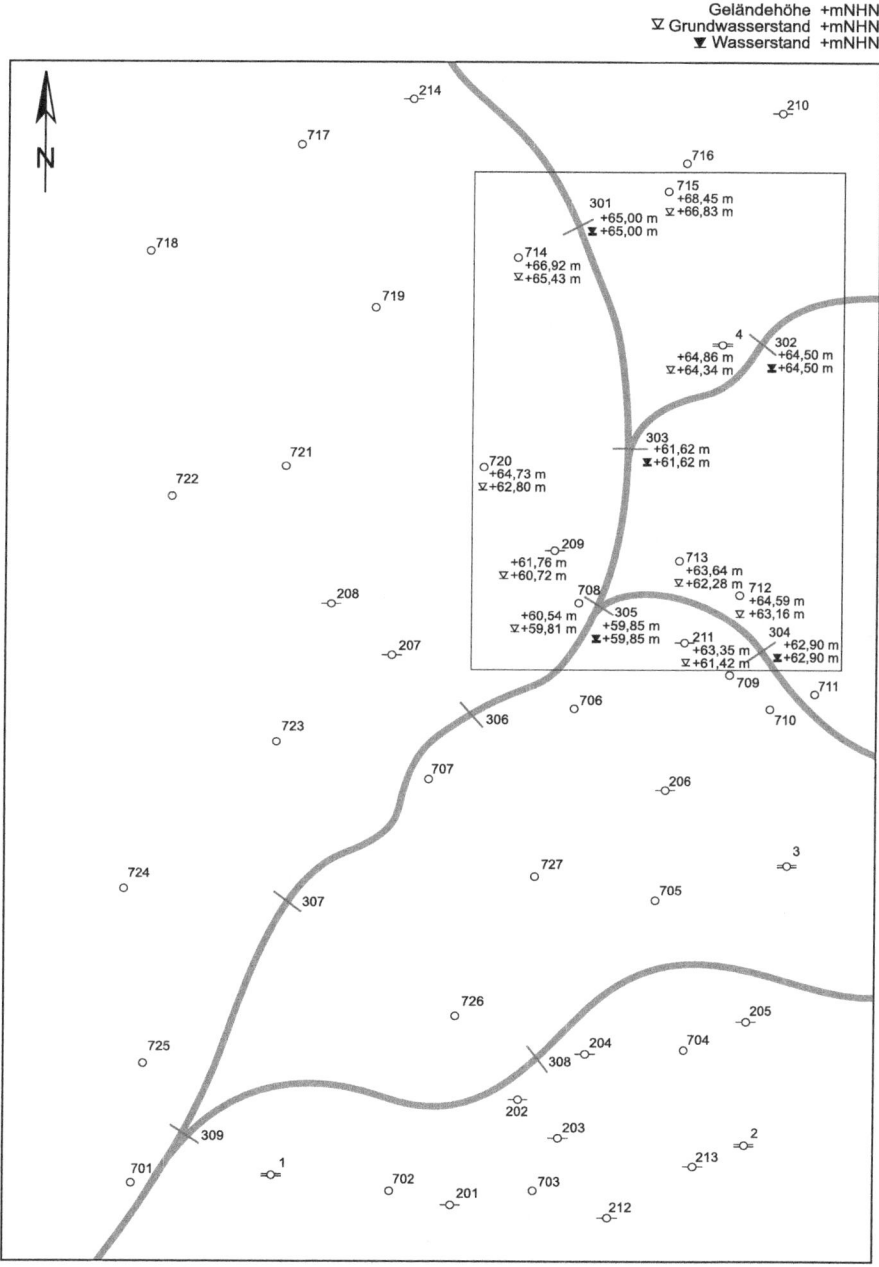

Abb. 5.3: Schematisches Beispiel eines Nivellierplans.

Es ist generell darauf zu achten, dass sich alle Höhen auf ± m NHN beziehen, da sonst Höhenunterschiede zwischen den unterschiedlichen Bezugssystemen erfasst werden, die die Aussage des Geländehöhenplans verfälschen. Aus den gesammelten Geländehöhen lässt sich bei entsprechender Datendichte ein Geländehöhenplan erstellen, der Grundlage für weitere Arbeitsschritte sein kann.

5.5 Grundwasserhöhenplan

Der Grundwasserhöhenplan dient der Konstruktion der Grundwasserhöhengleichen für die spätere Hydrogeologische Karte (Kap. 6.1). Er enthält daher alle auf ± m NHN bezogenen Wasserstandsmessungen an allen Aufschlüssen des Grund- und Oberflächenwassers (Signatur 7) (Tab. 5.1).

Grundwasserhöhenpläne können nur sinnvoll erstellt werden, wenn drei Voraussetzungen gelten: die Messung der Grundwasserstände erfolgt an einem Stichtag; die Grundwasserstände lassen sich unter Berücksichtigung der Tiefenlage der Verfilterung der GwMessstelle einem bestimmten Grundwasserstockwerk zuordnen (Achtung: Grundwasserstände ≠ Standrohrspiegelhöhen); die Grundwasserstände bzw. deren zugehörigen Grundwassermessstellen sind gleichmäßig verteilt. Die Aussagekraft des Grundwasserhöhenplanes hängt dabei entscheidend von der vorliegenden Datendichte ab.

Grundwasserhöhenpläne können für unterschiedlichen hydrologische Zustände konstruiert werden (z.B. mittlerer GwStand, mittlerer niedriger GwStand, mittlerer hoher GwStand, Niedrigwasserstand im naheliegenden Oberflächengewässer, Hochwasserstand im naheliegenden Oberflächengewässer). Die Anzahl der zu konstruierenden Zustände ergibt sich aus der Analyse der Grundwasserganglinien und der Fragestellung. Generell gilt: Je größer die zeitliche Dynamik der Grundwasserganglinie einzelner Grundwassermessstellen innerhalb eines Teilgebietes des Untersuchungsraumes, umso größer ist die Anzahl der zu konstruierenden Zustände. Bei ständig kontrollierten Messstellen erscheint der mittlere Grundwasserstand mit Angabe der Schwankungsbreite (Signatur 14.7). Bei den übrigen Messstellen – soweit ein Mittelwert nicht gebildet werden kann – erscheinen ein Wasserstand oder mehrere wichtige Wasserstände mit Angabe des Monats und des Jahres der Messung (Signatur 14.9).

Bei den oberirdischen Gewässern wird deren Verlauf (Signatur 3 bzw. 9) mit Angabe der Normalwasserstände eingetragen. Bei kleinen Bächen, die zeitweise trocken fallen, wird die Bachsohle eingetragen. Wenn im Zuge der Kartierung ebenfalls die Beziehungen zwischen Grundwasser und Oberflächenwasser geklärt wurden, können ebenfalls influente und effluente Verhältnisse an den Oberflächengewässern (Signatur 4) gekennzeichnet werden.

Sofern mehrere Grundwasserstockwerke vorliegen, sind separate Grundwasserhöhenpläne zu konstruieren. Hilfreich ist es hierbei, wenn die Grundwasserstände mit dem Index des betreffenden Stockwerks versehen werden,
- II für das zweite,
- III für das dritte, usw.

Treten wichtige Grundwasserstauer im Untergrund auf, so sind deren Verbreitungsgrenzen (Signatur 5.14 - 5.16), soweit bekannt oder vermutet, in den Grundwasserhöhenplan einzutragen. Bei mehreren übereinander liegenden Grundwasserstauern wird im Überlagerungsbereich nur die Grenzlinie des obersten dargestellt. Die Verbreitung von Grundwasserstauern lässt sich häufig aus den Grundwasserständen ersehen. Während die Grundwasserleiter einen freien Grundwasserspiegel zeigen, werden in Grundwasserstauern häufig nur sporadisch Wasserstände angetroffen, die über dem Niveau des freien Grundwassers liegen. Somit stellt die Auskartierung der Grundwasserstauer auch eine wertvolle Hilfe für die Zuordnung der Wasserstände dar.

Grundwasserhöhenplan

Der Grundwasserhöhenplan ist als Transparent zur Topographischen Karte 1 : 5.000 oder als transparenter eigener „layer" im GIS anzufertigen. Die topographische Grundlage muss das anhand von Feldvergleichen korrigierte Gewässernetz enthalten, außerdem die Hauptgrundwasserscheiden (Signatur 2).

Die Konstruktion der Grundwasserhöhengleichen (Signatur 1) erfolgt zeichnerisch mittels Errichtung hydrologischer Dreiecke zwischen den Messstellen. Dazu wird zwischen drei Messstellen ein möglichst gleichseitiges Dreieck gelegt. Die Höhenlage der Grundwasseroberfläche zwischen den Messpunkten wird durch Interpolation der Messwerte auf die Seiten des Dreiecks gewonnen. Das so konstruierte Bild muss mit den geologischen Verhältnissen, vor allem mit den in den Messstellen gemessenen Grundwasserständen, übereinstimmen und gegebenenfalls korrigiert werden (HÖLTING & COLDEWEY 2013).

In dem schematischen Beispiel eines Grundwasserhöhenplans (Abb. 5.4) sind die Standorte der regelmäßigen und unregelmäßigen Grundwasserbeobachter (z.B. Grundwassermessstellen) dargestellt sowie das Gewässernetz. Grundwasserstände gleicher Höhe bezogen auf NHN sind durch eine Gleiche miteinander verbunden und mit der jeweiligen Höhe über NHN beschriftet.

Für die EDV-gestützte Konstruktion der Grundwasserhöhengleichen im Geoinformationssystem werden häufig Interpolationen (z.B. Triangulation, Inverse Distanzen, Kriging) eingesetzt, die leider den Einfluss der geohydraulischen Grenzen (z.B. Oberflächengewässer, Grundwasservolumenströme, geologische Barrieren) oder laterale Variationen von Kennwerten (z.B. Durchlässigkeiten) nicht hinreichend genau oder überhaupt nicht berücksichtigen. An solchen Stellen muss hydrogeologischer Sachverstand eingebracht und z.T. von Hand nachgebessert werden. Umgekehrt können sich bei günstig verteilten Grundwassermessstellen aus dem interpolierten Grundwasserhöhenplan Hinweise auf bisher unbekannte hydrogeologische Eigenschaften und Zustände ergeben.

Tab. 5.1: Haupttabelle der Grundwasserstände.

ständige Grundwassermessstellen			Messstellen an Gewässern		
	Geländehöhen	Grundwasserhöhen		Geländehöhen	Grundwasserhöhen
Nr.	(+m NHN)	(+m NHN)	Nr.	(+m NHN)	(+m NHN)
1	53,83	52,33	301	65,00	65,00
2	64,91	61,39	302	64,50	64,50
3	64,93	63,40	303	61,62	61,62
4	64,86	64,34	304	62,90	62,90
			305	59,85	59,85
			306	58,00	58,00
			307	54,90	54,90
			308	57,00	57,00
			309	50,00	50,00

mögliche Grundwassermessstellen			Bohrungen		
	Geländehöhen	Grundwasserhöhen		Geländehöhen	Grundwasserhöhen
Nr.	(+m NHN)	(+m NHN)	Nr.	(+m NHN)	(+m NHN)
201	58,42	55,61	701	49,73	49,00
202	58,18	56,79	702	56,82	54,62
203	60,68	57,73	703	60,50	57,23
204	59,64	58,25	704	62,39	60,40
205	62,56	61,67	705	62,29	60,40
206	67,66	61,23	706	62,61	59,59
207	61,45	59,35	707	57,75	57,28
208	64,32	60,33	708	60,54	59,81
209	61,76	60,72	709	64,03	62,52
210	70,04	68,26	710	64,52	63,27
211	62,75	61,42	711	64,45	64,06
212	62,79	58,43	712	64,59	63,16
213	64,49	60,43	713	63,64	62,28
214	70,08	68,23	714	66,92	65,43
			715	68,45	66,83
			716	69,62	67,38
			717	71,56	67,69
			718	71,87	65,64
			719	69,09	65,30
			720	64,73	62,80
			721	67,38	62,53
			722	67,08	61,52
			723	60,40	57,58
			724	58,38	54,85
			725	53,03	51,54
			726	57,88	56,47
			727	63,73	58,51

Grundwasserhöhenplan

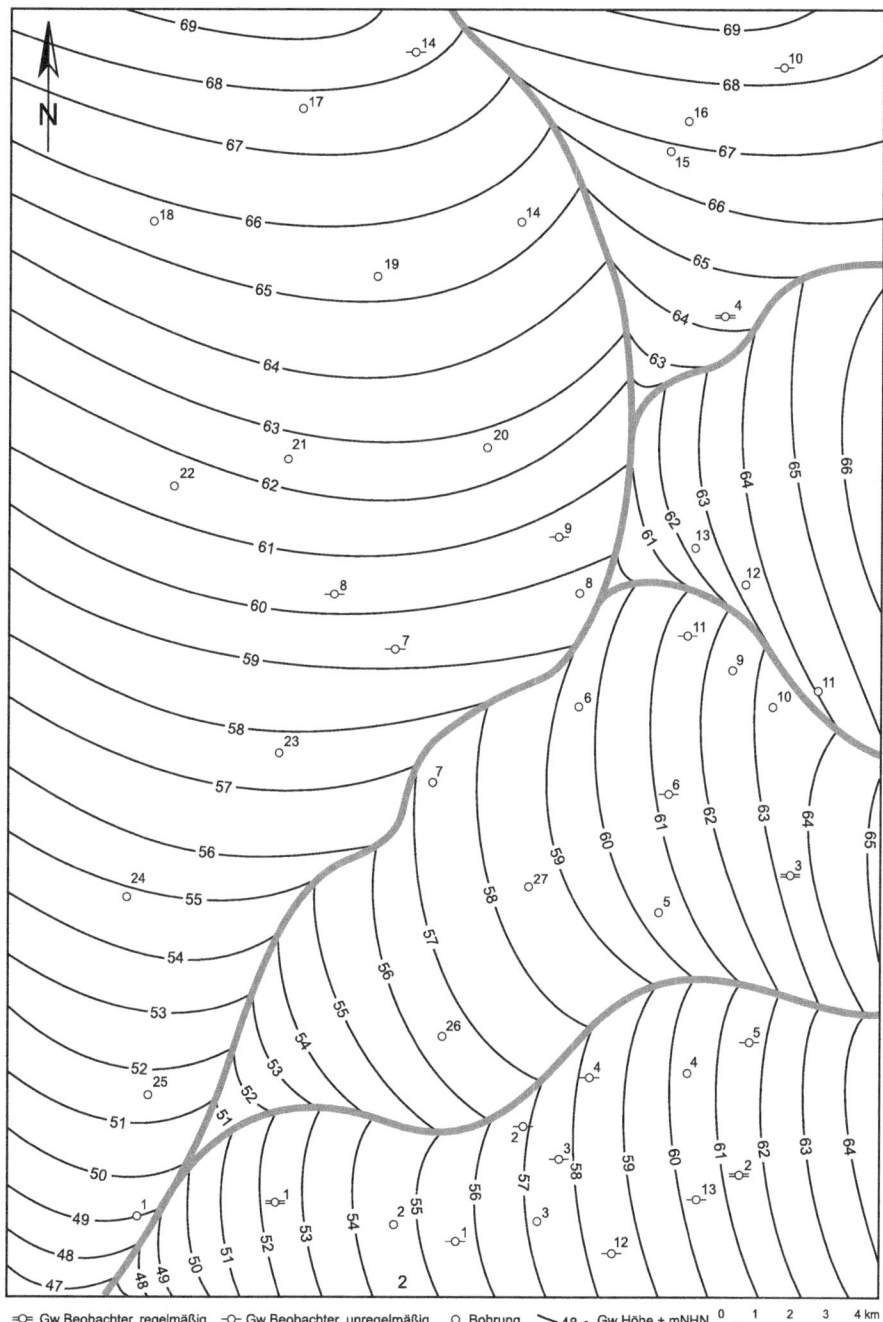

=○= Gw Beobachter, regelmäßig   -○- Gw Beobachter, unregelmäßig   ○ Bohrung   ╲₄₈╱ Gw Höhe + mNHN   0 1 2 3 4 km

Abb. 5.4:   Schematisches Beispiel eines Grundwasserhöhenplans.

5.6 Flurabstandsplan

Der Flurabstandsplan (Abb. 5.5) ist die Vorkonstruktion der späteren Flurabstandskarte (Kap. 6.3). Der Flurabstandsplan enthält das Gewässernetz (Signatur 3 und 9) und alle vorhandenen Flurabstandsmessungen aus Grundwasserstandmessungen (Signatur 7) sowie die im Gelände z.B. aus Bohrungen oder floristischen Hinweisen abgeschätzten Flurabstände.

Bei regelmäßig kontrollierten Messstellen erscheint der mittlere Flurabstand mit Angabe der Schwankungsbreite (Signatur 14.8). Bei den übrigen Messstellen erscheinen ein oder mehrere Flurabstände mit Angabe des Monats und des Jahres der Messung (Signatur 14.10). Sind bedeutende Wasserstauer im Untergrund vorhanden, so sind diese entsprechend dem Grundwasserhöhenplan in den Flurabstandsplan zu übernehmen.

Der Flurabstandsplan ist als Transparent zur Topographischen Karte 1 : 5.000 oder als transparenter eigener „layer" im GIS anzufertigen. Die topographische Grundlage muss das anhand von Feldvergleichen korrigierte Gewässernetz enthalten.

Die Konstruktion des Flurabstandsplanes erfolgt – wie bei den Grundwasserhöhenplan – zeichnerisch mittels Errichtung hydrologischer Dreiecke zwischen den Messstellen. Die Darstellung der Flurabstände erfolgt durch Linien gleicher Flurabstände (Signatur 1.5.1). Der Flurabstandsplan kann im GIS rechnerisch aus der Verschneidung von topographischen Höhen z.B. aus einer Topographischen Karte mit den Grundwasserhöhen an den Messpunkten und an den Schnittpunkten der Gleichen der Grundwasserhöhe und der Isolinien der Geländehöhe erfolgen. Bei der reinen Verschneidung ist es in jedem Fall wichtig, eine flächenhafte Kontrolle über möglicherweise negative Flurabstände durchzuführen; diese sind nur bei beobachteten Grundwasseraustritten oder artesisch gespannten Grundwasserverhältnissen möglich.

Je nach Maßstab ist zu entscheiden, ob aufgeschüttete Bereiche wie Straßen- und Bahndämme oder ins Gelände einschneidende Bereiche wie Straßendurchstiche etc. in der Flurabstandskarte dargestellt werden. In dem schematischen Beispiel eines Flurabstandsplanes mit den Linien gleicher Flurabstände (Abb. 5.5) ist zu erkennen, dass die Flurabstände in Richtung auf die Gewässer generell abnimmt.

Flurabstandsplan

Abb. 5.5: Schematisches Beispiel eines Flurabstandsplans.

5.7 Bohrplan

Der Bohrplan dient der Planung und Durchführung zusätzlicher Bohrungen und Sondierungen (Kap. 2.4 und Kap. 4.4.5). In dem Bohrplan sind die Bohransatzpunkte geplanter Bohrungen fortlaufend durchnummeriert in grüner Farbe einzutragen. Die Eintragung einer durchgeführten Bohrung erfolgt in blau. Die entsprechenden Signaturen und Zahlenangaben finden sich in Anhang 2 (Signatur 7.2). Nach Abschluss einer jeden Bohrung ist nachträglich der Wasserstand und die Tiefe sowie die Art der Bohrung im Bohrplan zu vermerken (Signatur 7). Nach Fertigstellung der Bohrkampagne ist der Bohrplan die Grundlage für den Flurabstandsplan (Kap. 5.6).

Wenn die Bohrungen und Sondierungen nachträglich zu Grundwassermessstellen ausgebaut werden, gehen die Daten des Bohrplans ebenfalls in den Plan der vorhandenen Grundwassermessstellen (Kap. 5.1) und möglicherweise auch in den Probennahmeplan (Kap. 5.8) ein. Wenn die Bohrpunkte zu einem späteren Zeitpunkt eingemessen werden, sollten die Daten des Bohrplans ebenfalls in die Nivellierakten und den Nivellierplan (Kap. 5.3) übernommen werden, damit diese ebenfalls eine Grundlage des Grundwasserhöhenplans (Kap. 5.5) darstellen können.

Der Bohrplan dient außerdem zur Planung der Bohrarbeiten. So lässt sich aus der Lage der Bohransatzpunkte in Kombination mit der Topographischen Karte die Zugänglichkeit der Bohransatzpunkte für die ausführende Bohrfirma abschätzen. Dies ist ein wichtiges Kriterium für die Durchführung und Kalkulation, da zusätzliche Schwierigkeiten die anfallenden Kosten erhöhen. Auf jeden Fall sind die Bohransatzpunkte vorab durch den Sachbearbeiter lagemäßig zu kontrollieren und ggf. mit der Bohrfirma abzustimmen. Zur Aufgabe der Bohrfirma gehört es, Auskünfte über Rohrleitungen, Kabeltrassen etc. sowie über eventuelle Munitionsreste bei den entsprechenden Fachbehörden in Erfahrung zu bringen. Diese Aufgaben sollten in der Ausschreibung zu den Bohrarbeiten Erwähnung finden.

Aus dem schematischen Beispiel eines Bohrplans (Abb. 5.6) wird ersichtlich, dass die Bohrungen aufgrund fehlender Angaben zu den Grundwasserständen und Flurabständen flächendeckend angesetzt wurden. Außerdem ist ersichtlich, dass die Bohransatzpunkte für die Planung der Bohrarbeiten und Ausführung möglicherweise durch eine externe Firma möglichst einfach d.h. fortlaufend durchnummeriert werden, um Verwechselungen zu vermeiden. Nachträglich sind die Bohransatzpunkte in der Datenbank mit einer eindeutigen Archivnummer zu versehen.

5.8 Probennahmeplan

Der Probennahmeplan (Abb. 5.7) ist die Grundlage für die Erfassung hydrochemischer Daten im Gelände. Er enthält daher alle Probennahmepunkte, welche fortlaufend durchnummeriert werden. In dem Probennahmeplan wird für den Probennehmer die Lage der Probennahmestellen eingetragen. Nach Fertigstellung der Messkampagne ist dieser Plan die Grundlage für die Darstellung der Hydrochemischen Karte (Kap. 6.5). Der Probennahmeplan ist besonders dann wichtig, wenn die Arbeiten durch eine externe Firma durchgeführt werden. Eventuell sind die Punkte durch zusätzliche Erläuterungen über die Lage und Zugänglichkeit zu ergänzen.

In dem schematischen Beispiel eines Probennahmeplans ist erkennbar, dass möglicherweise nur die ständigen und möglichen Grundwassermessstellen für eine Grundwasser-Probennahme zur Verfügung stehen.

Probennahmeplan **145**

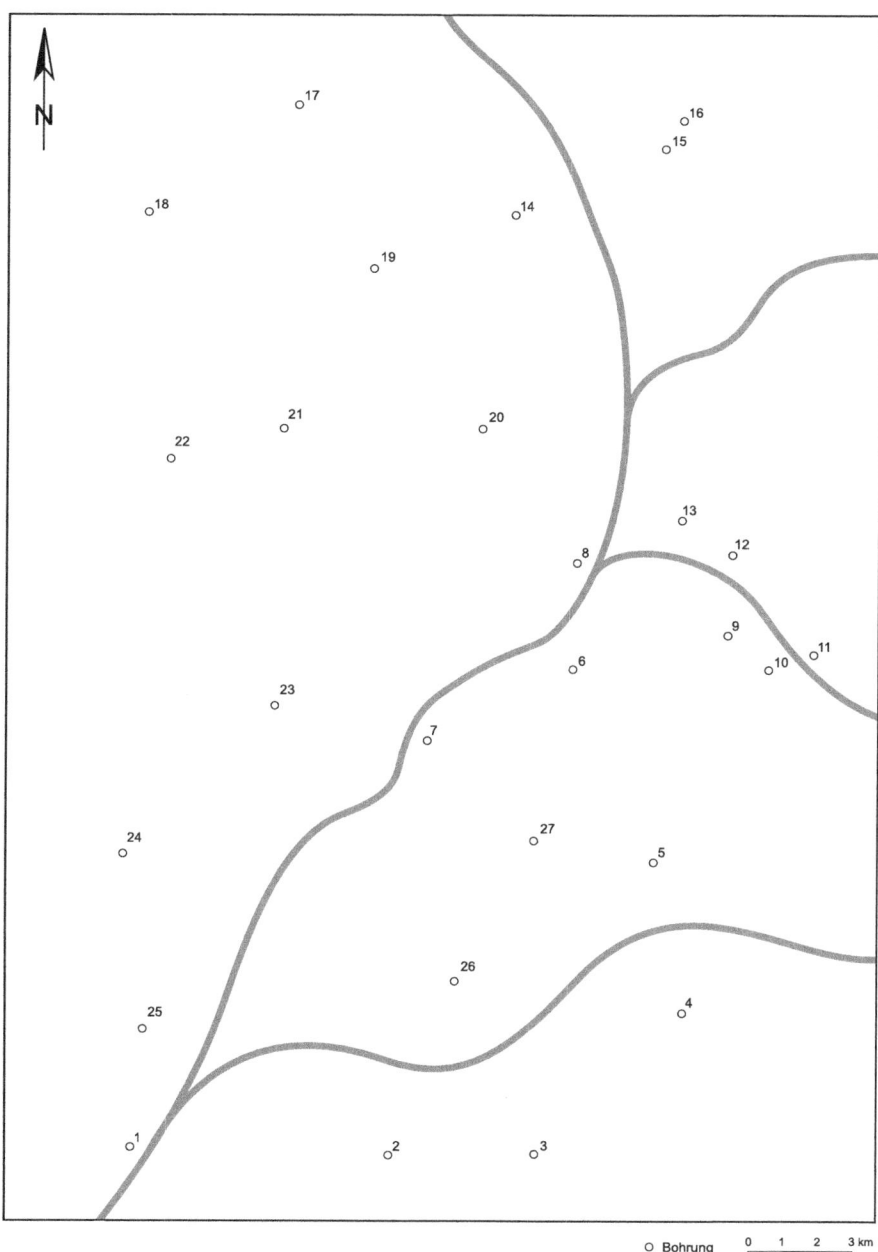

Abb. 5.6: Schematisches Beispiel eines Bohrplans.

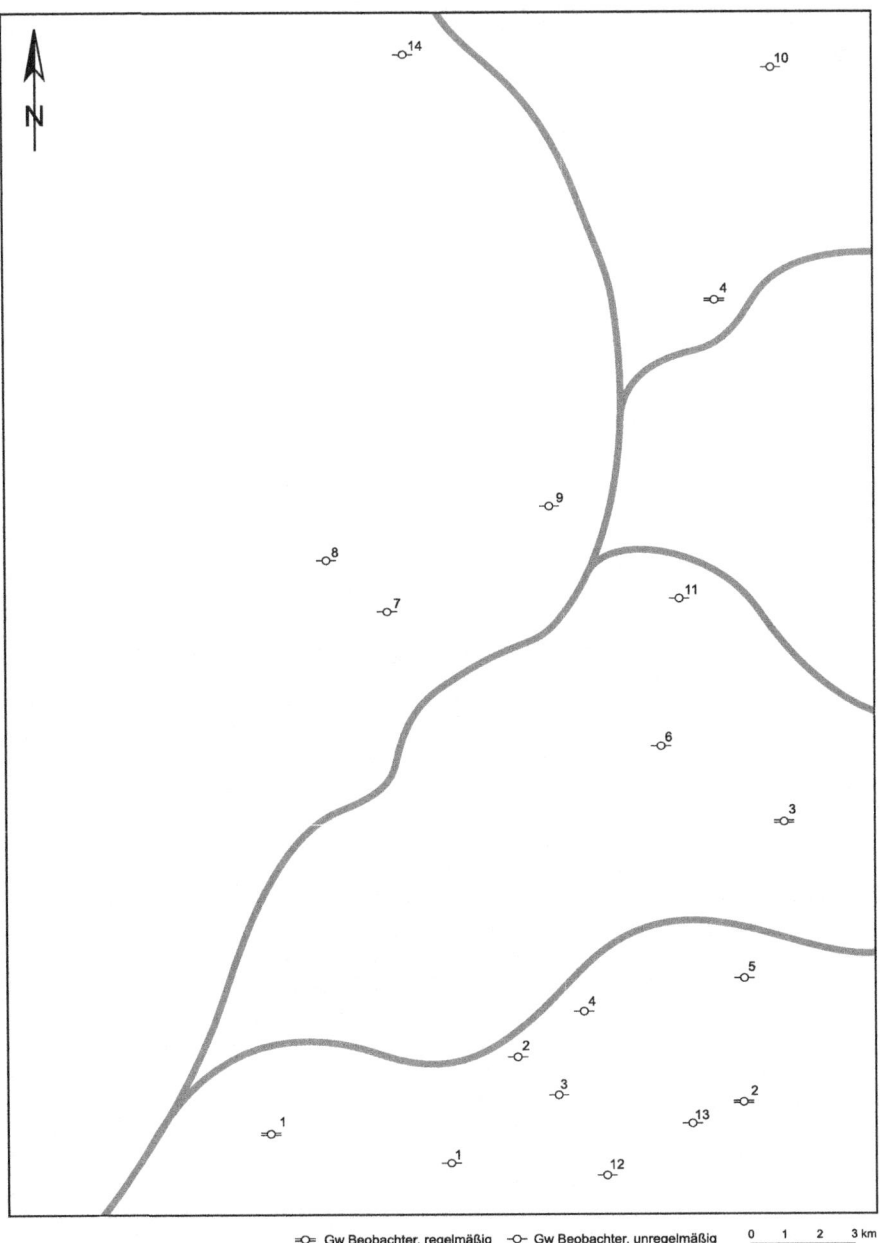

Abb. 5.7: Schematisches Beispiel eines Probennahmeplans.

5.9 Pläne der Wasserhaushaltsgrößen

Die Pläne der Wasserhaushaltsgrößen Niederschlag und Verdunstung dienen der flächenhaften Auswertung der Messwerte. In den Plänen der Wasserhaushaltsgrößen wird die Lage der Messstellen zur Erfassung der jeweiligen Wasserhaushaltsgrößen dargestellt. Für die Zuordnung der Wasserhaushaltsgrößen zu einem Einzugsgebiet ist die Eintragung der ober- und unterirdischen Wasserscheiden (Signatur 2.1 und 2.2) hilfreich.

Wenn in dem Kartiergebiet bei makroskaliger Bearbeitung mehrere Messstellen liegen, lassen sich aus den Niederschlags-Messwerten über Interpolation Linien gleichen Niederschlages (Isohyeten) konstruieren. Aus den Verdunstungs-Messwerten lassen sich Linien gleicher Verdunstung (Isoobren) konstruieren. Es kommen verschiedene Verfahren zur flächenhaften Auswertung von Messwerten der Wasserhaushaltsgrößen zum Einsatz (z.B. Thiessen-Polygone, Isohyeten-Methode). In Gebieten mit starker Oberflächenmorphologie (z.B. Gebirge) bietet sich die reliefberücksichtigende Isohyeten-Methode an. Wenn in einem Kartiergebiet bei meso- oder mikroskaliger Bearbeitung nur jeweils eine Messstelle zur Erfassung der Wasserhaushaltsgrößen vorhanden ist, dann lässt sich die Verdunstung in Bezug zur Landnutzung, Bewuchs und Boden berechnen (ATV-DVWK 2002).

Aus den linienhaft entlang der Gewässer angeordneten Messwerten des Abflusses lassen sich Wasserhaushaltsbilanzen, bezogen auf verschiedene Teileinzugsgebiete des Gewässerabschnittes, erstellen. Dabei entspricht der grundwasserbürtige Abfluss des Gewässers der Grundwasserneubildung in dem Teileinzugsgebiet. Der Trennung von unterirdischem (grundwasserbürtigem Abfluss und Zwischenabfluss) und oberirdischem Abfluss aus den Abflussganglinien kommt dabei eine besondere Bedeutung zu. Weiterführende Methoden dazu sind in HÖLTING & COLDEWEY (2013) zusammengestellt.

Die Grundwasserneubildung lässt sich ebenfalls flächendifferenziert mit der allgemeinen Wasserhaushaltsgleichung bestimmen (MESSER 2010). Die Wasserhaushaltsgleichung lautet:

$$\dot{h}_N = \dot{h}_V + \dot{h}_{Ad} + \dot{h}_{AGw} \pm \dot{h}_Z \pm \dot{h}_S \qquad \text{(Gl. 16)}$$

$$\dot{h}_{Ad} = \dot{h}_{Ai} + \dot{h}_{Ao} \qquad \text{(Gl. 17)}$$

mit:
$\dot{h}_N$ = Niederschlag (mm/a)
$\dot{h}_V$ = Evaporation/Verdunstung (mm/a)
$\dot{h}_{Ad}$ = Direktabfluss (mm/a)
$\dot{h}_{AGw}$ = Basisabfluss bzw. grundwasserbürtiger Abfluss bzw. Grundwasserneubildung (mm/a)
$\dot{h}_Z$ = Zuleitung / Entnahme von Wasser (mm/a)
$\dot{h}_S$ = Speicheränderung (Rücklage / Aufbrauch von Wasser) (mm/a)
$\dot{h}_{Ai}$ = Zwischenabfluss / Interflow (mm/a)
$\dot{h}_{Ao}$ = Oberflächenabfluss (mm/a)

Dabei wird die Wasserhaushaltsgleichung für jede in sich homogene Teilfläche gelöst. Für die Berechnung von Verdunstung und Direktabfluss wird eine Flächenverschneidung der jeweils notwendigen Eingangsparameter (nutzbare Feldkapazität, Flurabstand, Flächennutzung, Versiegelung, Hangneigung und Klimatop) in einem geographischen Informationssystem durchgeführt. Durch eine weitere Verschneidung der flächendifferenzierten Ergebnisse von Niederschlag, Verdunstung und Direktabfluss berechnet sich die Grundwasserneubildung für jede in sich homogene Kleinfläche.

6 Darstellung der Daten in Form von Karten und Schnitten

Die Darstellung der Daten in Form von Karten und Schnitten stellt das Endprodukt der Hydrogeologischen Kartierung dar. Sie werden in Gutachten und Berichten zur Dokumentation bestimmter Zustände verwendet. Die Vorkonstruktion der Karten findet in den Plänen (Kap. 5) statt.

6.1 Hydrogeologische Karte

Die Hydrogeologische Karte (Abb. 6.1) gibt einen Einblick in die hydrogeologischen Verhältnisse der anstehenden Grundwasserleiter. Eine Hydrogeologische Karte ist eine synoptische Darstellung hydrogeologischer Informationen in generalisierter Form. Sie ist das Ergebnis der Zusammenführung der vorher erstellten Pläne. Die Hydrogeologische Karten informiert zusammenfassend über ein Gebiet und lässt großräumige Zusammenhänge erkennen. Über die Hydrogeologische Karte findet der Anwender den Eingang in die weiteren thematischen Karten und Schnitte (Flurabstandskarte, Hydrochemische Karte, Wasserwirtschaftliche Karte und Hydrogeologische Schnitte). Die Maßstäbe der Karten variieren auf kommunaler (1 : 10.000) bis Länderebene (1 : 600.000).

In einer Hydrogeologischen Karten werden folgende Informationen und Signaturen (Anhang 2) zusammengestellt:
- Verbreitung der Hydrogeologischen Einheiten,
- Grundwasserhöhengleichen (Signatur 1.1 - 1.3),
- Angaben zur Grundwasserfließrichtung (Signatur 1.4),
- unterirdische Wasserscheiden (Signatur 2.1),
- Gewässerverläufe (Signatur 3),
- Verbreitungsgrenzen (Signatur 5.14 - 5.16),
- Schnittlinienverläufe (Signatur 6),
- alle Arten von Aufschlüssen des Grundwassers (Signatur 7),
- weitere Einrichtungen an oberirdischen Gewässers (Signatur 11).

Hydrogeologische Karte

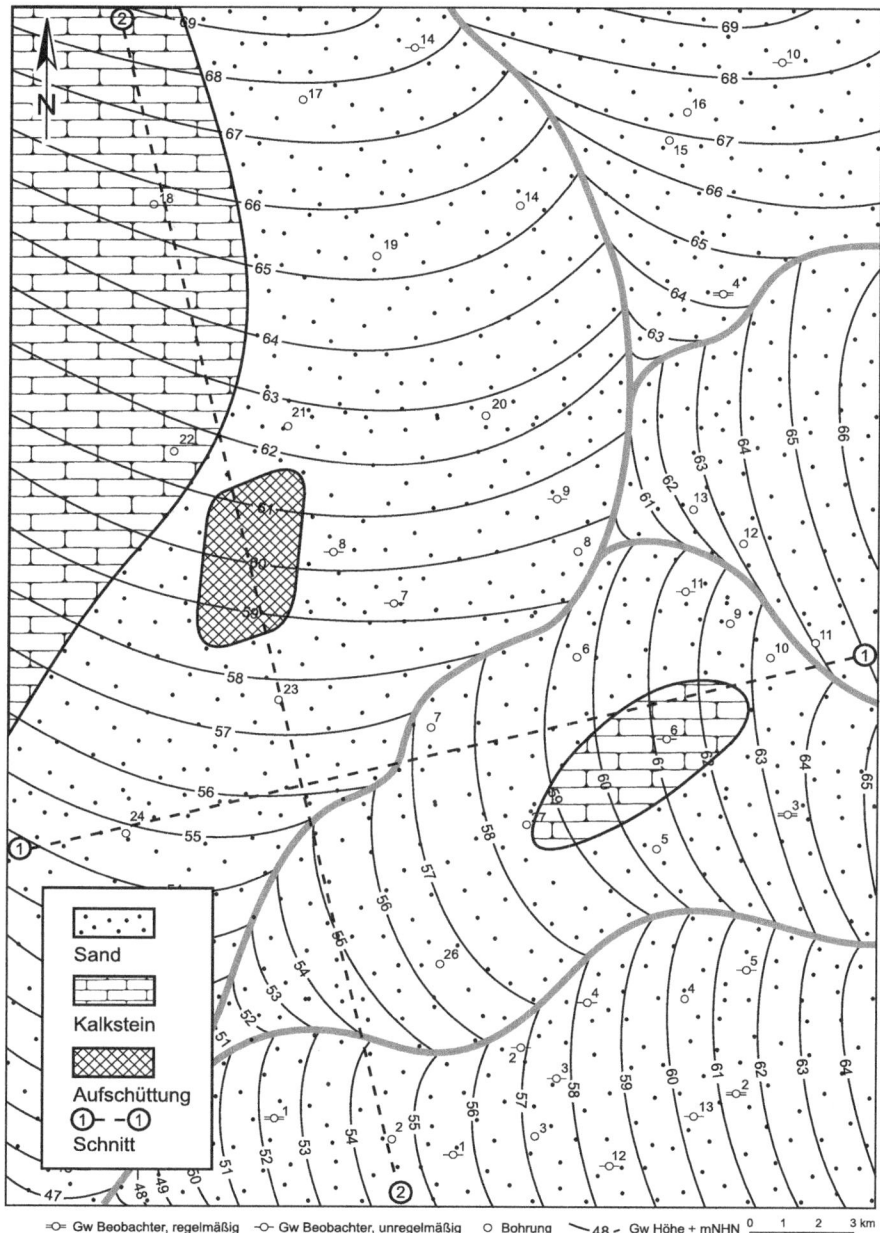

Abb. 6.1 Schematisches Beispiel einer Hydrogeologischen Karte.

An dem schematischen Beispiel einer Hydrogeologischen Karte (Abb. 6.1) wird ersichtlich, dass
- die generelle Grundwasserfließrichtung Richtung Südwesten zeigt,
- das Grundwassergefälle im Durchschnitt ungefähr 0,1% (1 m Höhenunterschied auf 1.000 m Entfernung) beträgt,

- alle Oberflächengewässer Vorfluter sind (starke Anbindung der Grundwasserhöhengleichen an die Gewässer),
- die Durchlässigkeiten im Untergrund über alle Verbreitungsgrenzen hinweg aufgrund nahezu gleicher Abstände zwischen den Grundwasserhöhengleichen annähernd gleich sind.

6.2 Hydrogeologischer Schnitt

Die Hydrogeologischen Schnitte (Abb. 6.2) stellen die vertikale Gliederung der hydrogeologischen Verhältnisse dar. In Hydrogeologischen Schnitten werden auch die Eigenschaften des Grundwasserleiters (z.B. Speicher- und Leitvermögen der Gesteine für Wasser) sichtbar. Auf der Grundlage von ausgewählten repräsentativen Bohrprofilen besteht die Möglichkeit, die Abfolge der Schichten, ihre hydrogeologische Gliederung und ihre hydrogeologischen Eigenschaften wiederzugeben. Die Schnittlagen der Hydrogeologischen Schnitte orientieren sich an der Einfallrichtung der geologischen Schichten; im Allgemeinen wird der Hydrogeologische Schnitt senkrecht zum geologischen Streichen angelegt. Die Hydrogeologischen Schnitte besitzen zur besseren Nachvollziehbarkeit einen Überhöhungsfaktor zwischen den horizontalen Längen (Längenmaßstab 1 : 10.000) und den vertikalen Höhen (Höhenmaßstab 1 : 500) von bis zu 20.

Zur Konstruktion der Hydrogeologischen Schnitte entlang der Schnittlinien, die in der Hydrogeologischen Karte verzeichnet sind, sind diverse Isolinienpläne hilfreich (Nennung der einzelnen Flächen von oben nach unten):
- Isolinien der Geländeoberfläche (Kap. 5.4) (= Höhenlinien)
- evtl. Isolinien der Basis eines Geringleiters (= Grundwasserüberdeckung, Signatur 5.12),
- Grundwasserhöhenplan (Kap. 5.5),
- Isolinien der Grundwasserleiterbasis (= Grundwassersohle, Signatur 5.11),
- evtl. Isolinien der Basis eines Geringleiters im nächst tieferen Grundwasserstockwerk (= Grundwasserüberdeckung, Signatur 5.12),
- Grundwasserhöhenplan im darunter liegenden Grundwasserstockwerk (Kap. 5.5),
- Isolinien der Grundwasserleiterbasis im darunter liegenden Grundwasserstockwerk (= Grundwassersohle, Signatur 5.11).

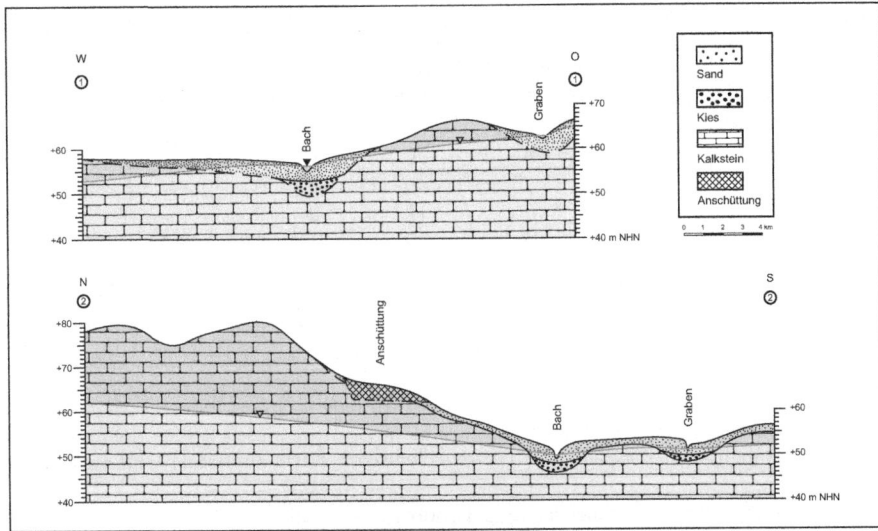

Abb. 6.2: Schematisches Beispiel Hydrogeologischer Schnitte.

Flurabstandskarte

Weitere hilfreiche Karten bilden die Darstellungen der Isolinien der Grundwasserleiter- (Signatur 5.8 und 5.9) und -hemmermächtigkeit (Signatur 5.13) sowie der Grundwassermächtigkeit (Signatur 5.10).

In den Hydrogeologischen Schnitten werden folgende Eigenschaften dargestellt:
- hydrogeologische Schichtengliederung (Stratigraphie, Gesteinsausbildung),
- Einzelangaben bzw. Flächendarstellungen zum speichernutzbaren Hohlraumanteil (Signatur 5.1), Speicherkoeffizienten (Signatur 5.2), Durchlässigkeitsbeiwert (Signatur 5.3 bis 5.5), und zur Transmissivität (Signatur 5.6 und 5.7),
- Grundwasseroberfläche im freien Grundwasser und/oder Grundwasserdruckfläche im gespannten Grundwasser,
- wasserwirtschaftlich relevante Objekte in den Schnittlinien (mit Angabe der Förderrate).

Im schematischen Beispiel der Hydrogeologischen Schnitte (Abb. 6.2) werden die Gesteinsausbildungen und die Grundwasseroberfläche im freien Grundwasser ersichtlich.

6.3   Flurabstandskarte

Die Flurabstandskarte ist das Ergebnis der Konstruktion des Flurabstandsplans (Kap. 5.6). In der Flurabstandskarte wird für den Flurabstand die farbige Flächendarstellung gewählt.

In einer Flurabstandskarte werden folgende Informationen zusammengestellt:
- Flurabstand als Flächendarstellung (Signatur 1.5.2),
- Gewässerverläufe (Signatur 3),
- wichtige wasserwirtschaftliche Eingriffe und Quellen.

In der Umgebung eines Gewässers variieren die Flurabstände sehr kleinräumig (Abb. 6.3). Deren detailgetreue Darstellung ist nur bei großmaßstäblicher Darstellung sinnvoll.

Flurabstandskarten (Abb. 6.4) sind ein gutes Hilfsmittel zur Beurteilung von Bauwerksschäden und Ernteertragseinbußen als Folge einer Grundwassergewinnung oder des Klimawandels und dem damit verbundenen Absinken der Grundwasseroberfläche. Für Architekten und Planer ist die Information über den Flurabstand für ihre Planung von größter Bedeutung, z.B. beim Schutz unterirdischer Bauwerke gegen Vernässung (HÖLTING & COLDEWEY 2013).

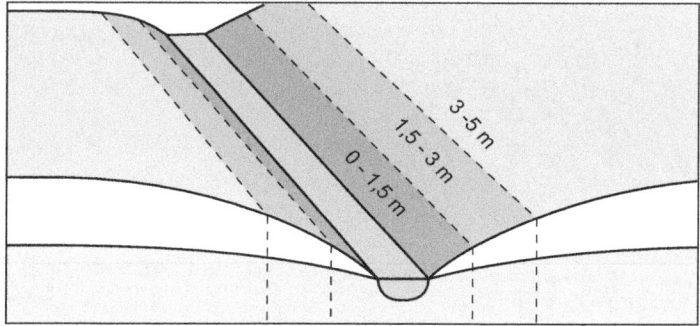

Abb. 6.3:   Schematische Darstellung der Flurabstände in der Umgebung eines Gewässers.

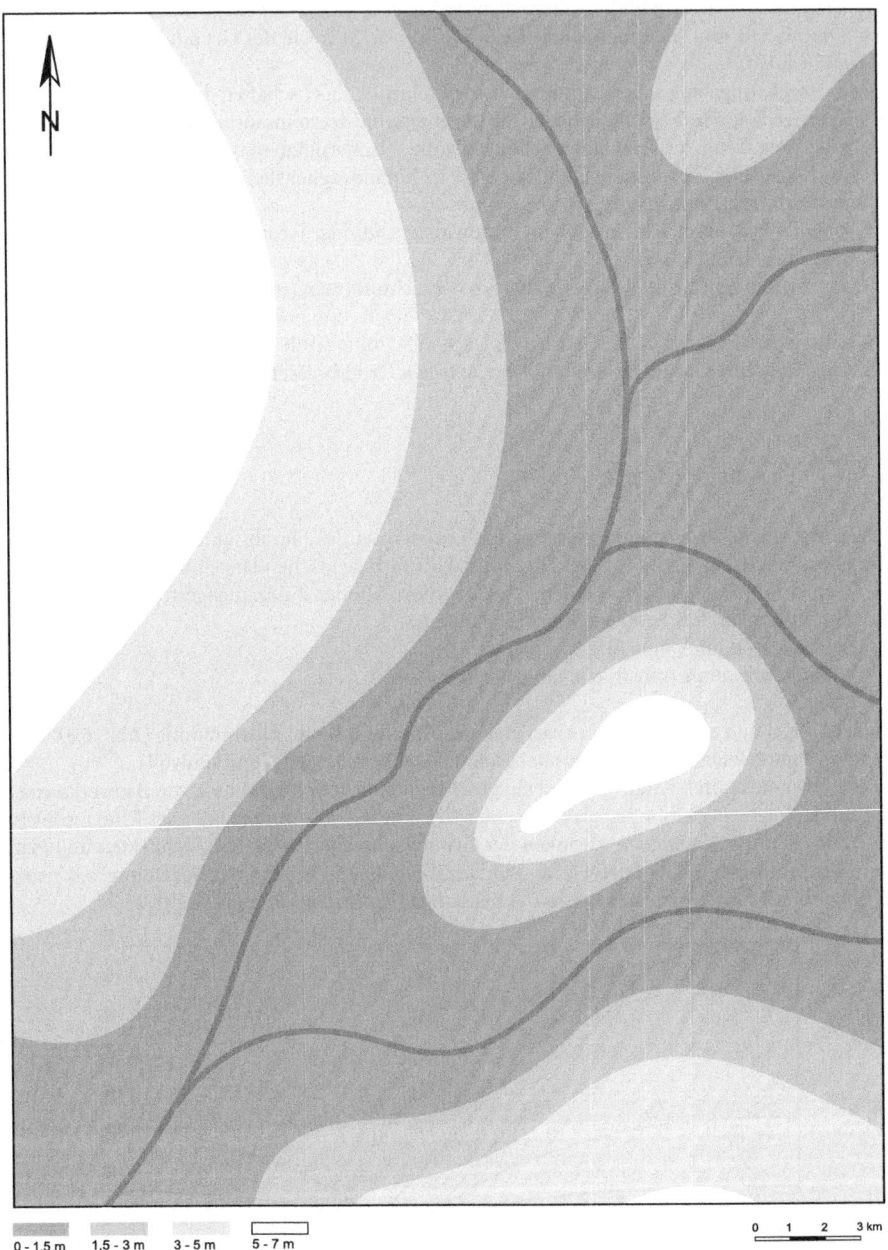

Abb. 6.4: Schematisches Beispiel einer Flurabstandskarte.

6.4 Grundwasserdifferenzenkarte

Eine Grundwasserdifferenzenkarte stellt die zeitlichen Änderungen des Verlaufes der Grundwasserhöhengleichen flächenhaft dar. Die Höhe der Grundwasseroberfläche kann sich je nach Höhe der Grundwasserneubildung, des Grundwasserabflusses bzw. des Entnahmevolumens ändern. Vielfach sind diese zeitlichen Veränderungen des Verlaufes der Grundwasserhöhengleichen in einem größeren Gebiet nicht ohne weiteres zu erkennen, vor allem, wenn die Veränderungen nur gering sind. Deshalb werden in den Grundwassermessstellen des betrachteten Gebietes die Differenzen des Grundwasserstandes über eine bestimmte Zeit errechnet. Aus diesen Werten lassen sich Linien gleicher Grundwasserdifferenzen konstruieren, woraus sich eine Grundwasserdifferenzenkarte erstellen lässt. Die Konstruktionsweise dieser Linien gleicher Differenzen ist die gleiche wie bei der Konstruktion der Isolinien bei Höhen (HÖLTING & COLDEWEY 2013).

Die Erstellung einer Grundwasserdifferenzenkarte wird vielfach zur Bewertung von Entnahmetrichtern im Rahmen von hydrogeologischen Gutachten notwendig und ist nur für konkrete Zeiträume aussagekräftig und somit nicht allgemeingültig. Deshalb findet die Grundwasserdifferenzenkarte keinen Eingang in das allgemeine Hydrogeologische Kartenwerk.

6.5 Hydrochemische Karte

Die Hydrochemische Karte stellt die regionalen Zusammenhänge der Grundwasserbeschaffenheit über größere Flächen dar (Abb. 6.5). Je nach Untersuchungsziel sind mittels Hydrochemischer Karten Aussagen über genetische Zusammenhänge einzelner Grundwassertypen möglich. Im Allgemeinen werden die Verteilungen einzelner Ionen oder anderer Kenngrößen durch Punkte, Säulen oder andere Signaturen (Signatur 8.3.3) wiedergegeben. Ein nächster Schritt ist es, die Gebiete gleicher oder ähnlicher Ionen-Verteilungen durch Isolinien festzulegen oder die Flächen farbig anzulegen (HÖLTING & COLDEWEY 2013).

Die Darstellung mehrerer Ionen in einer Karte erweist sich häufig als problematisch, da mit zunehmender Anzahl der aufgeführten Ionen die Übersichtlichkeit verloren geht. Hier erscheint es als geeigneter, für mehrere Ionen die Verhältniszahlen zu errechnen und in Karten durch Isolinien oder Flächenkennzeichnungen Gebiete gleicher oder ähnlicher Ionen-Verhältnisse zusammenzufassen (HÖLTING & COLDEWEY 2013). Sinnvolle Ionen-Verhältnisse sind in HÖLTING & COLDEWEY (2013) aufgeführt.

Eine weitere Möglichkeit ist das Einfügen von aussagekräftigen hydrochemischen Einzeldiagrammen (Säulendiagramm, Kreisdiagramm, Strahlendiagramm; Übersicht in HÖLTING & COLDEWEY 2013) der Ergebnisse der chemischen Analysen an den Probennahmestellen. In Hydrogeologischen Karten können verschiedentlich Säulendiagramme nach PREUL (KARRENBERG et al., 1958) (Abb. 6.5) wiedergegeben werden; hierbei können die für die Grundwassernutzung relevanten kritischen Grenzwerte (z.B. Grenzwerte der Trinkwasserverordnung) zusätzlich markiert werden (Abb. 6.5). Sind mehrere Grundwasserstockwerke zu unterscheiden, so ist an jedem Analysenpunkt mit einem Index, soweit möglich, die Herkunft des analysierten Wassers zu vermerken (z.B. T = Tertiär, K = Kreide).

Im schematischen Beispiel einer Hydrochemischen Karte (Abb. 6.5) sind die Säulendiagramme nach PREUL dargestellt. Die Mittellinie in den Säulendiagrammen nach PREUL dokumentiert hier den Grenzwert der Trinkwasserverordnung (TrinkwV 2001). Die Anwendung der Säulendiagramme lässt sich in HÖLTING & COLDEWEY (2013) ersehen. In den Messstellen 212, 712, 724 und 726 kommt es insbesondere zu einer Grenzwertüberschreitung des Parameters Eisen.

154 Darstellung der Daten in Form von Karten und Schnitten

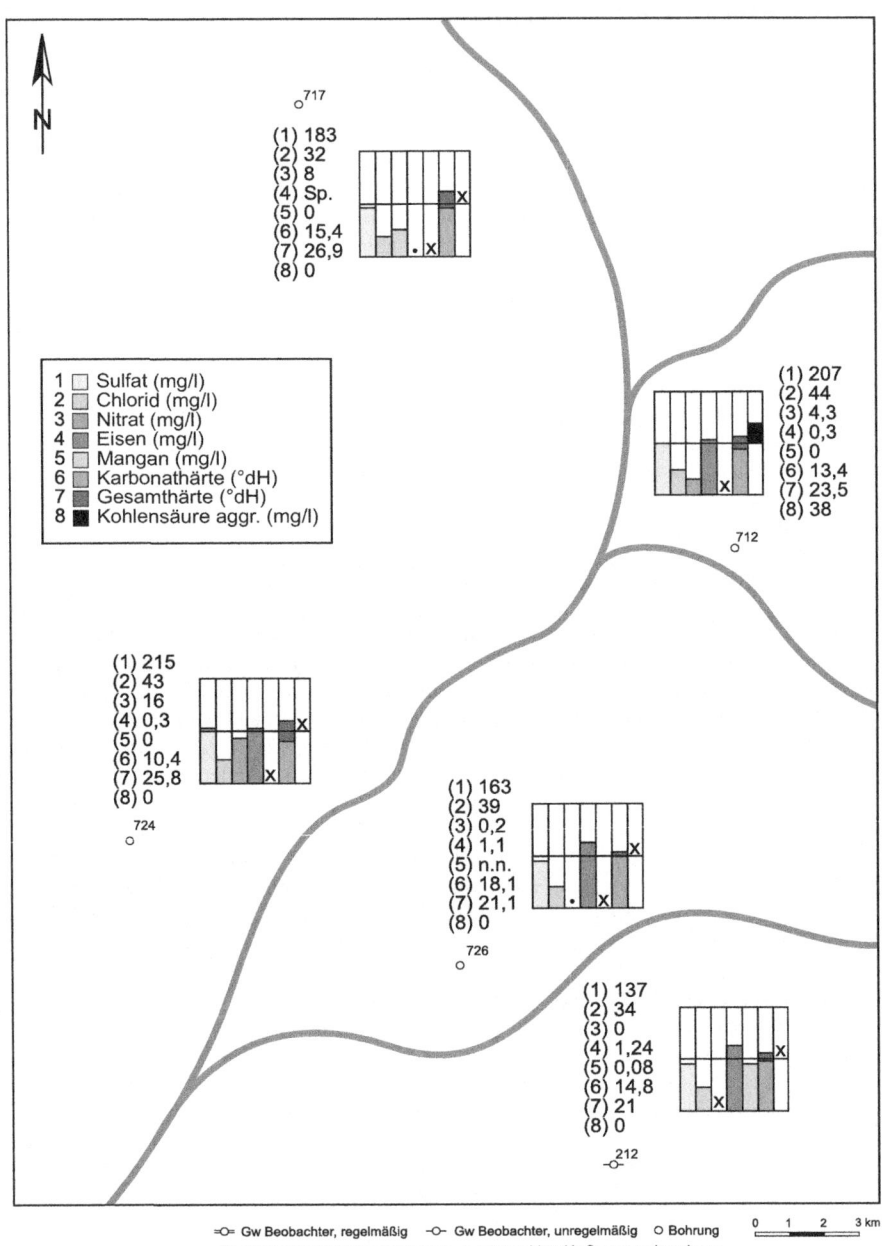

Abb. 6.5: Schematisches Beispiel einer Hydrochemischen Karte.

Wasserwirtschaftliche Karte

6.6 Wasserwirtschaftliche Karte

Die Wasserwirtschaftliche Karte stellt alle wasserwirtschaftlich relevanten Objekte und ihre räumliche Verteilung dar. Die Wasserwirtschaftliche Karte enthält folgende Objekte:
- unterirdische Hauptwasserscheiden (Signatur 2.1),
- Gewässerverläufe (Signatur 3),
- alle Brunnen für die öffentliche, gewerbliche und industrielle Wasserversorgung, soweit ein Wasserrecht vorhanden oder beantragt ist, außer denjenigen für Gartenbau und Berieselung (Signatur 8.2 und 8.5.2),
- Wasserentnahmen aus Quellen (Signatur 8.1.1-2 und 8.5.1),
- Wasserentnahmen aus Oberflächengewässern (Signatur 8.5.4 und 9.7),
- Wasserentnahmen aus Stollenmundlöchern (Signatur 8.3.2),
- Grundwasserentnahmen mit natürlicher oder künstlicher Anreicherung (Uferfiltrat oder Infiltrat, Signatur 8.5.3),
- Wasserrechte und -förderungen getrennt nach Grund-, Oberflächen- und Grubenwasser in Form von Säulen. Bei der Darstellung der Säulen ist die spätere Verkleinerung zu beachten, d.h. auf der Karte 1 : 10.000 entsprechen 2 ½ cm 500.000 m^3. Außerdem sind die Wasserrechte und die Grubenwasserhebung textlich einzutragen (Signatur 8.6),
- Dränagezuflüsse und Abwassereinleitungen in Oberflächengewässer (im Bedarfsfall zusätzlicher Text) (Signatur 9.7),
- Pumpwerke zur Beseitigung von Vorflutstörungen (Signatur 11.3) oder zur dauerhaften Grundwasserabsenkung (Signatur 8.6.4),
- Anlagen zur Grundwasseranreicherung / Versickerungsanlagen (Signatur 8.4) oder zur dauerhaften Grundwasseraufhöhung (Signatur 8.6.5),
- Wasserschutzgebiete (Trinkwasser und Heilquellen, Signatur 8.7).

6.7 Karte der Wasserhaushaltsgrößen

In einer Karte der Wasserhaushaltsgrößen werden die verschiedenen Wasserhaushaltsgrößen flächenhaft dargestellt. Diese Karte enthält alle Messstellen zur Erfassung der Wasserhaushaltsgrößen (Signatur 12) und flächendifferenzierte Angaben zum Niederschlag, zur Verdunstung, zum Abfluss [Direktabfluss, Gesamtabfluss]. Als weitere Wasserhaushaltsgröße lässt sich auch die Grundwasserneubildung flächendifferenziert in einer Karte darstellen. Mit einer Karte der Grundwasserneubildung können flächenhafte Bewertungen der Eingriffe in den Wasserhaushalt beurteilt und Veränderungen prognostiziert werden.

6.8 Vulnerabilitätskarten

Die Vulnerabilitätskarte stellt in der Hydrogeologie die Verschmutzungsempfindlichkeit bzw. die Verwundbarkeit einer Grundwasserressource dar. Die Ressource Wasser, insbesondere die Ressource Grundwasser, steht im Spannungsfeld zwischen Schutz und Nutzung. Durch anthropogene Nutzung kann das Grundwasser beeinträchtigt werden. In Vulnerabilitätskarten wird ersichtlich inwieweit die hydrogeologischen Verhältnisse die Auswirkungen einer Beeinträchtigung, z.B. aufgrund von Wasser undurchlässigen Deckschichten, verringern können. Folgende Belastungen sind räumlich differenziert darstellbar:
- Deponierung fester Abfallstoffe,
- Belastungen durch land- und forstwirtschaftliche Nutzung,
- Einträge über den Luftpfad,
- direkte Einträge,

- Belastungen durch den Straßenverkehr,
- thermische Belastungen,
- Belastungen durch Baumaßnahmen,
- Belastungen durch Friedhöfe und
- Klimawandel.

Weitere Informationen zu den aufgeführten Belastungen finden sich in HÖLTING & COLDEWEY (2013).

6.9 Konsequenzkarten

Zahlreiche Geologische und Hydrogeologische Karten zeichnen sich durch einen hohen Gehalt an Informationen aus. Diese Karten sind für den Fachmann verständlich, für den Laien ist die Interpretation allerdings häufig schwierig bis unmöglich. Daher ist es notwendig, aus den Fakten heraus sogenannte Konsequenzkarten zu erstellen, die speziell von Nichtfachleuten und Entscheidungsträgern (Politik, etc.) verwendbar und lesbar sind (ZAYC 1969). Ein typisches Beispiel ist die Darstellung der ausgewiesenen Trinkwasserschutzgebiete. In einer solchen Karte können andere konkurrierende Ansprüche z.B. Deponien dargestellt werden. So kann der Laie sofort die divergierenden Interessen erkennen.

Neben Konsequenzkarten für langfristige Entscheidungen lassen sich auch Karten für die Bearbeitung aktueller Ereignisse erstellen. Aus Konsequenzkarten für den Einsatz der Feuerwehr und des Technischen Hilfswerkes lassen sich Entscheidungen bei akuter Gefahrenlage für die Umwelt schnellstmöglich ableiten. Für die Beurteilung von Feuerwehreinsätzen bei Unfällen mit Gefahrstofftransporten sind z.B. die Durchlässigkeitsbeiwerte der Bodenschichten bis in 2 m Tiefe dargestellt; für die Beurteilung von tiefer liegenden Schadensquellen, z.B. undichte Tanks an Tankstellen, sind die Durchlässigkeitsbeiwerte der Bodenschichten von 2 m bis 5 m Tiefe dargestellt.

6.10 Nationale und internationale Hydrogeologische Kartenwerke

Zur Bearbeitung einer speziellen Problematik ist es hilfreich, einen Blick in hydrogeologische Karten bzw. Kartenwerke zu werfen. Diese liegen in unterschiedlichen Maßstäben und Inhalten für die verschiedenen Bundesländer Deutschlands, aber auch für das Ausland vor (Beispiele Hydrogeologischer Karten in Anhang 3). Diese Kartenwerke sind nur für den Bereich der ehemaligen DDR und für einige Regionen Deutschlands flächendeckend vorhanden.

Leider ist anzumerken, dass sehr viele Kartenwerke inhaltlich auf die Auswertung vorhandener Daten aus den verschiedenen Fachbereichen der Geologie, Hydrogeologie, Chemie, Wasserwirtschaft, etc. aufbauen. Für die Erstellung nur weniger Kartenwerke wurden eigene Untersuchungen durchgeführt. Eine Besonderheit hinsichtlich der Informationsdichte und des Maßstabes stellt das Hydrologische Kartenwerk des Rheinisch-Westfälischen Steinkohlenbezirks dar. Für die Erstellung dieser Karten wurden umfangreiche hydrogeologische und hydrochemische Geländeuntersuchungen, Nivellierarbeiten und Archivrecherchen durchgeführt.

7 Erstellung von Berichten und Gutachten

Jede Untersuchung – insbesondere die ausführlicheren – sollte durch entsprechende Berichte dokumentiert werden. In Berichten sollte der Gang der Untersuchungen sowie deren Ergebnisse dokumentiert und ausgewertet werden. Gutachten werden erstellt, um Fragestellungen abzuarbeiten, zu bewerten und Empfehlungen für Maßnahmen zu geben. Berichte und Gutachten sollten logisch aufgebaut und für Laien verständlich und nachvollziehbar sein. Wichtig ist bei Gutachten, dass eine eindeutige Aussage gemacht wird. Gutachten haben in der Regel einen höheren Stellenwert als Berichte.

Auf dem Deckblatt sollten alle wichtigen Informationen zur Erstellung des Gutachtens vorhanden sein. Der Titel des Gutachtens sollte hinsichtlich des Inhaltes, der Örtlichkeit der Untersuchungen sowie des Zeitraumes der Untersuchungen eindeutig sein. Der Auftraggeber sollte mit Anschrift, Auftragsnummer und Auftragsdatum genannt werden. Außerdem sollten die an der Abarbeitung beteiligten Fachleute bzw. Sachbearbeiter aufgeführt werden.

Zu Beginn des Gutachtens ist die entsprechende Aufgabenstellung klar und eindeutig zu beschreiben. Dies schließt die Beschreibung der Vorgehensweise der Untersuchungen mit den eingesetzten Untersuchungsmethoden (z.B. Bohrungen, Grundwasserstandsmessungen, geohydraulische Tests, Probennahme, Laboruntersuchungen) mit ein. Die verwendeten Unterlagen sollten sorgfältig – am besten in Listenform – dokumentiert werden. Dies dient dazu, erkennbar zu machen, welche Grundlagen vorhanden sind und dokumentiert damit den Anfangswissensstand des Sachbearbeiters. Anschließend werden die einzelnen Untersuchungsmethoden separat und ausführlich beschrieben. Darin können ebenfalls die Beschreibung der Auswertungsmethoden enthalten sein. Die Ergebnisse der Untersuchungen und Auswertungen werden daraufhin – entweder zusammen oder getrennt – beschrieben und interpretiert bzw. diskutiert.

Die Bohrungen sind in Form von Schichtenverzeichnissen und Bohrprofilen, die chemischen Analysen in Form von Probennahme- und Laborprotokollen als Anhang beizufügen. Zur Visualisierung der Ergebnisse bieten sich Karten und Schnitte (Kap. 6) sowie sonstige Darstellungen (z.B. PIPER-Diagramm) an.

Ein generelles Anliegen sollte es auf jeden Fall sein, dem Auftraggeber, der häufig Laie ist, die Vorgehensweise des Gutachters und seiner Ergebnisse zu erläutern und transparent zu machen.

Wichtiger Bestandteil des Gutachtens ist die Zusammenfassung. Hier werden in kurzer Form die Art und Anzahl der durchgeführten Untersuchungen zusammengestellt, um den Umfang und Aufwand der Arbeiten zu dokumentieren. Daran schließt sich ebenfalls in Kurzform die

Ergebnisse an, die in ihrer Aussage eindeutig sein sollten. Falls gewünscht können sich Empfehlungen für weitere Maßnahmen z.B. auch für zusätzliche Untersuchungen anschließen. Generell ist bei der Abfassung der Zusammenfassung große Sorgfalt notwendig, da häufig nur diese von den Entscheidungsträgern gelesen wird.

Da Berichte und Gutachten vom Auftraggeber zur Beantwortung bestimmter Fragestellungen in Auftrag gegeben werden, entscheidet der Auftraggeber auch über die Verwendung. Dies kann zum einen für die interne Nutzung bestimmt sein, zum anderen aber auch von einer Behörde angefordert worden sein. Generell sind alle Ergebnisse Eigentum des Auftraggebers. Eine Veröffentlichung bedarf der Zustimmung des Auftraggebers.

Weiterführende Literatur:

ECKL, H., HAHN, J. & KOLDEHOFF, Cl. (1995): Empfehlungen für die Erstellung von hydrogeologischen Gutachten zur Bemessung und Gliederung von Trinkwasserschutzgebieten – Schutzgebiete für Grundwasser. – Geol. Jb., C63: 25–65, 5 Abb.; Hannover.

JOSOPAIT, V. (1996): Überlegungen zu Ziel und Inhalt von hydrogeologischen Gutachten für Wasserrechtsanträge bei Grundwasserentnahmen. – Grundwasser, 1(3-4): 137-141, 2 Tab.; Berlin (Springer).

LANDESAMT FÜR BERGBAU, ENERGIE UND GEOLOGIE (2009): Leitfaden für hydrogeologische und bodenkundliche Fachgutachten bei Wasserrechtsverfahren in Niedersachsen. – GeoBerichte 15, 99 S., 39 Abb., 10 Tab.; Hannover.

LANDESUMWELTAMT NRW (1995): Anforderungen an Gutachter, Untersuchungsstellen und Gutachten bei der Altlasterbearbeitung. – Materialien zur Ermittlung und Sanierung von Altlasten, Band 11, 143 S.; Essen.

8 Sicherheits- und Gesundheitshinweise

Grundsätzliche Gesundheitshinweise

Vor einem Einsatz im Gelände sind bestimmte Gesundheitshinweise zu beachten. Je nach Lage des Untersuchungsgebietes, insbesondere im Ausland, werden von der **Ständigen Impfkommission (STIKO)** und vom Tropeninstitut Dr. Gontard (http://tropeninstitut.de/reiseziel/index.php) entsprechende Impfempfehlungen ausgesprochen. Die Notwendigkeit und die Risiken einer Impfung sind vor einem konkreten Geländeeinsatz (genaue Reisezeit und Zielort sollten bekannt sein) zusammen mit dem Hausarzt zu besprechen und ein Impfplan zu erstellen. Wichtige Hinweise finden sich ebenfalls auf den Internetseiten der **World Health Organization (WHO)** und des „Centers for Disease Control and Prevention" (CDC).

Generelle Hinweise zum Verhalten im Gelände

Beim Arbeiten im Gelände sind jederzeit folgende generelle Hinweise zu beachten:
- Sie sollten immer auf geeignete Kleidung achten! Diese muss hinsichtlich des Wetters und der herrschenden Temperaturen sowie der vorhandenen krankheitsübertragenden Tiere angepasst werden. Generell sollten Sie auch bei warmen Temperaturen möglichst auf lange Kleidung zurückgreifen. Dies wehrt Mücken und Zecken ab. Bei heißem Wetter sind Sonnenhut, Sonnenbrille und Sonnencreme von Nutzen, außerdem sollte ausreichend Trinkwasser vorhanden sein. Bei kaltem Wetter helfen Mützen [10 % der Körperwärme geht über den Kopf verloren], geeignete Handschuhe und warme Getränke. Entsprechende Schutzkleidung hält bei nassem Wetter trocken (Regenjacke, Regenhose, Regenschirm, Regenhut, Gummistiefel). Bei wechselhaftem Wetter können Sie sich durch das Tragen mehrerer Kleidungsstücke übereinander den wechselnden Wetterbedingungen anpassen (Zwiebelschalenprinzip).
- Gegen Zeckenbisse und Mückenstiche haben sich zusätzlich zur langen Kleidung Anti-Zecken bzw. -Mücken-Mittel (z.B. Zanzarin Bio-Hautschutz Lotion, Nexa Lotte Natur Hautschutz-Milch, Autan Active Lotion) auf Händen, Unterarmen, im Nacken, auf Knöcheln und Füßen bewährt.
- Bevor der Einsatz im Gelände beginnt, sollten Sie unbedingt Arbeitskollegen, Familienangehörige oder Personen an der Unterkunft über den genauen Einsatzort und über eine ungefähre Dauer des Geländeeinsatzes informieren. So können Sie im äußersten Notfall in Ihrem Arbeitsgebiet relativ zeitnah gefunden und ärztlich versorgt werden.

- Führen Sie immer ein Erste-Hilfe-Set mit sich (siehe Erste Hilfe Hinweise)!
- Beim Einsatz im Gelände kann ein Mobiltelefon mit aufgeladenem Akku ihr Leben retten. Im Notfall und bei Problemen ist damit meist eine Verständigung möglich.
- Sind mehrere Personen bei einem Unfall anwesend, sollte immer eine Person beim Verletzten bleiben und diesen versorgen, während eine weitere Person Hilfe holt.
- Sicherungen wie Seil und Becken- bzw. Brustgurt sollten Sie immer erst nach entsprechender Einweisung durch Spezialisten und entsprechendem Training benutzen, da ansonsten Lebensgefahr besteht.
- Nach einem Geländeeinsatz sollten Sie täglich den ganzen Körper nach Zecken und anderen Insekten absuchen und diese, falls vorhanden, unverzüglich entfernen. Dabei sollte bei Zecken darauf geachtet werden, dass sie gerade und vollständig, also samt ihrem mit Widerhaken besetzten Stechapparat, herausgezogen und nicht zerquetscht werden. Die Zecke dabei nicht mit Öl, Klebstoff, etc. behandeln, sondern mit einer speziellen Zeckenzange entfernen und die Wunde danach desinfizieren. Falls Zeckenteile in der Haut bleiben oder die Bissstelle sich entzündet oder anderweitig verändert sollten Sie unverzüglich einen Arzt konsultieren.

Sicherheitshinweise bei Arbeiten an und in Gewässern

Bei Arbeiten an und in Gewässern (Abflussmessungen, Messungen der Gewässerabmessungen, Messung von Geländehöhen, Vorfluteigenschaften, Bestimmung des Leakage-Koeffizienten, etc.) besteht generell die Gefahr des Abrutschens an den Uferböschungen, des Einsinkens im Gewässerbett und infolgedessen des Stürzens ins Wasser. Aufgrund des Schrecks, Schocks oder der plötzlichen Kälte des Wassers besteht leicht die Gefahr des Ertrinkens. Aus diesem Grund sollten Sie bei Arbeiten am Gewässer immer an Sicherungsmaßnahmen (Angurten, Schwimmweste, Sicherungsleinen, Sicherung durch eine zweite oder dritte Person) denken. Insbesondere kann der Einsatz von Watstiefeln dann lebensgefährlich für Sie werden, wenn diese von oben mit Wasser voll laufen oder undicht sind.

Sicherheitshinweise bei Bohrungen

- Tragen Sie immer Sicherheitsschuhe oder Stiefel mit Stahlkappe!
- Tragen Sie immer einen Helm!
- Tragen Sie je nach den Gegebenheiten Schutzbrille und/oder Gehörschutz!
- Tragen Sie bei Kontamination Handschuhe, Einweganzüge, im Sonderfall Vollschutz!
- Halten Sie die Sicherheitsabstände zu Hochspannungsleitungen bei Bohrungen ein!
- Sehen Sie bei Bohrarbeiten nach oben, wegen gefährlicher Lasten!
- Stehen Sie immer auf der Bedienungsseite des Bohrgerätes!
- Vergewissern Sie sich vor Beginn von Sondier- und Bohrarbeiten über den Verlauf von unterirdisch verlegten Versorgungsleitungen (Wasser, Gas, Strom, Telefon, etc.)
- Stellen Sie bei Gewitter sofort die Bohrarbeiten ein!
- Sichern Sie Ihren Bohrplatz gegen ungebetene Besucher!
- Zur Sicherheit gibt es keine Alternative!

Sicherheitshinweise beim Betreten von Brunnen und Schächten

- Beachten Sie die Richtlinie zum „Arbeiten in Behältern und engen Räumen" (BGR 117) und die Regel zum „Arbeiten in umschlossenen Räumen und abwassertechnischen Anlagen" (BGR 126)!

Sicherheits- und Gesundheitshinweise

- Beachten Sie die gültige Betriebsanweisung!
- Sichern Sie den Brunnen- oder Schachteinstieg vor dem Öffnen!
- Sorgen Sie für eine Absturzsicherung (Dreibein, Winde o.ä.) und halten Sie ein Rettungsgerät (umgebungsluftunabhängiger Atemschutz) bereit!
- Belüften Sie den Brunnen über eine längere Zeit!
- Führen Sie immer ein Gaswarngerät (Kohlendioxid, Kohlenmonoxid, Methan, etc.) mit sich!
- Kontrollieren Sie die Luft im Brunnen/Schacht vor dem Einstieg („Freimessen")!
- Führen Sie ein geeignetes Fluchtgerät (z.B. Sauerstoffselbstretter) mit sich!
- Tragen Sie immer einen Helm!
- Tragen Sie immer Sicherheitsschuhe!
- Tragen Sie einen Sicherheitsgurt und haken sie diesen in die Absturzsicherung ein!
- Gehen Sie nie ohne eine weitere Person, welche die Sicherung/Aufsicht hat, in den Brunnen!

Verhalten in erdbebengefährdeten Gebieten

Die nachfolgenden Hinweise werden regelmäßig vom DEUTSCHEN GEOFORSCHUNGSZENTRUM GFZ, Potsdam (Stand 01/05) für Bürger herausgegeben, die sich zeitweilig oder länger in erdbebengefährdeten Gebieten im Ausland aufhalten. Dieses „Merkblatt Erdbeben – Was mache ich, wenn in Starkbebengebieten die Erde bebt?" untergliedert sich in 6 Punkte. Unter Punkt 5 werden Hinweise zum Verhalten während eines Bebens gegeben. An dieser Stelle seien einige wichtige Hinweise aus dieser Zusammenstellung zitiert:

Bei Aufenthalt im Gebäude:
- Suchen Sie sofort Schutz unter einem schweren stabilen Möbelstück (z.B. Tisch) und halten sich an diesem fest, solange die Erschütterung dauert, auch wenn sich das Möbelstück bewegt! Ist dies nicht möglich, flüchten Sie unter einen stabilen Türrahmen oder legen Sie sich auf den Boden nahe einer tragenden Innenwand! Bleiben Sie weg von Fenstern! Schützen Sie den Kopf und Gesicht mit verschränkten Armen!
- Bleiben Sie im Haus, solange die Erdbebenerschütterungen anhalten! Am gefährlichsten ist der Versuch, das Gebäude während des Bebens zu verlassen. Durch herunterfallende Gegenstände oder Glassplitter können Sie verletzt werden. Ausnahme: Sie befinden sich bei Beginn der Erschütterung im Erdgeschoss in Nähe einer Außentür, die direkt ins Freie führt (Garten oder offener Platz, nicht enge Straße). Kein Treppenhaus begehen! Keinen Fahrstuhl benutzen!

Bei Aufenthalt im Freien:
- Suchen Sie schnellstmöglich einen freien Platz auf, enfernt von Gebäuden, Straßenlampen und Versorgungsleitungen – bleiben Sie dort, bis die Erschütterungen abgeklungen sind.
- Wenn Sie Auto fahren, steuern Sie es sofort an den Straßenrand, weg von Gebäuden, Bäumen, Überführungen und Versorgungsleitungen! Bleiben Sie im Fahrzeug, solange die Erschütterungen anhalten! Schalten Sie das Autoradio ein! Befahren Sie keine Brücken, Kreuzungen und Unterführungen! Nach dem Beben fahren Sie mit größter Vorsicht weiter (vermeiden Sie dabei Brücken und Rampen, die durch das Beben beschädigt sein könnten) oder lassen Sie das Auto ganz stehen!
- Befinden Sie sich bei Beginn der Erschütterungen am Fuße eines Steilhanges, dann bewegen Sie sich umgehend von diesem weg (Gefahr von Erdrutschen oder Steinschlägen)!
- Verspüren Sie Erdbebenerschütterungen an einer flachen Küste, dann fliehen Sie so schnell wie möglich landeinwärts auf möglichst höheres Niveau! Das Erdbeben kann (u.U. bis zu 30 m hohe) Meereswogen auslösen (Tsunami). Diese treffen manchmal erst lange nach dem Abklingen der Erdbebenerschütterungen ein. Auch kann eine zweite Woge wesentlich später folgen. Deshalb verlassen Sie Ihren erhöhten Zufluchtsort erst, wenn offizielle Tsunami-

Entwarnung gegeben wird. In den USA z.B. auf Hawaii sind sichere Zufluchtsorte in den örtlichen Telefonbüchern ausgewiesen!

Erste Hilfe Hinweise

Ein Erste-Hilfe-Set, welches immer bei Geländeeinsätzen mitgeführt werden sollte, beinhaltet folgende Dinge:
- Verbandpäckchen,
- Kompresse nichthaftend und steril,
- Heftpflaster,
- Wundpflaster in verschiedenen Größen,
- Wundschnellverband,
- Alkoholtücher,
- Desinfektionstücher,
- Verbandsschere,
- Pinzette,
- Zeckenzange,
- Rettungsdecke,
- Einmalhandschuhe.

Das Deutsche Rote Kreuz und andere Hilfsorganisationen bieten darüber hinaus ein Online-Portal und eine App zum Thema „Erste Hilfe" an.

9 Literatur

9.1 Verwendete Literatur

AD-HOC-AG BODEN (2005): Bodenkundliche Kartieranleitung. – Bundesanstalt für Geowissenschaften und Rohstoffe in Zusammenarbeit mit den Staatlichen Geologischen Diensten [Hrsg.]: 5. Aufl., 438 S., 41 Abb., 103 Tab., 31 Listen; Hannover.

AD-HOC-AG HYDROGEOLOGIE (1997): Hydrogeologische Kartieranleitung. – Geologisches Jahrbuch, Reihe G, Heft 2: 157 S. 9 Anl.; Hannover (Schweizerbart).

AD-HOC-AG HYDROGEOLOGIE (2011): Fachinformationssystem Hydrogeologie: Standards für ein digitales Kartenwerk – Ergänzung zur Hydrogeologischen Kartieranleitung. – Bundesanstalt für Geowissenschaften und Rohstoffe (BGR) und dem Landesamt für Bergbau, Energie und Geologie (LBEG) [Hrsg.]: Geologischen Jahrbuchs, Reihe G, Heft 13; Hannover (Schweizerbart).

ALBERTZ, J. (2009): Einführung in die Fernerkundung: Grundlagen der Interpretation von Luft- und Satellitenbildern. – 4. Aufl., 254 S.; Darmstadt (Wissenschaftliche Buchgesellschaft).

BASTIAN, O. & SCHREIBER, K.-F. (1999): Analyse und ökologische Bewertung der Landschaft. – 2. Aufl.; Heidelberg (Spektrum).

BAYERISCHES LANDESAMT FÜR UMWELT (2008): Aktionsprogramm Quellen in Bayern. – Teil 1: Bayerischer Quelltypenkatalog, Teil 2: Quellerfassung- und -bewertung, Teil 3: Maßnahmenkatalog, 2. Aufl.; Augsburg.

BELOCKY, R. & GRÖSEL, K. (2001): Spektral hochauflösende Fernerkundung zur Beurteilung und Überwachung der Umweltauswirkungen von Bergbautätigkeit – erste Ergebnisse des Projekts MINEO. – VGI, 3(1); Wien.

BEZIRKSREGIERUNG KÖLN, ABTEILUNG GEOBASIS NRW (2012): SAPOS® – Satellitenpositionierungsdienst der deutschen Landesvermessung. – 6 S.; (Internet: http://www.bezreg-koeln.nrw.de/brk_internet/presse/publikationen/geobasis/index.html).

BEYER, W. (1964): Zur Bestimmung der Wasserdurchlässigkeit von Kiesen und Sanden aus der Kornverteilungskurve. – Wasserwirtschaft – Wassertechnik (WWT), 6: 165-169; Berlin-Ost.

BIALAS, Z. & KLECZKOWKSI, A.S. (1970): Über den praktischen Gebrauch von einigen empirischen Formeln zur Bestimmung des Durchlässigkeitskoeffizienten. – Archiwum Hydrotechniki (Warschau) 17.3 (1979): 405-417.

BILL, R. & RESNIK, B. (2009): Vermessungskunde für den Planungs-, Bau- und Umweltbereich. – 3. Aufl., 330 S.; (Wichmann).

BIRK, F. & COLDEWEY, W.G. (1994): Die Hydrologische Karte des Rheinisch-Westfälischen Steinkohlenbezirks im Maßstab 1 : 10.000. – Mitteilungen der Geologischen Gesellschaft Essen, 12: 49-64, 2 Abb.; Essen.

BIRK, F. & COLDEWEY, W.G. (1997): Hydrologische Kartenwerke im Ruhrgebiet. – In: COLDEWEY, W.G. & LÖHNERT, E.P. [Hrsg.]: Grundwasser im Ruhrgebiet – Probleme, Aufgaben, Lösungen. – Vortrags- und Posterzusammenfassungen der Tagung "Grundwasser im Ruhrgebiet": 18-26, 3 Abb., 3 Anh.; Bochum.

BRASSINGTON, R. (1988): Field Hydrogeology. – Geological Society of London, Professional Handbook Series, 175 S.; Chichester (Wiley).

BRINKKÖTTER-RUNDE, K. (1995): Untersuchung der Nutzbarkeit der satellitengestützten Positionierung für die digitale Erfassung raumbezogener Daten im Gelände. – Diplomarbeit, Institut für Geoinformatik, Westfälische Wilhelms-Universität Münster; Münster. – [unveröffentlicht]

BUCHER, T (2007): Identification and mapping of materials containing hydrocarbons by merging the data from two remote sensing platforms. – In: KNÖDEL, K., LANGE, G. & VOIGT, H.J. (2007): Environmental Geology. Handbook of field methods and case studies. – 149-150; Berlin (Springer).

COLDEWEY, W.G. & KRAHN, L. (1991): Leitfaden zur Grundwasseruntersuchung in Festgesteinen bei Altablagerungen und Altstandorten. – Ministerium für Umwelt, Raumordnung und Landwirtschaft des Landes NRW: 173 S.; Düsseldorf.

COLDEWEY, W.G. & MÜLLER, M. (1985): Auswertung von Wehrmessungen und Umrechnung von Abflusseinheiten mit einem alphanumerischen Tischrechner. – bbr, 10/85: 390-394, 4 Abb.; Bonn.

COLDEWEY, W.G. (1993): Archivmaterial. – In: WEBER, H.H. & NEUMAIER, H. (Hrsg.): Altlasten – Erkennen, Bewerten, Sanieren. – 2. überarb. Aufl., 137 Abb.; Berlin (Springer).

COLDEWEY, W. G., WERNER, J., WALLMEYER, C. & FISCHER, G. (2012): Das Geheimnis der Himmelsteiche – Physikalische Grundlagen einer historischen Wasserversorgung im Küstenraum. – In: Schr. d. Dt. Wasserhistor. Gesellsch. (DWhG), 20(2): 315-329; Siegburg.

DALTON, J. (1801): On evaporation. - In: Experimental Essays. 3: 574-594.

DEUMLICH, F. & STAIGER, R. (2002): Instrumentenkunde der Vermessungstechnik. – 9. Aufl., 426 S., 814 Abb., 75 Tab.; Heidelberg (Wichmann).

DEUTSCHER BÄDERVERBAND & DEUTSCHER FREMDENVERKEHRSVERBAND (1987): Begriffsbestimmung für Kurorte, Erholungsorte und Heilbrunnen. – 59 S.; Bonn.

DEUTSCHER WETTERDIENST: http://www.dwd.de (Datenservice).

DIETRICH, J. & SCHÖNINGER, M.: Hydro Skript – Hydrologie (http://www.hydroskript.de).

DRISCOLL, F. G. (1995): Groundwater and Wells. – 2. Aufl., 1108 S.,564 Abb., 148 Tab., 95 Anh.; St. Paul (Johnson).

ECKL, H., HAHN, J. & KOLDEHOFF, Cl. (1995): Empfehlungen für die Erstellung von hydrogeologischen Gutachten zur Bemessung und Gliederung von Trinkwasserschutzgebieten – Schutzgebiete für Grundwasser. – Geol. Jb., C63: 25–65, 5 Abb.; Hannover.

ELLENBERG, H. (2001): Zeigerwerte der Pflanzen in Mitteleuropa. – 3. Aufl., 262 S. Göttingen (Gotze).

GEWÄSSERKUNDLICHEN ANSTALTEN DES BUNDES UND DER LÄNDER (1971): Richtlinien für Abflussmessungen. – 5., unveränderte Auflage, 40 S., 13 Anl.; Koblenz.

HAZEN, A. (1892): Some physical properties of sands and gravels with special reference to their use in filtration. – Ann. Rep. Mass. State Bd. Health 24: 541-556; Boston.

HÖLTING, B. & COLDEWEY, W.G. (2013): Hydrogeologie, Einführung in die Allgemeine und Angewandte Hydrogeologie. – 8. Aufl., 438 S., 137 Abb., 91 Tab.; Berlin, Heidelberg (Springer-Verlag).

JENS, G. (1968): Tauchstäbe zur Messung der Strömungsgeschwindigkeit und des Abflusses. - Dtsch. Gewässerkundl. Mitt., 12/4: 90-95.

JOGWICH, A. (1975): Strömungslehre. – 463 S., div. Abb.; Essen (Giradent).

JOSOPAIT, V. (1996): Überlegungen zu Ziel und Inhalt von hydrogeologischen Gutachten für Wasserrechtsanträge bei Grundwasserentnahmen. – Grundwasser, 1(3-4): 137-141, 2 Tab.; Berlin (Springer).

KÄSS, W. (2004): Geohydrologische Markierungstechnik. – MATTHESS, G. [Hrsg.]: Lehrbuch der Hydrogeologie, Band 9, 557 S., 239 Abb., 43 Tab., 8 Farbtaf.; Berlin (Bornträger – Schweizerbart).

KARRENBERG, H., NIEHOFF, W., PREUL, F. & RICHTER, W. (1958): Groundwater-maps developed in the Geological Surveys Niedersachsen und Nordrhein-Westfalen of the Federal Republic of Germany. – Int. Assoc. Sci. Hydrol. General Ass., 2: 53-61, 4 Kt.; Gentbrugge.

KEILHACK, K. (1935): Lehrbuch der Grundwasser- und Quellenkunde: Für Geologen, Hydrologen, Bohrunternehmer, Brunnenbauer, Bergleute, Bauingenieure und Hygieniker. – 3., völlig neu bearb. u. verm. Aufl., 575 S., 308 Abb.; Berlin (Bornträger).

KESSLER, H. (1959): Lineare Messwehre für Quellschüttungen. – Steirische Beiträge zur Hydrogeologie, Jg. 1959(1/2): 81-87; Graz.

KLÄMT, A. (2007): Verfügbarkeit und Nutzung meteorologischer Einflussgrößen.- In: MIEGEL, K. & KLEEBERG, H.-B. [Hrsg.] - Forum für Hydrologie und Wasserbewirtschaftung, Heft 21.07: 147-156; Hennef (DWA).

Literatur

Knödel, K., Krummel, H. & Lange, G. (2005): Geophysik. – Bundesanstalt für Geowissenschaften und Rohstoffe [Hrsg.]: Handbuch zur Erkundung des Untergrundes von Deponien, Band 3, 2. Aufl., XXXII, 1102 S., 553 Abb.; Berlin (Springer).

Koehne, W. (1948): Grundwasserkunde. - 2. neubearb. Aufl., 314 S., 128 Abb., div. Tab.; Stuttgart (Schweizerbart).

Kronberg, P. (1984): Photogeologie. – 267 S., 283 Abb.; Stuttgart (Enke).

Kruseman, G. P. & de Ridder, N. A., unter Mitarbeit von Verwej, J. M. (1994): Analysis and Evaluation of Pumping Test Data. – ILRI publication 2. Aufl., Bd. 47, 377 S.; Wageningen (International Institute for Land Reclamation and Improvement).

Kummer, R. (2012): Karte · Kompass · GPS. – OutdoorHandbuch, Band 4 (11. Aufl.): 128 S., 55 Abb.; Welver (Conrad Stein Verlag GmbH).

Kux, H.J.H., Araújpo, E.H.G. & Benoit Dupont, H.S.J. (2007): Remote Sensing and GIS technique for geological problems of urban areas: a case study from Belo Horizonte (Minas Gerais, Brazil). – Z. Dt. Ges. Geowiss., 158(1): 57-66; Hannover.

Landesumweltamt NRW (1995): Anforderungen an Gutachter, Untersuchungsstellen und Gutachten bei der Altlastenbearbeitung. – Materialien zur Ermittlung und Sanierung vn Altlasten, Band 11, 143 S.; Essen.

Landesamt für Bergbau, Energie und Geologie (2009): Leitfaden für hydrogeologische und bodenkundliche Fachguachten bei Wasserrechtsverfahren in Niedersachsen. – GeoBerichte 15, 99 S., 39 Abb., 10 Tab.; Hannover.

Landon, M.K., Rus, D.L. & Harvey, F.E. (2001): Comparison of instream methods for measureing hydraulic conductivity in sandy streambeds. - Ground Water 39: 870-885.

Langguth, H.-R. & Voigt, R. (2004): Hydrogeologische Methoden. – 2. Aufl., 1019 S., 304 Abb., zahlr. Tab.; Heidelberg (Springer).

Lee, D.R. (1977): A device for measuring seepage flux in lakes and esturies. – Limnology and Oceanography 22(1): 140-147.

Lee, K. & Fetter, C.W. (1994): Hydrogeology Laboratory Manual. – New Jersey (Prentice-Hall).

Messer, J. (2010): Grundwasserneubildung und Wasserhaushalt im nördlichen Westfalen. – Geographisch-landeskundlicher Atlas von Westfalen, Lieferung 15, Doppelblatt 1; Münster (Aschendorff).

Maniak, U. (2010): Hydrologie und Wasserwirtschaft – Eine Einführung für Ingenieure. – 686 S., 224 Abb., 118 Tab.; Heidelberg (Springer).

Matthess, G. & Ubell, K. (1983): Allgemeine Hydrogeologie – Grundwasserhaushalt. – In: Matthess, G. [Hrsg.]: Lehrbuch der Hydrogeologie, Band 1, 438 S., 214 Abb., 75 Tab.; Berlin.

Miegel, K., Seidler, C., Frahm, E. & Zachow, B. (2007): Verdunstungsprozess und Einflussgrößen. – In: Forum für Hydrologie u. Wasserbewirtschaft., Heft 21.07, S. 5-36.

Ministerium für Umwelt, Forsten und Verbraucherschutz Rheinland-Pfalz (2008): Quellen-Leitfaden. – [Red.: Herbert Kiewitz. Bearb.: Holger Schindler, Wolfgang Frey] 1. Aufl. Bearb.-Stand: April 2008; Mainz.

Moore, J.E. (2002): Field hydrogeology - A guide for site investigations and report preparation. – 195 S., 30 Abb.; Boca Raton (Lewis Publishers).

Morgenschweis, G. (2010): Hydrometrie – Theorie und Praxis der Durchflussmessung in offenen Gerinnen. – 582 S., 300 Abb., 47 Tab.; Berlin (Springer).

Munsell Color Company, Inc. (1654): Munsell soil color charts. – U.S. Dept. Agriculture [Hrsg.]: Agriculture Handbook 18, Soil Survey Manual; Balitmore, Maryland, USA.

Murdoch, L.C. & Kelly, S.E. (2003): Factors affecting the performance of conventional seepage meters. – Water Resourrces Research 39(6): 1163.

Naturschutzzentrum NRW (1993): Quellkartieranleitung. – 1. Aufl.; Recklinghausen.

Naturschutzzentrum NRW (1994): Quellschutz – Materialheft zur Kampagne und Diaserie Nr. 5 des NZ NRW. – 2. Aufl., 64S.; Recklinghausen.

Obermann, P. (1976): Möglichkeiten und Anwendung des Doppelpackers in Beobachtungsbrunnen bei der Grundwassererkundung. – bbr, 27(1976): 93-76; Bonn.

Pfeiffer, D. (1962): Hydrologische Messungen in der Praxis des Geologen. – bbr, 13(2): 53-60, 13(3): 96-104, 13(4): 147-162, 60 Abb., 11 Tab.; Bonn.

Prandtl, L. (1944): Führer durch die Strömungslehre. – 4. Aufl., 384 S., 314 Abb.; Braunschweig (Vieweg).

Richter, D. (1995): Ergebnisse methodischer Untersuchungen zur Korrektur des systematischen Meßfehlers des Hellmann-Niederschlagsmessers, Berichte des Deutschen Wetterdienstes 194, im Selbstverlag des Deutschen Wetterdienstes, Offenbach.

ROSENBERRY, D.O. & MORIN, R.H. (2004): Use of an electromagnetic seepage meter to investigate temporal variability in lake seepage. – Ground Water 42(1): 68-77.
SANDERS, L. L. (1998): A Manual of field hydrogeology. – 381 S.; New Jersey (Prentice-Hall).
SCHNEIDER, G. (1971): Ermittlung des Durchlässigkeitsbeiwertes k durch Bohrrohrversuche. – Geologica Bavarica 64: 226-241.
SCHREINER, M. & KREYSING, K. (1998): Geotechnik, Hydrogeologie. – In: Bundesanstalt für Geowissenschaften und Rohstoffe [Hrsg.]: Handbuch zur Erkundung des Untergrundes von Deponien und Altlasten, Band 4, 577 S., 217 Abb., 37 Tab.; Berlin (Springer).
SEBESTYEN, S.D. & SCHNEIDER, R.L. (2004): Seepage patterns, pore water and aquatic plants: hydrological and biochemical relationship in lakes. – Biochemistry 68:383-409.
SEEBURGER, I. & KÄSS, W. (1989): Redoxpotential-Messungen im Grundwasser. – DVWK-Schriften, H. 84: 63-115.
SEELHEIM, F. (1880): Methoden zur Bestimmung der Durchlässigkeit des Bodens. – Z. anal. Chemie, 19: 387-418, 4 Abb.; Wiesbaden (Kreidel).
SIEDSCHLAG, S. (2005): Kontinuierliche Durchflussmessung mit einem Horizontal-Ultraschall-Dopplergerät. – Wasserwirtschaft, 4(2005): 8-12, 6 Abb.
SNELTING, H. (1979): Mini-screen-sampling system. – Quart. Rep. Nat. Inst. Water Supply, 16(1979): 2 S.
STETS, J. (1986): Geologie und Luftbild (Einführung in die geologische Luftbildinterpretation). – Clausthal. Tekt. Hefte, 21: 2. Aufl., 199 S., 70 Abb.; Clausthal-Zellerfeld (Pilger).
STRASSBERG, G., JONES, N.L. & MAIDMENT, D.R. (2011): Arc Hydro Grondwater – GIS for Hydrogeology. – 160 S., 167 Abb.; Redlands, CA. (ESRI Press).
STRUCKMEIER, W.F. & MARGAT, J. (1995): Hydrogeological Maps – A Guide and A Standard Legend. – International Association of Hydrogeologists, Volume 17; Hannover.
UNESCO (1970): International legend for hydrogeological maps. – 101 S.; Cook (Hammond & Kell).
VON LINSTOW, O. (1929): Bodenanzeigende Pflanzen. – Abhandl. des Preuß. Geolog. Landesanstalt, N. F. Heft 114: 246 S.; Berlin.
WARD, A.D. & ELLIOT, W.J. (1995): Environmental Hydrology. – 462 S.; Boca Raton, FL (CRC Press).
WEBER, H.H. & NEUMAIER, H. (1993): Altlasten – Erkennen, Bewerten, Sanieren. – 2. überarb. Aufl., 137 Abb.; Berlin (Springer).
WECHMANN, A. (1964): Hydrologie. – München (Oldenbourg).
WERNER, J. (2000): Die Erprobung einer neuen Messanordnung zur Verdunstungsbestimmung an Grünland. – In: Hydrologie u. Wasserbewirtschaft. 44, Heft 2, S. 64-69.
WEISS. J., WERNER, J. & SULMANN, P (2002): Erfahrungen mit dem „Tunnel"-Verdunstungsmesser beim Insatz auf Grünflächen. – Hydrologie und Wasserwirtschaft 46(5): 202-207, 8 Abb., 2 Tab..
WERNER, J. (1987): Ein neues schwimmendes Meßsystem zur automatischen Verdunstungsbestimmung an stehenden Gewässern. – In: Meteorol. Rdsch. 40, Heft 1, S. 12-19.
WERNER, J., COLDEWEY, W.G., C. WALLMEYER, C. & FISCHER, G. (2013): Der Tauteich Helmfleeth im St. Johannis-Koog, Gemeinde Poppenbüll – Messungen und Berechnungen des Wasserhaushalts 2010. – In: „Zwischen Eider und Wiedau" = Heimatkalender Nordfriesland 2013, 10-23; Husum (Druck- u. Verlagsgesellsch.).
ZAYC, R. (1969): Kartierung für die Lagerung wassergefährdender Stoffe in Nordrhein-Westfalen. – Deutsche Gewässerkundliche Mitteilungen, Sonderheft: 55-57, 2 Anl.; Koblenz.

9.2 Normen

DIN 1301, diverse Unterteilungen: Einheiten.
DIN 1304, diverse Unterteilungen: Formelzeichen.
DIN 1313, Ausgabe 1998-12: Größen.
DIN 2425-5, Ausgabe:1983-10: Planwerke für die Versorgungswirtschaft, die Wasserwirtschaft und für Fernleitungen; Karten und Pläne der Wasserwirtschaft.
DIN 4021, Ausgabe:1990-10: Baugrund; Aufschluß durch Schürfe und Bohrungen sowie Entnahme von Proben. - (bereits abgelöst)
DIN 4049-1, Ausgabe 1992-12: Hydrologie; Grundbegriffe.
DIN 4049-3, Ausgabe 1994-10: Hydrologie – Teil 3: Begriffe zur quantitativen Hydrologie.
DIN 19710, Ausgabe 1965-09: Gewässerkundliche Zeichen. - (bereits abgelöst)
DIN 19711, Ausgabe:1975-04: Hydrogeologische Zeichen.

Literatur

DIN 38402, diverse Unterteilungen: Deutsche Einheitsverfahren zur Wasser-, Abwasser- und Schlammuntersuchung.
DIN 38404-4, Ausgabe 1976-12: Deutsche Einheitsverfahren zur Wasser-, Abwasser- und Schlammuntersuchung; Physikalische und physikalisch-chemische Kenngrößen (Gruppe C); Bestimmung der Temperatur (C 4).
DIN 38404-6, Ausgabe 1984-05: Deutsche Einheitsverfahren zur Wasser-, Abwasser- und Schlammuntersuchung; Physikalische und physikalisch-chemische Kenngrößen (Gruppe C); Bestimmung der Redox-Spannung (C 6).
DIN EN 1622, Ausgabe: 2006-10: Wasserbeschaffenheit – Bestimmung des Geruchsschwellenwerts (TON) und des Geschmacksschwellenwerts (TFN).
DIN EN 25813, Ausgabe 1993-01: Wasserbeschaffenheit; Bestimmung des gelösten Sauerstoffs; Iodometrisches Verfahren (ISO 5813:1983); Deutsche Fassung EN 25813:1992.
DIN EN 27888, Ausgabe 1993-11: Wasserbeschaffenheit; Bestimmung der elektrischen Leitfähigkeit (ISO 7888:1985); Deutsche Fassung EN 27888:1993.
DIN EN ISO 748, Ausgabe 2008-02: Hydrometrie - Durchflussmessung in offenen Gerinnen mittels Fließgeschwindigkeitsmessgeräten oder Schwimmern (ISO 748:2007); Deutsche Fassung EN ISO 748:2007.
DIN EN ISO 7027, Ausgabe: 2000-04: Wasserbeschaffenheit - Bestimmung der Trübung (ISO 7027:1999); Deutsche Fassung EN ISO 7027:1999.
DIN EN ISO 7887, Ausgabe: 2012-04: Wasserbeschaffenheit - Untersuchung und Bestimmung der Färbung (ISO 7887:2011); Deutsche Fassung EN 7887:2011.
DIN EN ISO 10523, Ausgabe 2012-04: Wasserbeschaffenheit - Bestimmung des pH-Werts (ISO 10523:2008); Deutsche Fassung EN ISO 10523:2012.
EN ISO 14688, 2013-12: Geotechnische Erkundung und Untersuchung - Benennung, Beschreibung und Klassifizierung von Boden - Teil 1: Benennung und Beschreibung (ISO 14688-1:2002 + Amd 1:2013); Deutsche Fassung EN ISO 14688-1:2002 + A1:2013.

9.3 Richtlinien und Merkblätter

9.3.1 Merkblätter des Deutschen Vereins des Gas- und Wasserfaches (DVGW)

DVGW (1995): Richtlinien für Trinkwasserschutzgebiete; 1. Teil: Schutzgebiete für Grundwasser. – DVGW-Regelwerk, Arbeitsblatt W 101; Bonn.
DVGW (1997): Planung, Durchführung und Auswertung von Pumpversuchen bei der Wassererschließung. – DVGW-Regelwerk, Technische Regeln, Arbeitsblatt W 111; Bonn.

9.3.2 Merkblätter der Deutschen Vereinigung für Wasserwirtschaft, Abwasser und Abfall e.V. (DWA)

DVWK (Hrsg.) (1996): Ermittlung der Verdunstung von Land- und Wasserflächen. – Merkblätter zur Wasserwirtschaft, 238: 135 S.; Hennef.
ATV-DVWK (Hrsg.) (2002): Verdunstung in Bezug auf Landnutzung, Bewuchs und Boden. – Merkblätter zur Wasserwirtschaft, M 504: 144 S.; Hennef.
DVWK (Hrsg.) (1994): Grundwassermessgeräte. – DVWK-Schrift, H. 107: 214 S.; Bonn (Wirtschafts- und Verlagsges.).
DWA (2011): Grundsätze der Grundwasserprobennahme aus Grundwassermessstellen. – DWA-Arbeitsblatt, A 909 (12/11); Bonn.

9.3.3 Richtlinien der Bund/Länder-Arbeitsgemeinschaft Wasser (LAWA)

LAWA (1982): Grundwasser – Richtlinien für Beobachtung und Auswertung, Teil 1, Grundwasserstand. – Arbeitskreis der Länderarbeitsgemeinschaft Wasser „Grundwasserstand", Grundwasserrichtlinie, 1/82, 43 S., 15 Abb., 11 Anl.; Essen.

LAWA (1984): Grundwasser – Richtlinien für Beobachtung und Auswertung, Teil 1, Grundwasserstand. – Arbeitskreis der Länderarbeitsgemeinschaft Wasser „Grundwassermessung", Grundwasserrichtlinie, 1/82, 15 Abb., 11 Anl.; Essen.

LAWA (1993): Grundwasser – Richtlinien für Beobachtung und Auswertung, Teil 3, Grundwasserbeschaffenheit. – Ad-hoc-Arbeitskreis der Länderarbeitsgemeinschaft Wasser „Grundwasserbeschaffenheits-Richtlinie", Grundwasserrichtlinie, 3/93, 59 S., 17 Abb., 2 Tab.; Essen.

LAWA (1995): Grundwasser – Richtlinien für Beobachtung und Auswertung Teil 4 – Quellen.

LAWA (1998): Pegelvorschrift – Richtlinie für das Messen und Ermitteln von Abflüssen und Durchflüssen. Anlage D Anhang II Messgeräte, 53 S., 64 Abb.; Berlin.

Eine Übersicht weiterer hydrogeologisch relevanter Richtlinien der DVGW, DWA und der LAWA finden sich in HÖLTING & COLDEWEY (2013).

10 Adressen

10.1 Geologische Landesämter, Vermessungsämter, Umweltämter

Regierungspräsidium Freiburg
Landesamt für Geologie, Rohstoffe und Bergbau
Albertstraße 5
79104 Freiburg im Breisgau
Tel.: +49 (0) 761 / 208-3000
Fax: +49 (0) 761 / 208-3029
Internet: www.lgrb.uni-freiburg.de
E-Mail: abteilung9@rpf.bwl.de

Bayerisches Landesamt für Umwelt
Bürgermeister-Ulrich-Straße 160
D-86179 Augsburg
Tel.: +49 (0) 821 / 9071-0
Fax: +49 (0) 821 / 9071-5556
Internet: www.lfu.bayern.de
E-Mail: poststelle@lfu.bayern.de

Senatsverwaltung für Stadtentwicklung Berlin
Württembergische Straße 6
D-10707 Berlin
Tel.: +49 (0) 30 / 9012-6821
Internet: www.stadtentwicklung.berlin.de

Landesamt für Bergbau, Geologie
und Rohstoffe Brandenburg (LBGR)
Inselstraße 26
D-03046 Cottbus
Tel.: +49 (0) 355 / 48640-0
Fax: +49 (0) 355 / 48640-510
Internet: www.lbgr.brandenburg.de
E-Mail: lbgr@lbgr-brandenburg.de

Hessisches Landesamt für Umwelt und Geologie
Rheingaustraße 186
D-65203 Wiesbaden,
Tel.: +49 (0) 611 / 6939-0
Fax: +49 (0) 611 / 6939-555
Internet: www.hlug.de

Landesamt für Umwelt, Naturschutz und Geologie Mecklenburg-Vorpommern
Goldberger Straße 12
D-18273 Güstrow
Tel.: +49 (0) 3843 / 777 – 0
Fax: +49 (0) 3843 / 777 – 106
Internet: www.lung.mv-regierung.de
E-Mail: poststelle@lung.mv-regierung.de

Landesamt für Bergbau, Energie und Geologie Niedersachsen
Stilleweg 2
D-30655 Hannover
Telefon: +49 (0)511-643-0
Telefax: +49 (0)511-643-2304
Internet: www.lbeg.niedersachsen.de
E-Mail: poststelle-hannover@lbeg.niedersachsen.de

Geologischer Dienst für Bremen – GDfB
Leobener Straße marum
D-28359 Bremen
Tel.: +49 (0) 421/218 659 11
Fax: +49 (0) 421/218 659 19
Internet: www.gdfb.de
E-Mail: info@gdfb.de

Behörde für Stadtentwicklung und Umwelt
Geologisches Landesamt Hamburg
Neuenfelder Straße 19
D-21109 Hamburg
Tel: +49 (0) 40/ 428 40- 52 62
Fax: +49 (0) 40/ 42 79-401 47
Internet: www.hamburg.de/geologie
E-Mail: gla@bsu.hamburg.de

Adressen

Geologischer Dienst Nordrhein-Westfalen
– Landesbetrieb –
De-Greiff-Straße 195
D-47803 Krefeld
Tel.: +49 (0) 2151/ 897-0
Fax: +49 (0) 2151 / 897-505
Internet: www.gd.nrw.de
E-Mail: poststelle@gd.nrw.de

Landesamt für Geologie und Bergbau Rheinland-Pfalz
Emy-Roeder-Str. 5
D- 55129 Mainz-Hechtsheim
Tel.: +49 (0) 6131 / 9254 - 0
Fax: +49 (0) 6131 / 9254 / 123
Internet: www.lgb-rlp.de
E-Mail: office@lgb-rlp.de

Landesamt für Umwelt- und Arbeitsschutz
Don-Bosco-Straße 1
D-66119 Saarbrücken
Tel.: +49 (0) 6 81 / 85 00-0
Fax: +49 (0) 6 81 / 85 00-13 84
Internet: www.lua.saarland.de
E-Mail: lua@lua.saarland.de

Sächsisches Landesamt für Umwelt, Landwirtschaft und Geologie (LfULG)
August-Böckstiegel-Straße 1
D-01326 Dresden Pillnitz
Tel.: +49 (0) 351/ 2612-0
Fax: +49 (0) 351/ 2612-1099
Internet: www.smul.sachsen.de/lfulg
E-Mail: lfulg@smul.sachsen.de

Landesamt für Geologie und Bergwesen Sachsen-Anhalt
Postfach 156
D-06035 Halle
Tel.: +49 (0) 345 / 52 12 0
Fax: +49 (0) 345 / 52 29 910
Internet: www.lagb.sachsen-anhalt.de
E-Mail: poststelle@lagb.mw.sachsen-anhalt.de

Ministerium für Energiewende, Landwirtschaft, Umwelt und ländliche Räume Schleswig-Holstein (MELUR)
Mercatorstraße 3
D-24106 Kiel
Tel: +49 (0) 431/ 988-0
Fax: +49 (0) 431/ 988-7239
Internet: www.schleswig-holstein.de/MELUR/DE/MELUR_node.html

Thüringer Landesanstalt für Umwelt und Geologie
Göschwitzer Straße 41
D-07745 Jena
Tel.: +49 (0) 3641 / 684-0
Fax: +49 (0) 3641 / 684-222
E-mail: TLUG.Post@TLUGJena.Thueringen.de
Internet: www.tlug-jena.de

10.2 Hersteller- und Lieferantenverzeichnis

Im Nachfolgenden findet sich eine Zusammenstellung von Herstellern und Lieferanten (Liste erhebt keinen Anspruch auf Vollständigkeit).

DIA Pumpen GmbH (Pumpentechnik)
Hans-Böckler-Straße 9
D-40764 Langenfeld
Tel.: +49 (0) 2173 / 49036-30
Fax: +49 (0) 2173 / 49036-57
Internet: www.dia-pumpen.de
E-Mail: info@dia-pumpen.de

DOSCH Messapparate GmbH (Messtechnik)
Wiener Straße 10
D-10999 Berlin
Tel.: +49 (0) 30/ 720153-0
Fax: +49 (0) 30/ 720153-61
Internet: www.dosch-gmbh.de
E-Mail: Vertrieb@dosch-gmbh.de

DRÄGER (Gasmessgeräte)
Drägerwerk AG & Co. KGaA
Moislinger Allee 53-55
D-23558 Lübeck
Tel.: +49 (0) 451 / 882-0
Fax: +49 (0) 451 / 882-2080
Internet: www.draeger.com
E-Mail: info@draeger.com

EIJKELKAMP Agrisearch Equipment BV (Bohrgeräte)
Nijverheidsstraat 30
NL-6987 EM Giesbeek
Tel.: +31 (0) 313 / 88 02-00
Fax.: +31 (0) 313 / 88 02-99
Internet: www.eijkelkamp.com
E-Mail: info@eijkelkamp.com

Adressen

ENDRESS+HAUSER
MESSTECHNIK GmbH+Co. KG   (Durchflussmessgeräte und Druckaufnehmer)
Colmarer Straße 6
D-79576 Weil am Rhein
Tel.: +49 (0) 7621 / 9 75-01
Fax: +49 (0) 7621 / 9 75-55 5
Internet: www.endress.com
E-Mail: info@de.endress.com

Flowserve GmbH (ehemals Pleuger Worthington GmbH)   (Pumpentechnik)
Friedrich-Ebert-Damm 105
D-22047 Hamburg
Tel.: +49 (0) 40 / 69689-237
Internet: www.flowserve.de
E-Mail: info@flowserve.de

GRUNDFOS GmbH   (Pumpentechnik)
Schlüterstraße 33
D-40699 Erkrath
Tel.: +49 (0) 211 / 92969-0
Internet: www.grundfos.de
E-Mail: infoservice@grundfos.de

HACH LANGE GmbH   (Laborautomation)
Willstätter Straße 11
D-40549 Düsseldorf
Tel.: +49 (0) 211 / 5288-0
Fax: +49 (0) 211 / 5288-143
Internet: www.hach-lange.de
E-Mail: info@hach-lange.de

HONEYWELL RIEDEL-DE HAEN   (Wasseranalytik)
Honeywell Specialty Chemicals Seelze GmbH
Wunstorfer Straße 40
D-30926 Seelze
Tel.: +49 (0)51 / 37 - 999-0
Fax: +49 (0)51 / 37 - 999-123
Internet: www.riedeldehaen.com
E-Mail: infoseelze@honeywell.com

HST Systemtechnik GmbH & Co. KG   (Venturi-Rinne)
Sophienweg 3
D-59872 Meschede
Tel.: +49 (0) 291 / 9929-0
Fax: +49 (0) 291 / 7691
Internet: www.hst.de
E-Mail: info@hste.de

HYDRO-BIOS Apparatebau GmbH　　　　　　(Schöpfgeräte für Wasserproben)
Am Jägersberg 5-7
D-24161 Kiel-Altenholz
Tel.: +49 (0) 431 / 36960-0
Fax: +49 (0) 431 / 36960-21
Internet: www.hydrobios.de
E-Mail: info@hydrobios.de

Wilh. LAMBRECHT GmbH　　　　　　(Meteorologische Instrumente)
Friedländer Weg 65-67
D-37085 Göttingen
Tel.: +49 (0) 551 / 4958-0
Fax: +49 (0) 551 / 4958-312
Internet: www.lambrecht.net
E-mail: info@lambrecht.net

MACHEREY-NAGEL GmbH & Co. KG (Abt. IT-EDV)　(Wasseranalytik)
Neumann Neander Straße 6-8
D-52355 Düren, Deutschland
Tel.: +49 (0) 2421 / 969-0
Fax: +49 (0) 2421 / 969-199
Internet: www.mn-net.com
E-Mail: sales@mn-net.com

MERCK MILLIPORE (Merck KGaA)　　　　(Chemikalien)
Frankfurter Straße 250
D-64293 Darmstadt
Tel.: +49 (0) 6151 / 72-0
Fax: +49 (0) 6151 / 72-2000
Internet: www.merckmillipore.de

OTT Hydromet GmbH　　　　　　　　(Messtechnik)
Ludwigstraße 16
D-87437 Kempten
Tel.: + 49 - (0)831 5617 - 0
Fax: + 49 - (0)831 5617 - 209
Internet: http://ott.com
E-Mail: info@ott.com

RITTMEYER AG　　　　　　　　(Druckaufnehmer & Durchflussmessgeräte)
Inwilerriedstraße 57
Postfach 464
CH - 6341 Baar
Tel.: +41 (0) 41 / 767 10-00
Fax: +41 (0) 41 / 767 10-70
Internet: www.rittmeyer.com
E-Mail: info@rittmeyer.com

Adressen

SEBA Hydrometrie GmbH (Messtechnik)
Gewerbestr. 61a
D-87600 Kaufbeuren
Tel.: +49 (0) 8341 / 9648-0
Fax: +49 (0) 8341 / 9648-48
Internet: www.seba-hydrometrie.com/
E-Mail: info@seba.de

SOMMER Messtechnik GmbH
Straßenhäuser 27
A-6842 Koblach
Tel.: +43 (0) 5523 / 55989
Fax:+43 (0) 5523 / 55989 19
Internet: www.sommer.at

SPOHR Messtechnik GmbH (Messtechnik)
Länderweg 37
D-60599 Frankfurt a.M.
Tel.: +49 (0) 69 / 622860
Fax: +49 (0) 69 / 620455
Internet: www.spohr-messtechnik.de
E-Mail: spohr-frankfurt@t-online.de

THEODOR FRIEDRICHS & Co. Meteorologische Geräte und Systeme GmbH
Borgefelde 6 (Meteorologische Instrumente)
22869 Schenefeld
Germany
Tel.: +49 (40) 83 / 96 00 - 0
Fax: +49 (40) 83 / 96 00 - 18
Internet: www.th-friedrichs.de
E-Mail: info@th-friedrichs.de

Adolf THIES GmbH & Co. KG (Klimamesstechnik)
Hauptstraße 76
37083 Göttingen
Tel.: +49 (0) 551 / 79001-0
Fax: +49 (0) 551 / 79001-65
Internet: www.thiesclima.com
E-Mail: info@thiesclima.com

TINTOMETER GmbH (Wassertestkits)
Lovibond Water Testing
Schleefstraße 8-12
D-44287 Dortmund
Tel.: +49 (0) 231 / 94510-0
Fax: +49 (0) 231 / 94510-20
Internet: www.lovibond.com
E-Mail: sales@tintometer.de

Umwelt-Geräte-Technik GmbH (Umweltmesstechnik)
Eberswalder Straße 58
15374 Müncheberg
Tel.: +49 (0) 33432 / 89575
Fax: +49 (0) 33432 / 89573
Internet: www.ugt-online.de
E-Mail: info@ugt-online.de

WTW Wissenschaftlich-Technische Werkstätten GmbH (Messtechnik)
Dr.-Karl-Slevogt-Straße 1
82362 Weilheim
Tel.: +49 (0) 881 / 183-0
Fax: +49 (0) 881 183-420
Internet: www.wtw.de
E-Mail: info.wtw@xyleminc.com

Wasserfestes Papier: „all-weather writing paper" www.riteintherain.com

Wasserfester Stift: „AirPress Pen"

10.3   Internetadressen

Im Nachfolgenden findet sich eine Zusammenstellung von Internetadressen von hydrogeologisch relevanten Einrichtungen (Liste erhebt keinen Anspruch auf Vollständigkeit).

Deutschland:
Bundesverband deutscher Geowissenschaftler: www.geoberuf.de
Deutsche Geophysikalische Gesellschaft: www.dgg-online.de
Deutsche Gesellschaft für Geowissenschaften: www.dgg.de
Deutsche Vereinigung für Wasserwirtschaft, Abwasser und Abfall (DWA): www.dwa.de
Deutsche Vereinigung des Gas- und Wasserfaches: www.dvgw.de
Deutsche Gesellschaft für Geotechnik: www.dggt.de
Fachsektion Hydrogeologie der Deutschen Gesellschaft für Geowissenschaften: www.fh-dgg.de
Geologische Vereinigung: www.g-v.de

United States of America:
American Geological Institute: www.agiweb.org
American Geophysical Union: www.agu.org
American Institute of Hydrology: www.aihydrology.org
American Society for Testing and Materials: www.astm.org
American Water Resources Association: www.awra.org
Environmental Protection Agency: www.epa.gov
Geoscience Information Society: www.geoinfo.org
U.S. Army Corps of Engineers: www.usace.army.mil
U.S. Geological Survey (USGS): www.usgs.gov

International:
International Groundwater Resource Assessment Center: www.igrac.nl
WWII-Aerial Photots and maps: www.wwii-photos-maps.com/
Elements of Style: www.bartleby.com
International Association of Hydrogeologists: www.iah.org

11 Anhang

Anhang 1: Umrechnungen der Abflussmengen

Anhang 2: Signaturen für die Kartierung

Anhang 3: Beispiele Hydrogeologischer Karten

Anhang 4: Checklisten

Anhang 5: Formblätter

Anhang 1: Umrechnungen der Abflussmengen

l/s	m³/min	m³/h	m³/d	m³/30 d	m³/250 d	m³/365 d
10,0	0,600	36,0	864	25.920	216.000	315.360
10,4	0,625	37,5	900	27.000	225.000	328.500
11,1	0,667	40,0	960	28.800	240.000	350.400
11,6	0,694	41,7	1.000	30.000	250.000	365.000
11,7	0,700	42,0	1.008	30.240	252.000	367.920
12,7	0,761	45,7	1.096	32.877	273.973	400.000
13,3	0,800	48,0	1.152	34.560	288.000	420.480
13,9	0,833	50,0	1.200	36.000	300.000	438.000
15,0	0,900	54,0	1.296	38.880	324.000	473.040
15,4	0,926	55,6	1.333	40.000	333.333	486.667
15,9	0,951	57,1	1.370	41.096	342.466	500.050
16,7	1,000	60,0	1.440	43.200	360.000	525.600
18,5	1,111	66,7	1.600	48.000	400.000	584.000
19,0	1,142	68,5	1.644	49.315	410.959	600.000
19,3	1,157	69,4	1.667	50.000	416.667	608.333
19,4	1,167	70,0	1.680	50.400	420.000	613.200
20,0	1,200	72,0	1.728	51.840	432.000	630.720
22,2	1,332	79,9	1.918	57.534	479.452	700.000
22,2	1,333	80,0	1.920	57.600	480.000	700.800
23,1	1,389	83,3	2.000	60.005	500.000	730.000
25,0	1,500	90,0	2.160	64.800	540.000	788.400
25,4	1,522	91,3	2.192	65.753	547.945	800.000
27,0	1,620	97,2	2.333	70.000	583.333	851.667
27,8	1,667	100,0	2.400	72.000	600.000	876.000
28,5	1,712	102,7	2.466	73.973	616.438	900.000
30,0	1,800	108,0	2.592	77.760	648.000	946.080
30,9	1,852	111,1	2.667	80.000	666.667	973.333
31,7	1,903	114,2	2.740	82.192	684.932	1.000.000
32,4	1,944	116,7	2.800	84.000	700.000	1.022.000
33,3	2,000	120,0	2.880	86.400	720.000	1.051.200
34,7	2,083	125,0	3.000	90.000	750.000	1.095.000
37,0	2,222	133,3	3.200	96.000	800.000	1.168.000
38,6	2,315	138,9	3.333	100.000	833.333	1.216.667
40,0	2,400	144,0	3.456	103.680	864.000	1.261.440
41,7	2,500	150,0	3.600	108.000	900.000	1.314.000
46,3	2,778	166,7	4.000	120.000	1.000.000	1.460.000
50,0	3,000	180,0	4.320	129.600	1.080.000	1.576.800
55,6	3,333	200,0	4.800	144.000	1.200.000	1.752.000
57,9	3,472	208,3	5.000	150.000	1.250.000	1.825.000
60,0	3,600	216,0	5.184	155.520	1.296.000	1.892.160
63,4	3,805	228,3	5.479	164.384	1.369.863	2.000.000
66,7	4,000	240,0	5.760	172.800	1.440.000	2.102.400
69,4	4,167	250,0	6.000	180.000	1.500.000	2.190.000
70,0	4,200	252,0	6.048	181.440	1.512.000	2.207.520
77,2	4,630	277,8	6.667	200.000	1.666.667	2.433.333
80,0	4,800	288,0	6.912	207.360	1.728.000	2.522.880
81,0	4,861	291,7	7.000	210.000	1.750.000	2.555.000
83,3	5,000	300,0	7.200	216.000	1.800.000	2.628.000
90,0	5,400	324,0	7.776	233.280	1.944.000	2.838.240
92,6	5,556	333,3	8.000	240.000	2.000.000	2.920.000
95,1	5,708	342,5	8.219	246.575	2.054.794	3.000.000
100,0	6,000	360,0	8.640	259.200	2.160.000	3.153.600

Anhang

Anhang 2: Signaturen für die Kartierung

Nr.	Benennung	Signatur	Farbe / CMYK	Bemerkungen
1	Grundwasser			
1.1	Grundwasserhöhengleiche im Bereich mit freiem Grundwasser (Grundwasseroberfläche)		violett	± m NHN Beschriftung in Richtung des Grundwasseranstiegs
1.2	Grundwasserhöhengleiche im Bereich mit gespanntem Grundwasser (Grundwasserdruckfläche)		violett	± m NHN Beschriftung in Richtung des Grundwasseranstiegs DIN 19711
1.3	Bereich mit gespanntem Grundwasser		violett	DIN 19711
1.4	Grundwasserfließrichtung			
1.4.1	sichere Grundwasserfließrichtung	oder	violett	DIN 19711
1.4.2	vermutete Grundwasserfließrichtung	oder	violett	DIN 19711
1.4.3	Abstandsgeschwindigkeit v_a	oder	violett	m/d auf die Einheit soll in der Legende hingewiesen werden DIN 19711
1.5	Flurabstand			
1.5.1	Flurabstandsgleiche		violett	in m

Nr.	Benennung	Signatur	Farbe / CMYK	Bemerkungen
1.5.2	Abstufung der Flurabstände			als Flächendarstellung, Abstufungen laut DIN 19710
				Bei geringen Flurabständen können engere Abstufungen mittels unterschiedlicher Grüntöne bis 1,5 m verwendet werden.
				0 m bis 1,5 m (grün, Vollfarbe)
				1,5 m bis 3 m (rot, Vollfarbe)
				3 m bis 5 m (blau, Vollfarbe)
				5 m bis 7 m (grün, rechts schraffiert)
				7 m bis 10 m (rot, rechts schraffiert)
				10 m bis 20 m (blau, rechts schraffiert)
				20 m bis 30 m (grün, links schraffiert)
				30 m bis 40 m (rot, links schraffiert)
				40 m bis 50 m (blau, links schraffiert)
				über 50 m (grün, kreuz schraffiert)
				wegen Bodenbewegungen örtlich oder zeitlich wechselnd
2	Wasserscheide			
2.1	unterirdische Wasserscheide			
2.1.1	unterirdische Wasserscheide, allgemeiner Verlauf		violett	DIN 19711
2.1.2	unterirdische Wasserscheide mit zeitlich unterschiedlichem bekannten Verlauf		violett	DIN 19711

Anhang

181

Nr.	Benennung	Signatur	Farbe / CMYK	Bemerkungen
2.1.3	unterirdische Wasserscheide allgemeiner Verlauf vermutet		violett	DIN 19711
2.1.4	Hauptwasserscheide		violett	DIN 19710
2.1.5	Wasserscheide 1. Ordnung		violett	DIN 19710
2.1.6	Wasserscheide 2. Ordnung		violett	DIN 19710
2.1.7	Wasserscheide 3. Ordnung		violett	DIN 19710
2.1.8	Wasserscheide 4. und weiterer Ordnung		violett	DIN 19710. Die arabische Zahl in der Punktreihe gibt die Ordnung der Wasserscheide an. Strichbreite nach Ermessen.
2.2	oberirdische Wasserscheide			
2.2.1	oberirdische Wasserscheide		blau	DIN 19711
2.2.2	Hauptwasserscheide		blau	DIN 19710
2.2.3	Wasserscheide 1. Ordnung		blau	DIN 19710, DIN 2425
2.2.4	Wasserscheide 2. Ordnung		blau	DIN 19710, DIN 2425
2.2.5	Wasserscheide 3. Ordnung		blau	DIN 19710, DIN 2425
2.2.6	Wasserscheide 4. und weiterer Ordnung		blau	DIN 19710. Die arabische Zahl in der Punktreihe gibt die Ordnung der Wasserscheide an. Strichbreite nach Ermessen.
2.2.7	unter- und oberirdische Wasserscheide		blau	DIN 19711
3	Gewässer			
3.1	Strom, Fluss, Bach	wie in Topographischen Karten		
3.2	Kanal, Graben	wie in Topographischen Karten		
3.3	Wasserfall		blau	DIN 2425-5. Überfallhöhe angeben
3.4	zeitweise trockenfallende Gewässerstrecke		blau	DIN 2425-5

Nr.	Benennung	Signatur	Farbe / CMYK	Bemerkungen
3.5	Fluss-, Bach-schwinde, Schwalgloch (Ponor)		blau	Fließrichtung oder Signatur rot DIN 19711
3.6	unterirdischer Wasserlauf (natürlich oder künstlich)		blau	DIN 2425-5
3.7	Stillgewässer (See, Teich)		blau	
3.8	Stausee, Talsperre		blau	DIN 2425-6 Zweckbestimmung angeben
3.9	Rückhaltebecken mit Dauerstau		blau	
3.10	Rückhaltebecken ohne Dauerstau		blau	
3.11	Flutmulde		blau	DIN 2425-6
3.12	Spundwand		blau	Tiefe angeben
4	Beziehung zwischen Grundwasser und oberirdischem Gewässer			
4.1	Effluenz		blau Pfeil violett	Effluenz bedeutet Austritt von Grundwasser in ein oberirdisches Gewässer DIN 19711
4.2	Influenz		blau Pfeil violett	Influenz bedeutet natürlicher Eintritt von Wasser aus oberirdischen Gewässern in das Grundwasser DIN 19711
4.3	Effluenz und Influenz im zeitlichen Wechsel		blau	DIN 19711

Anhang 183

Nr.	Benennung	Signatur	Farbe / CMYK	Bemerkungen
4.4	künstlich erhöhte Influenz aus einer Staustrecke		blau	Zeichen für festes Wehr (DIN 19710)
				Staukante in ± m NHN
				DIN 19711
4.5	künstlich oder natürlich abgedichtetes Gewässerbett		blau	DIN 19711
5	Grundwasserleiter			
5.1	speichernutzbarer Hohlraumanteil n_e	$5{,}3 \cdot 10^{-3}$	violett	dimensionslos
				Einzelangabe, auf das Bestimmungsverfahren soll hingewiesen werden
				DIN 19711
5.2	Speicherkoeffizient S	$5{,}3 \cdot 10^{-3}$	violett	dimensionslos
				Einzelangabe, auf das Bestimmungsverfahren soll hingewiesen werden
				DIN 19711
5.3	Durchlässigkeitsbeiwert von Lockergesteinen und porösen Festgesteinen k_f	$5{,}3 \cdot 10^{-3}$	violett	m/s
				Einzelangabe, auf das Bestimmungsverfahren soll hingewiesen werden
				DIN 19711
5.4	Durchlässigkeitsbeiwert von Lockergesteinen und porösen Festgesteinen k_f	Verschiedene Farben oder eine Farbe in Abstufungen: Empfohlen: violett in Abstufungen von hell für sehr geringe Werte bis dunkel für sehr große Werte		Flächendarstellung
				$\leq 10^{-5}$ m/s (sehr gering)
				$> 10^{-5}$ bis 10^{-4} m/s (gering)
				$> 10^{-4}$ bis 10^{-3} m/s (mittel)
				$> 10^{-3}$ bis 10^{-2} m/s (groß)
				$> 10^{-2}$ m/s (sehr groß)
				DIN 19711

Nr.	Benennung	Signatur	Farbe / CMYK	Bemerkungen
5.5	Wegsamkeit für Wasser in geklüfteten und verkarsteten Festgesteinen als Flächendarstellung			DIN 19711
	gering	⋎ ⋏		
	mittel	⋏⋎ ⋏⋏		
	groß	⋏⋎⋏ ⋎⋏⋎		
5.6	Transmissivität T	$5{,}3 \cdot 10^{-3}$	violett	m^2/s
				Einzelangabe, auf das Bestimmungsverfahren soll hingewiesen werden
				DIN 19711
5.7	Transmissivität T	verschiedene Farben oder eine Farbe in Abstufungen:		Flächendarstellung
				DIN 19711
		Empfohlen: violett in Abstufungen von hell für sehr geringe Werte bis dunkel für sehr große Werte		
5.8	Grundwasser- leitermächtigkeit	10, 5	violett	m
				Bei mehreren Stockwerken: verschiedene Farben. Bei gleichzeitiger Darstellung von Linien gleicher Mächtigkeit und von Grundwasserhöhengleichen sind die letzteren in violetter Farbe darzustellen.
				DIN 19711

Anhang

Nr.	Benennung	Signatur	Farbe / CMYK	Bemerkungen
5.9	Grundwasserleitermächtigkeit			Flächendarstellung
				2 m bis 5 m (blassgelb)
				5 m bis 10 m (hellgelb)
				10 m bis 20 m (gelb)
				10 m bis 50 m (vollgelb)
				Grundwasserleiter mit stark schwankenden Mächtigkeiten (gelbschraffiert)
5.10	Grundwassermächtigkeit		violett	m
				DIN 19711
5.11	Grundwasserleiterbasis (= Grundwassersohle)		violett	± m NHN
				DIN 19711
5.12	Basis des Geringleiters (= Grundwasserüberdeckung)		violett	± m NHN
5.13	Grundwasserhemmermächtigkeit		violett	m
5.14	Verbreitungsgrenze einer wasserstauenden Schicht bzw. des Geringleiters (Ausbiss)		schwarz	Die Schraffuren liegen auf der Seite der trennenden Schicht. Es ist anzugeben, ob es sich um die Unter- oder um die Oberfläche der trennenden Schicht handelt.
5.15	Verbreitungsgrenze einer gering durchlässigen Schicht im Grundwasserraum		braun	Der farbige Saum liegen auf der Seite der trennenden Schicht. Es ist anzugeben, ob es sich um die Unter- oder um die Oberfläche der trennenden Schicht handelt (AD-HOC-AG HYDROGEOLOGIE 1997).

Nr.	Benennung	Signatur	Farbe / CMYK	Bemerkungen
5.16	Verbreitungsgrenze einer sehr gering durchlässigen Schicht im Grundwasserraum		dunkelbraun	Der farbige Saum liegen auf der Seite der trennenden Schicht. Es ist anzugeben, ob es sich um die Unter- oder um die Oberfläche der trennenden Schicht handelt (AD-HOC-AG HYDROGEOLOGIE).
6	Schnitt			
6.1	Schnitt West-Ost	①--------①	schwarz	ungerade Zahl DIN 21900
6.2	Schnitt Nord-Süd	②--------②	schwarz	gerade Zahlen DIN 21900
6.3	Messschnitt	⊢——⊣	schwarz	
7	Aufschluss			
7.1	Schurf	☐	schwarz	DMT
7.2	Bohrung, allgemein			
7.2.1	offen	○	schwarz	DMT
7.2.2	verfüllt	⊗	schwarz	DMT
7.3	Grundwassermessstelle			
7.3.1	ohne regelmäßiger GwStandmessung	–○–	schwarz	teils aus DIN 19711 Amtliche Grundwassermessstellen können besonders gekennzeichnet werden (Ordnung durch römische Ziffern I, II, III). Die von GwMessstellen erfassten Stockwerke sollen von oben beginnend durch arabische Zahlen 1,2,3 gekennzeichnet werden.
7.3.2	mit regelmäßiger GwStandmessung	⊐○⊏	schwarz	
7.3.3	mit Registrierung	⊢●⊣	schwarz	
7.3.4	Grundwassermessstelle, neu	⌀	schwarz	Für die hydrogeologische Kartierung neu erstellte Bohrung bzw. Grundwassermessstelle mit Schichtenverzeichnis und Wasserstand
7.4	Grundwasseraustritt			
7.4.1	Quelle, allgemein	⌒	violett	DIN 19711

Anhang

187

Nr.	Benennung	Signatur	Farbe / CMYK	Bemerkungen
7.4.2	Quelle, perennierend		violett	DIN 19711
7.4.3	Quelle, intermittierend		violett	DIN 19711
7.4.4	Quelle, ungenutzt		violett	
7.4.5	Quelle, genutzt		violett	
7.4.6	Quellenschüttungsmessstelle		violett	DIN 19710
7.4.7	Quellenschüttungsmessstelle mit Registrierung		violett	DIN 19710
7.4.8	Mineralquelle		violett	DIN 19710
7.4.9	Thermalquelle		violett	DIN 19710
7.4.10	Grundquelle		violett	DIN 19711
7.4.11	Quellengruppe, perennierend		violett	DIN 19711
7.4.12	Quellengruppe, intermittierend		violett	DIN 19711
7.4.13	Quellenband, Quellenlinie		violett	Die Basislinie des Zeichens soll dem Verlauf des Quellbandes bzw. der Quelllinie entsprechen. Die Anordnung der Quellenzeichen kennzeichnet nicht die Lage der Quellen. DIN 19711
7.4.14	Grundwasserblänke, natürlich oder künstlich		violett, Schraffur blau	DIN 19711
7.4.15	weitflächiger Grundwasseraustritt		violett, Schraffur blau	Die Richtung der Schraffur muss senkrecht zur Fließrichtung des vorhandenen Vorfluters verlaufen. DIN 19711
7.4.16	Vernässung		blau	

Nr.	Benennung	Signatur	Farbe / CMYK	Bemerkungen
7.4.17	Nassstelle		blau	
7.4.18	Bohrloch, auslaufend		violett	DIN 19711
7.4.19	Schacht, auslaufend		violett	DIN 19711
7.4.20	Stollenmund, auslaufend		violett	DIN 19711
8	Grundwassernutzung			
8.1	Fassungsanlage			
8.1.1	Quellenfassung		rot	DIN 19711
8.1.2	Quellengalerie		rot	Die Erstreckung des Zeichens soll dem Verlauf der Quellengalerie entsprechen; die Anordnung der Zeichen für Quellfassung muss nicht die Lage der einzelnen Quellfassungen kennzeichnen. DIN 19711
8.1.3	Sickerfassung, Sickergalerie		rot	Die Erstreckung des Zeichens soll dem Verlauf der Sickerfassung bzw. Sickergalerie entsprechen. DIN 19711
8.2	Brunnen			
8.2.1	Brunnen, allgemein		rot	DIN 19711
8.2.2	Vertikalfilterbrunnen		rot	DIN 19711
8.2.3	Horizontalfilterbrunnen		rot	DIN 19711
8.2.4	Brunnenreihe (Brunnengalerie)		rot	DIN 19711
8.2.5	Brunnengruppe		rot	DIN 19711
8.2.6	Schacht		rot	DIN 19711

Anhang

Nr.	Benennung	Signatur	Farbe / CMYK	Bemerkungen
8.3	Stollenmundloch			
8.3.1	Stollenmundloch, ungenutzt		schwarz	DIN 19711
8.3.2	Stollenmundloch, genutzt		rot	
8.3.3	Besonderheiten der physikalischen und chemischen Beschaffenheit des Grundwassers		rot Beschriftung schwarz	Das Dreieck umgrenzt das entsprechende Zeichen. DIN 19711, DIN 2425-5 Physikalische und chemische Daten können zusätzlich angegebene werden. Staatlich anerkannte Heilquellen (Quellfassung bzw. Brunnen) können mit dem Zusatzzeichen H gekennzeichnet werden.
		Beispiele: 1200 Cl⁻		Beispiele: genutzte Mineralquelle (staatlich anerkannte Heilquelle) Cl^--Konzentration: 1.200 mg/l
		24°C		mittels Brunnen gefasste Thermalquelle, Temperatur: 24°C
		1400 SO_4^{2-}		ungenutzte Mineralquelle, SO_4^{2-}-Konzentration: 1.400 mg/l
8.4	Anlage zur Grundwasseranreicherung			
8.4.1	Versickerungsbecken		rot	DIN 19711
8.4.2	Versickerungsgraben		rot	DIN 19711
8.4.3	Versickerungsleitung		rot	DIN 19711
8.4.4	Eingabebrunnen, Schluckbrunnen		rot	DIN 19711
8.5	Wassergewinnungsanlage			
8.5.1	Quellwasserentnahme		rot	DIN 19711
8.5.2	Grundwasserentnahme		rot	DIN 19711

Nr.	Benennung	Signatur	Farbe / CMYK	Bemerkungen
8.5.3	Grundwasserentnahme mit natürlicher oder künstlicher Anreicherung (Uferfiltrat U oder Infiltrat I)		rot	DIN 19711
8.5.4	Oberflächenwasserentnahme		rot	DIN 2425-5
8.6	Recht auf Förderung an			
8.6.1	Grundwasser		rot	Gesamtsäule rechts abschraffiert = tatsächliche Förderung
8.6.2	Oberflächenwasser		blau	Gesamtsäule rechts abschraffiert = tatsächliche Förderung
8.6.3	Grubenwasser		schwarz	Gesamtsäule rechts abschraffiert = tatsächliche Förderung
8.6.4	Grundwasserabsenkung		rot	
8.6.5	Grundwasseraufhöhung		rot	
8.7	Wasserschutzgebiet			
8.7.1	Trinkwasserschutzgebiet		grün	Schutzzonen I bis III B: siehe auch DVGW-Arbeitsblatt W 101 (1995). Wenn das Schutzgebiet besonders hervorgehoben werden soll, ist die Darstellung nach DIN 19710, Ausgabe September 1965, Nr. 5.1.1, zu verwenden. DIN 19711

Anhang

191

Nr.	Benennung	Signatur	Farbe / CMYK	Bemerkungen
8.7.2	Heilquellen- schutzgebiet		grün	Begrenzung der Schutzzone I bis IV: Schutzzonen A, B usw.: Schutzzonen siehe auch Richtlinien für Heilquellenschutzgebiete, herausgegeben von der „Arbeitsgruppe Heilquellen" der Länderarbeitsgemeinschaft Wasser; veröffentlicht in den Zeitschriften „Heilbad und Kurort" vom Deutschen Bäderverband e.V., April 1966, „Der Naturbrunnen", Heft 4, April 1966, Verband deutscher Mineralbrunnen und „Wasser und Boden", Heft 5, 1971, Verlag Wasser und Boden, Axel Lindow & Co., Hamburg-Blankenese.
				DIN 19711
9	Bewertung von oberirdischen Fließgewässern			
9.1	ständig fließendes Gewässer		blau Pfeil rot	Flurabstandskennzeichnung farbig (1.5.2) DMT
9.2	zeitweise fließendes Gewässer		blau Pfeil rot Striche rot	Flurabstandskennzeichnung farbig (1.5.2) DMT
9.3	nicht mehr vorhandenes oder vorjährig trockenes Gewässer		blau Strich rot	Flurabstandskennzeichnung farbig (1.5.2) DMT
9.4	neuer Gewässerverlauf		rot Strich rot	Flurabstandskennzeichnung farbig (1.5.2)
9.5	stehendes Gewässer		blau Kreis rot	Flurabstandskennzeichnung farbig (1.5.2)
9.6	trockener Graben	trocken 3/92	blau	keine Flurabstandskennzeichnung
9.7	Einleitungs- bzw. Entnahmestelle	Entnahmestelle Einleitung (z. B. Drainage, Abwasser)	blau Pfeil rot	

Nr.	Benennung	Signatur	Farbe / CMYK	Bemerkungen
9.8	Fließplan an Gewässerkreuzen		blau Pfeil rot	
10	Oberflächengewässerpegel			
10.1	Abflusspegel, Lattenpegel		schwarz	DIN 19711, DIN 2425-5 Die Zeichen sollen auf der Seite des Gewässers stehen, auf der der Pegel steht und mit der Spitze zum Wasser zeigen.
10.2	Abflusspegel, Schreibpegel		schwarz	
10.3	Abflusspegel, Schreibpegel mit Fernübertragung		schwarz	Die Ordnung der Pegel kann durch römische Ziffern I, II, III gekennzeichnet werden.
10.4	Oberflächengewässerbeschaffenheit			
10.4.1	Messstelle		schwarz	DIN 2425-5
10.4.2	Messstation		schwarz	DIN 2425-5
10.4.3	Messstation mit Datenaufzeichnung und Fernübertragung		schwarz	DIN 2425-5
11	Technische Einrichtung an oberirdischen Gewässern			
11.1	festes Wehr			DIN 19710
11.2	bewegliches Wehr			DIN 19710
11.3	Pumpwerk Polderpumpwerk		rot	
11.4	Mühle		schwarz	DIN 19710
12	Messstelle zur Erfassung der Wasserhaushaltsgrößen			
12.1	Meteorologische Messstation		schwarz	DIN 19710
12.2	Niederschlagssammler, Totalisator		schwarz	DIN 2425-5

Anhang

Nr.	Benennung	Signatur	Farbe / CMYK	Bemerkungen
12.3	Niederschlagsmessstelle mit mindestens einer täglichen Terminmessung		schwarz	DIN 21916-1
12.4	Niederschlagsmessstelle mit Registrierung und mindestens einer täglichen Terminmessung		schwarz	DIN 21916-1
12.5	Niederschlagsmessstelle mit Fernübertragung		schwarz	DIN 21916-1
12.6	nicht wägbares Lysimeter		schwarz	DIN 19710
12.7	wägbares Lysimeter		schwarz	DIN 19710
12.8	Verdunstungsmesser, Evaporimeter		schwarz	DIN 19710
12.9	Messstelle für Bodenfeuchte		schwarz	DIN 19710
12.10	Messstelle für Infiltration		schwarz	DIN 19710
13	Nummerierung			
13.1	Archivnummer	113	rot	
13.2	Archiv-Sammelnummer (Trassen und Flächen)	915	rot	
13.3	Archivnummer eines Aufschlusses mit hydrochemischer Analyse	125	rot	
14	Höhenmessungen			
14.1	Höhenfestpunkt mit Höhenzahl	+ 81,293	blau	± m NHN
14.2	Höhenmessung Nr. 125	• 125 / 126	Messpunkt schwarz / blau	im Gelände bzw. an Gewässern (Nummerierung fortlaufend über das ganze Blatt)
14.3	Niveaudifferenz an Böschung	1,50	blau	m

Nr.	Benennung	Signatur	Farbe / CMYK	Bemerkungen
14.4	Stau- bzw. Fallhöhe von Gewässern	2,40	blau	m
14.5	Geländehöhenmessung Nr. 125 mit Geländehöhe	• 125 + 42,17	Messpunkt schwarz	± m NHN (grün)
				Bezeichnung Messpunkt blau
			Geländehöhe grün	
14.6	Höhenmessung an offenem Gewässer mit Wasserspiegelhöhe	126 + 41,10 + 42,50	Wasserspiegelhöhe rot	± m NHN
				Bezeichnung Messpunkt blau
			Geländehöhe grün	Messpunkt rot
14.7	mittlere Grundwasserhöhe	+ 61,25 ± 1,50	schwarz	± m NHN mit Schwankung
14.8	mittlerer Flurabstand	1,7 ± 0,80	schwarz	m
				mit Schwankung (in m)
14.9	einzelne Grundwasserhöhe	+ 53,30 ± 3,72 + 51,21 ± 8,72	schwarz	± m NHN
14.10	einzelner Flurabstand	1,20 ± 3,72 1,50 ± 8,72	schwarz	m

Anhang

Anhang 3: Beispiele Hydrogeologischer Karten

In der Veröffentlichung von STRUCKMEIER & MARGAT (1995) findet sich eine umfangreiche Übersicht über verschiedene Hydrogeologische Karten aus der ganzen Welt. In der nachfolgenden Zusammenstellung sind die aktuellen Hydrogeologischen Kartenwerke der einzelnen Bundesländer zusammengestellt:

Deutschland:
HAD-Hydrogeologische Karten für den Hydrologischen Atlas (Hydrogeologie, Hydrogeologische Regionen, Ergiebigkeit der Grundwasservorkommen, Mittlere jährliche Grundwasserneubildung, Geogene Grundwasserbeschaffenheit, Heil-, Mineral- und Thermalwässer). – 1 : 2.000.000. – In: BUNDESMINISTERIUM FÜR UMWELT, NATURSCHUTZ UND REAKTORSICHERHEIT (2003): Hydrologischer Atlas von Deutschland. Lieferung 1-3 mit 51 Kartentafeln; Bonn/Berlin.
Grundwasservorkommen von Deutschland, 1 : 1.000.000, 3 Karten (Ergiebigkeit, Qualität, Verschmutzungsempfindlichkeit), Berlin, 1993.
Grundwasservorkommen in der Bundesrepublik Deutschland, 1 : 1.000.000,3 Karten (Ergiebigkeit, Qualitit, Verschmutzungsempfindlichkeit), Bonn, 1980.
Hydrogeologischer Atlas der Bundesrepublik Deutschland, 1 : 1.000.000, Bonn-Bad Godesberg, 1978.
Hydrogeologische Übersichtskarte, 1 : 500.000, 14 Blätter, Remagen, 1952-1957.
Hydrogeologische Übersichtskarte der DDR, 1 : 200.000,4 Karten, Berlin, 1963-1971.
Hydrogeologisches Kartenwerk der DDR, 1 : 50000, 190 Karten, je 4 Blätter, Berlin, 1979-1984.

Baden-Württemberg:
Hydrogeologische Karte von Baden-Württemberg. – 1 : 50.000 (1975-2004), LGRB, Text mit 10-13 Kt.
Hydrogeologische Erkundung von Baden-Württemberg. – 1 : 50.000, LGRB, Text mit 6-9 Kt.
Hydrogeologische Karte von Baden-Württemberg (Grundwasserlandschaften). – 1 : 600.000, LGRB.
Mineral-, Heil- und Thermalwässer, Solen und Säuerlinge in Baden-Württemberg. – LGRB-Fachberichte.

Bayern:
Hydrogeologische Karte von Bayern, 1 : 50.000, jeweils 3 Blätter (Hydrogeologische Grundlagenkarte, Schutzfunktion der Grundwasserüberdeckung (nach Hölting et al. 1995), Hydrogeologische Profilschnitte).
Hydrogeologische Karte von Bayern, 1 : 100.000 (HK 100), jeweils 5 Blätter (Klassifikation der hydrogeologischen Einheiten (klassifizierte hydrogeologische Einheiten und Deckschichten, Lage der Profilschnitte), Grundwasserhöhengleichen (mit Stützpunkten), Hydrogeologische Grunddaten, Schutzfunktion der Grundwasserüberdeckung (nach Hölting et al. 1995), Hydrogeologische Profilschnitte).
Hydrogeologische Karte, 1 : 200.000 (HÜK 200).
Hydrogeologische Karte von Bayern, 1 : 500.000 (HK 500), 4 Kartenblätter (Oberflächennahe Verbreitung der hydrogeologischen Einheiten, Klassifikation der hydrogeologischen Einheiten, Grundwassergleichen bedeutender Grundwasserleiter, Mittlere Grundwasserneubildung aus Niederschlag (1971-2000)).

Brandenburg /Berlin:
Hydrogeologische Karte Brandenburg (HyK 50). – 1 : 50.000, LGR Brandenburg.
Umweltatlas Berlin, 1 : 50.000, Berlin, 1987.

Hessen:
Hydrogeologische Übersichtskarte Hessen, 1 : 300.000 (HÜK 300), 5 Karten, Wiesbaden, 1992.
Mineral- und Heilwasservorkommen in Hessen (1985).
Übersichtskarte der hydrogeologischen Einheiten grundwasserleitender Gesteine in Hessen (1985).
Hydrogeologische Karte 1 : 25.000 (HK 25).
Hydrologische Übersichtskarte von Hessen, 1 : 500.000.
Übersichtskarte Niederschlagsmessstellen.
Übersichtskarte Pegel an oberirdischen Gewässern.
Übersichtskarte der Standortbeurteilung für die Errichtung von Erdwärmesonden in Hessen (2009).

Grundwasserkarten Hessische Untermainebene (Karte der Messstellen, 2004-Oktober Grundwasserhöhengleichen, 2004-Oktober Grundwasserflurabstand, 2003-Oktober Grundwasserhöhengleichen, 2003-Oktober Grundwasserflurabstand, 2002-Oktober Grundwasserhöhengleichen, 2002-Oktober Grundwasserflurabstand, Differenz der Grundwasserstände ausgehend von Oktober 1989 zu Oktober 2002, 2001-April Grundwasserhöhengleichen – hohes Grundwasser, 2001-April Grundwasserflurabstand – hohes Grundwasser, Vernässungsflächen im April 2001 – Daten aus Satellitenbildern, Trinkwasserschutzgebiete). – versch. Maßstäbe, HLUG.
Hydrogeologisches Kartenwerk Hessisches Ried und Untermain, 1 : 100.000, Wiesbaden, 1981-1983.
Übersichtskarte der Grundwasserergiebigkeit, der Grundwasserbeschaffenheit und der Verschmutzungsempfindlichkeit des Grundwassers in Hessen, 1 : 300000, Wiesbaden, 1985.
Übersichtskarte der Grundwasserergiebigkeit, der Grundwasserbeschaffenheit und der Verschmutzungsempfindlichkeit des Grundwassers in Hessen, 1 : 300000, Wiesbaden, 1985.
Karten und Daten der Trinkwasser- und Heilquellenschutzgebiete von Hessen (Basis 1 : 25.000).

Mecklenburg-Vorpommern:
Hydrogeologische Grundkarte von Mecklenburg-Vorpommern, 1 : 50.000
    K1 – Hydrogeologische Grundkarte – Quartäre Grundwasserleiter (GWL)
    K2.1 – Karte der hydrogeologischen Kennwerte (Teilkarten je GWL)
    K2.2 – Karte der Hydroisohypsen
    K4 – Karte der potentiellen Grundwassergefährdung
    K5 – Hydrogeologische Grundkarte – Tertiäre Grundwasserleiter
Grundwasserressourcen Mecklenburg-Vorpommern, 1 : 250.000, (2012).

Niedersachsen / Bremen / Hamburg:
Hydrogeologische Räume und Teilräume. – 1 : 500.000.
Entnahmebedingungen in den grundwasserführenden Gesteinen. – 1 : 500.000, LBEG.
Durchlässigkeiten der oberflächennahen Gesteine. – 1 : 500.000.
Grundwasserleitertypen der oberflächennahen Gesteine. – 1 : 500.000, LBEG.
Grundwasserbeschaffenheit, 1 : 500.000.
Hydrogeologische Übersichtskarte von Niedersachsen, 1 : 200.000.
    Schutzpotential der Grundwasserüberdeckung. – 1 : 200.000.
    Basis und Mächtigkeit des Oberen Grundwasserleiterkomplexes, 1 : 200.000.
    Versalzung des Grundwassers, 1 : 200.000.
    Lage der Grundwasseroberfläche, 1 : 200.000.
Hydrogeologische Karte – Lage der Grundwasseroberfläche, 1 : 50.000.
Geowissenschaftliche Karte des Naturraumpotentials von Niedersachsen und Bremen, 1 : 200.000, 12 Blätter, Hannover, 1981.
Stadtkarte Hannover, 1 : 200.000, Baugrundkarte, Ausgabe C: Grundwasser, Hannover, 1980.
    Hydrogeologische Übersichtskarte des Raumes Hamburg (Tertiär), 1 : 50.000, 1976.
    Hydrogeologische Übersichtskarte des Elbtales von Hamburg, 1 : 50000.

Nordrhein-Westfalen:
Hydrogeologische Karte von Nordrhein-Westfalen. – 1 : 50.000, GD NRW, Krefeld.
    Hydrogeologische Karte von Nordrhein-Westfalen. – 1 : 100.000, mehrere Blätter, Krefeld.
Informationssystem Hydrogeologische Karten von NRW, 1 : 50.000.
Informationssystem Hydrogeologische Karten von NRW, 1 : 100.000.
Informationssystem Hydrogeologische Karten von NRW, 1 : 200.000.
Informationssystem Hydrogeologische Karten von NRW, 1 : 500.000.
Karte der Verschmutzungsgefährdung der Grundwasservorkommen in Nordrhein-Westfalen, 1 : 500.000, Krefeld, 1973.
Karte der Grundwasserlandschaften in Nordrhein-Westfalen, 1 : 500.000, Krefeld, 1973.
Hydrogeologische Übersichtskarte des Münsterländer Beckens, 1 : 500.000, Düsseldorf, 1990.
Hydrogeologische Karte des Kreises Paderborn und angrenzender Gebiete, 1 : 50.000, 1972.
Hydrogeologische Karte des Warsteiner Massenkalk-Gebietes, 1 : 50.000, 1974.
Hydrogeologische Karte des Rheinisch-Westfälischen Steinkohlenbezirkes, 1 : 10.000, Bochum.

Anhang

Rheinland-Pfalz:
Hydrogeologische Übersichtskarte von Rheinland-Pfalz, 1 : 300 000 (2009).
  Hydrogeologische Kartierung
  – Bitburg-Trier (19 Karten auf CD-ROM, 134 S. Erläut. (2010)
  – Komplettversion mit 19 gedruckten Karten, CD-ROM u. Erläut.
  – Neuwieder Becken (13 Karten auf CD-ROM), 57 S. Erläut. (2000)
  – Komplettversion mit 13 gedruckten Karten, CD-ROM u. Erläut.
  – Kaiserslautern (13 Karten auf CD-ROM), 96 S. Erläut. (2004).
Mineral-, Heil- und Thermalwasservorkommen Rheinland-Pfalz, 1 : 300.000 (2005).

Saarland:
Hydrogeologische Karte des Saarlandes, 1 : 100.000.
  Wasserleitvermögen
  Geologische Übersicht
  Grundwasserbeschaffenheit

Sachsen:
Hydrogeologische Spezialkarte des Freistaates Sachsen (HyK 50). – 1 : 50.000.
Hydrogeologische Übersichtskarte, 1 : 200.000.
Hydrogeologische Übersichtskarte von Sachsen, 1 : 400.000, Freiberg, 1992.

Sachsen-Anhalt
Hydrogeologische Übersichtskarte von Sachsen Anhalt, 1 : 400.000.
Hydrogeologische Karte von Sachsen Anhalt, 1 : 50.000
  Karte 1 – Hydrogeologische Grundkarte
  Karte 2 – Hydrogeologische Parameterkarten
  Karte 2.1 – Karte der hydrogeologischen Kennwerte
  Karte 2.2 – Karte der Hydroisohypsen
  Karte 2.3 – Karte der Grundwasseraufschlüsse
  Karte 4 – Karte der Grundwassergefährdung
  Karte 5 – Hydrogeologische Grundkarte - Tertiäre Grundwasserleiter.

Schleswig-Holstein:
Hydrogeologie von Schleswig-Holstein, 1 : 500.000, Kiel 1981.
Hydrogeologische Übersichtskarte (4 Blätter), 1 : 200.000.
Hydrogeologische Karte der Insel Fehmarn, 1 : 50.000, 1963.
Hydrogeologische Karte Pinneberg, 1 : 50.000.

Thüringen:
Hydrogeologische Übersichtskarte von Thüringen, 1 :2 00.000 (HÜK 200).
Hydrogeologisches Kartenwerk Thüringen
  A) Hydrogeologische Grundkarte 10,00 15,00 10,00 –
  B) Karte der hydrogeologischen Kennwerte
  C) Karte der Grundwasserisohypsen
  D) Grundwassergefährdung

Anhang 4: Checklisten

Für jeden Tag und die bevorstehenden Untersuchungen sind die erforderlichen, nachfolgend aufgeführten Arbeitsmittel zusammen zu stellen.

Notizmaterialien, Registriergeräte
- Topographische und Geologische Karten des Kartiergebietes und angrenzender Gebiete, Luftbilder, Lagepunkt- und Manuskriptkarten der Vorauswertung,
- Schreibmaterial (Kugelschreiber [rot und Blau], Buntstifte [grün STABILO 520, violett STABILO 340, blau STABILO 410, rot STABILO 305, braun, dunkelbraun, schwarz]),
- Feldbuch, Formulare zur Datenerfassung,
- Feld-PC, Diktiergerät,
- Kartentasche, Schutzfolien, Kartierrahmen bzw. Klemmbrett.

Kartiergeräte
- Geologenhammer, Taschenmesser, Spaten, Spachtel,
- barometrischer Höhenmesser,
- Positionsbestimmungsgerät (GPS),
- Messband, Meterstab,
- Wasserwaage und Aluminiumlatte, Schlauchwaage
- (Geologenkompass),
- Stoppuhr, Taschenrechner,
- Schlitzsondiergerät (Pürckhauer, Hammer, Griffstangen, Schlüssel)
- Fotoapparat, Videogerät,
- Fernglas, Lupe, Taschenstereoskop.

Messung des Abflusses an Fließgewässern
- Gefäße (Messbecher mit Eichstrichen, Eimer (10 l), u.U. dickwandige Kunststoffsäcke (50 bis 100 l); (Nacheichung der Gefäße erforderlich!),
- Durchflussmessgeräte,
- Schwimmkörper (PVC-Flasche mit etwas Sand),
- Messflügel,
- transportable Wehre (Rechteckswehr, Dreieckwehr, Begrenzungsbleche),
- Holzpflöcke
- Ableitungsrohr oder -rinne.

Geräte und Zubehör für die Messung physikalisch-chemischer Kenngrößen im Gewässer
- Thermometer (Temperatursonde, Quecksilberthermometer, Digitalthermometer),
- pH-Messgerät,
- Leitfähigkeitsmessgerät,
- Redoxpotential-Messgerät,
- O_2-Messgerät,
- Spritzflasche mit Kalibrierlösungen für Nachkalibrierungen,
- destilliertes Wasser,
- vorgefertigte Reinigungslösungen für Sonden (NaOH, HCl, Aceton u.a.)
- Kosmetik- bzw. Küchentücher.

Anhang

Probennahme

- Probenflaschen,
- Probentüten,
- Etiketten,
- Filter (Trichter und Papierfilter, Spritzen und Membranfilter),
- Stabilisierungsmittel (Mineralsäure, HNO_3, etc.),
- wiederverschließbare Gefrierbeutel oder Gefrierbeutel mit separatem Verschluss,
- wasserfester Stift für Beschriftungen,
- Spritzflasche mit destilliertem Wasser,
- Testkits für Schnellanalytik.

Sonstiges

- Schlüssel zum Öffnen von Grundwassermessstellen (Inbusschlüssel-Satz [Innen- und Außen-Inbus], Drei-, Vier- bzw. Fünfkantschlüssel-Satz),
- Ersatzbatterien, Akkus (z.B. für Datenlogger, Feld-PC, Diktiergerät),
- Werkzeug (Spitzzange, Rohrzange, Hammer, Kuhfuß, Brunnenhaken),
- Markierungsmittel (Farbe, Pinsel, Ölkreide, Sprühfarbe),
- eventuell Sicherheitsausrüstung (Gasdetektionsgerät, Stirnlampe), Schutzkleidung (Helm, Sicherheitsschuhe, Handschuhe, Warnweste),
- Erste-Hilfe-Set.

Anhang 5: Formblätter

Formblatt 1:   Grundwassermessstelle, Protokoll

Formblatt 2:   Grundwassermessstelle, Funktionsprüfung

Formblatt 3:   Grundwassermessstelle, Schichtenverzeichnis

Formblatt 4:   Abflussmessung, Schwimmkörper

Formblatt 5:   Abflussmessung, Messwehr

Formblatt 6:   Abflussmessung, Messflügel

Formblatt 7:   Abflussmessung, Messflügel – Fortsetzung

Formblatt 8:   Abflussmessung, Messflügel – Messlotrechte

Formblatt 9:   Abflussmessung, Abflussfläche

Formblatt 10: Hydrochemie

Formblatt 11: Pumpversuch, Bericht – Entnahmebrunnen

Formblatt 12: Pumpversuch, Bericht – Messstelle

Formblatt 13: Pumpversuch, Entnahmebrunnen

Formblatt 14: Pumpversuch, Messstelle

Formblatt 15: Auffüllversuch

Formblatt 16: Doppelring-Infiltrometerversuch, stationär

Formblatt 17: Doppelring-Infiltrometerversuch, instationär

Anhang

Formblatt 1: Grundwassermessstelle, Protokoll

	Grundwassermessstelle Protokoll	Anhang - Nr. _____ Blatt - Nr. _____ Messung - Nr. _____

Messstelle	_____
TK 25 Blatt	_____ Rechtswert _____ Hochwert _____
Messpunkt (MP)	_____ Höhe (MP) _____ +m NHN
bearbeitet von	_____ Datum _____
ausgewertet von	_____ Datum _____
Gelände	_____ m ü./u. MP _____ +m NHN
Sohle _____ m u. MP Filter von _____ bis _____ m u. MP Filterlänge _____ m

Zeitangaben		Höhenangaben		Wasserstandsangaben			Bemerkungen
1	2	3	4	5	6	7	8
Datum	Uhrzeit	MP	Gelände	ü./u. MP	ü./u. Gel.	Höhe	(Besonderheiten, Wetter usw.)
d:m:a	h:min:s	+m NN	+m NN	m	m	+m NN	

Skizze Lageplan | Skizze Bohrprofil und Ausbau

Formblatt 2: Grundwassermessstelle, Funktionsprüfung

		Funktionsprüfung **Grundwassermessstelle**	Anhang - Nr. _____ Blatt - Nr. _____ Messung - Nr. _____

☐ Auffüllung ☐ Entschlammung ☐ Beseitigung Fremdkörper

Messstelle _____
TK 25 Blatt _____ Rechtswert _____ Hochwert _____
Messpunkt (MP) _____ Höhe (MP) _____ +m NHN
bearbeitet von _____ Datum _____
ausgewertet von _____ Datum _____
Ruhewasserspiegel (RW) _____ m ü./u. MP Höhe (RW) _____ +m NHN
Sohle (Soll) _____ m u. MP Sohle vor Entschlammung _____ m u. MP
Sohle (Ist) _____ m u. MP Sohle nach Entschlammung _____ m u. MP
Differenz _____ m
Filterlänge _____ m   Abschätzung des Auffüllvolumens für 50 cm Rohrabschnitte
Sumpfrohrlänge _____ m

Rohrdurchmesser (mm)	☐ 50	☐ 75	☐ 100	☐ 112,5	☐ 125	☐ 150
Auffüllvolumen (l)	1	2,5	4	5	6	9

1	2	3	Natermann-Kennwert ε
Zeit Δt min	Wsp u. MP h m	Aufhöhung (RW - Wsp) Δh m	Δh_1 = Aufhöhung zu Beginn der Messung (m) Δh_2 = Aufhöhung am Ende der Messung (m) Δt = Zeit vom Beginn bis Ende der Messung (min)
			$\Delta h_1 = $ _____ m $-$ _____ m $= $ _____ m (RW) (Wsp zu Beginn der Aufhöhung)
			$\Delta h_2 = $ _____ m $-$ _____ m $= $ _____ m (RW) (Wsp am Ende der Aufhöhung)
			$\Delta t = $ _____ min
			$\varepsilon = \dfrac{2 \cdot (\Delta h_1 - \Delta h_2)}{\Delta t \cdot (\Delta h_1 + \Delta h_2)} = \dfrac{2 \cdot _____}{_____} = $ _____ 1/min
			Kriterium: ☐ funktionstüchtig $\varepsilon \geq 0{,}0115$ 1/min ☐ nicht funktionstüchtig $\varepsilon < 0{,}0115$ 1/min

Aufhöhung Δh (RW - Wsp) (m): 0,0 — 1,2
Zeit (min): 1 — 29

Anhang

Formblatt 3: Grundwassermessstelle, Schichtenverzeichnis

	Grundwassermessstelle **Schichtenverzeichnis**	Anhang - Nr. _____ Blatt - Nr. _____ Messung - Nr. _____

Messstelle	_____		
TK 25 Blatt	_____ Rechtswert _____	Hochwert _____	
Messpunkt (MP)	_____ Höhe (MP) _____	+m NHN	
Schichtenverzeichnis bearbeitet von _____		Datum _____	

bis m u. Gel.	Mächtigkeit m	Bodenart, Beimengungen, Farbe, Festigkeit beim Bohren, Wassergehalt	Geologische Benennung

Formblatt 4: Abflussmessung, Schwimmkörper

	Abflussmessung Schwimmkörper	Anhang - Nr. _____ Blatt - Nr. _____ Messung - Nr. _____

Messstelle _____
TK 25 Blatt _____ Rechtswert _____ Hochwert _____
Messpunkt (MP) _____ Höhe (MP) _____ +m NHN _____
bearbeitet von _____ Datum _____
ausgewertet von _____ Datum _____
Wasserspiegel _____ m ü./u. MP _____ +m NHN _____

Messung der Fließgeschwindigkeit an der Oberfläche mittels Schwimmkörper an definierter Fließstrecke mit unregelmäßiger Fläche

Messung der Zeit t, in der der Schwimmkörper die Strecke L zurücklegt

$\Delta t =$ _____ s
$L =$ _____ m

Abschätzung der Durchflussquerschnittes A
(mittels Milimeterpapier oder Planimeter)
$A =$ _____ m²

Volumenstrom $\dot{V} = \dfrac{L}{\Delta t} \cdot A$ $\dot{V} =$ _____ m³/s

$\dot{V}_{korr} = f \cdot \dot{V}$ $\dot{V}_{korr} =$ _____ m³/s
Korrektur-Faktor $f = 0{,}85$

Messung der Fließgeschwindigkeit an der Oberfläche mittels Schwimmkörper an definierter Fließstrecke mit kreisförmiger Fläche

Messung der Zeit t, in der der Schwimmkörper die Strecke L zurücklegt

$\Delta t =$ _____ s
$L =$ _____ m
$h =$ _____ m
$s =$ _____ m (Sehne)

Abflussquerschnitt
$A \approx \dfrac{h}{6 \cdot s} \cdot (3 \cdot h^2 + 4 \cdot s^2)$ $A =$ _____ m²

Volumenstrom $\dot{V} = \dfrac{L}{\Delta t} \cdot A$ $\dot{V} =$ _____ m³/s

$\dot{V}_{korr} = f \cdot \dot{V}$ $\dot{V}_{korr} =$ _____ m³/s
Korrektur-Faktor $f = 0{,}85$

Messung der Fließgeschwindigkeit an der Oberfläche mittels Schwimmkörper an definierter Fließstrecke mit rechteckiger Fläche

Messung der Zeit t, in der der Schwimmkörper die Strecke L zurücklegt

$\Delta t =$ _____ s
$L =$ _____ m
$h =$ _____ m
$b =$ _____ m

Volumenstrom $\dot{V} = \dfrac{L}{\Delta t} \cdot b \cdot h$ $\dot{V} =$ _____ m³/s

$\dot{V}_{korr} = f \cdot \dot{V}$ $\dot{V}_{korr} =$ _____ m³/s
Korrektur-Faktor $f = 0{,}85$

Anhang

Formblatt 5: Abflussmessung, Messwehr

	Abflussmessung **Messwehr**	Anhang - Nr. _____ Blatt - Nr. _____ Messung - Nr. _____
Messstelle _____		
TK 25 Blatt _____ Rechtswert _____ Hochwert _____		
Messpunkt (MP) _____ Höhe (MP) _____ +m NHN _____		
bearbeitet von _____ Datum _____		
ausgewertet von _____ Datum _____		
Wasserspiegel _____ m ü./u. MP _____ +m NHN _____		
Messung des Volumenstroms mittels Rechteckwehr mit Seiteneinschnürung		
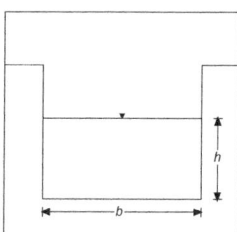	Überfallhöhe h gemessen 1 m im Oberstrom (Gültigkeitsbereich: 2,5 cm $\leq h \leq$ 80 cm) $h =$ _____ m $b =$ _____ m Volumenstrom $\dot{V}$ $\dot{V} = 1{,}8 \cdot b \cdot h \cdot \sqrt{h}$ $\dot{V} =$ _____ m³/s	
Messung des Volumenstroms mittels rechtwinkligem Dreieckwehr		
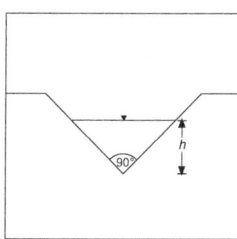	Überfallhöhe h gemessen 1 m im Oberstrom (Gültigkeitsbereich 2,5 cm $\leq h \leq$ 20 cm) $h =$ _____ m Volumenstrom $\dot{V}$ $\dot{V} = 2{,}36 \cdot \mu \cdot h^2 \cdot \sqrt{h}$ $\mu = 0{,}565 + 0{,}0087 \cdot 1 / \sqrt{h}$ $\dot{V} =$ _____ m³/s	
Messung des Volumenstroms mittels hyperbolischem Wehr (klein)		
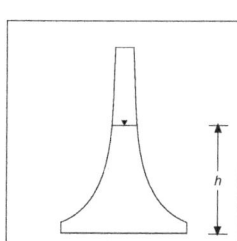	Überfallhöhe h gemessen im Wehrdurchlass (Gültigkeitsbereich 5 cm $\leq h \leq$ 40 cm) $h =$ _____ m Volumenstrom $\dot{V}$ $\dot{V} = \dfrac{1}{1000} \cdot (102{,}97 \cdot h - 1{,}20)$ $\dot{V} =$ _____ m³/s	

Formblatt 6: Abflussmessung, Messflügel

		Abflussmessung **Messflügel**	Anhang - Nr. _____ Blatt - Nr. _____ Messung - Nr. _____

Messstelle	_____			
TK 25 Blatt	_____	Rechtswert _____	Hochwert _____	
Messpunkt (MP)	_____	Höhe (MP) _____	+m NHN _____	
bearbeitet von	_____		Datum _____	
ausgewertet von	_____		Datum _____	
Wasserspiegel	_____	m ü./u. MP _____	+m NHN _____	
Winkel Messlinie/Flusslinie	_____ °	Länge Messlinie b _____	m	
Messflügel-Nr.	_____	Messzeit Δt _____	s	
Messflügelparameter	ab $n =$ _____	1/s $v =$ _____	$\cdot n +$ _____	m/s
	ab $n =$ _____	1/s $v =$ _____	$\cdot n +$ _____	m/s
	ab $n =$ _____	1/s $v =$ _____	$\cdot n +$ _____	m/s

1	2	3	4					5	6	7	8	9
Nummer der Lotrechten	Abstand vom linken Ufer	Gewässertiefe	Anzahl der Umdrehungen U in der Messzeit Δt					mittlere Umdrehungsanzahl	Drehfrequenz $n = \frac{U_m}{\Delta t}$	Fließgeschwindigkeit	Oberflächengeschwindigkeit	Geschwindigkeitsfläche
			1	2	3	4	5					
Nr	b	h	U_1	U_2	U_3	U_4	U_5	U_m	n	v	v_0	f_v
	m	m	1	1	1	1	1	1	1/s	m/s	m/s	m²/s

Anhang

Formblatt 7: Abflussmessung, Messflügel – Fortsetzung

			Abflussmessung **Messflügel - Fortsetzung**				Anhang - Nr. _____ Blatt - Nr. _____ Messung - Nr. _____			
1	2	3	4					5	6	7	8	9
Nummer der Lotrechten	Abstand vom linken Ufer	Gewässertiefe	Anzahl der Umdrehungen U in der Messzeit $\Delta t =$ _____ s					mittlere Umdrehungsanzahl	Drehfrequenz $n = \dfrac{U_m}{\Delta t}$	Fließ-geschwindigkeit	Oberflächen-geschwindigkeit	Geschwindigkeits-fläche
			1	2	3	4	5					
Nr	b	h	U_1	U_2	U_3	U_4	U_5	U_m	n	v	v_0	f_v
	m	m	1	1	1	1	1	1	1/s	m/s	m/s	m²/s

Formblatt 8: Abflussmessung, Messflügel – Messlotrechte

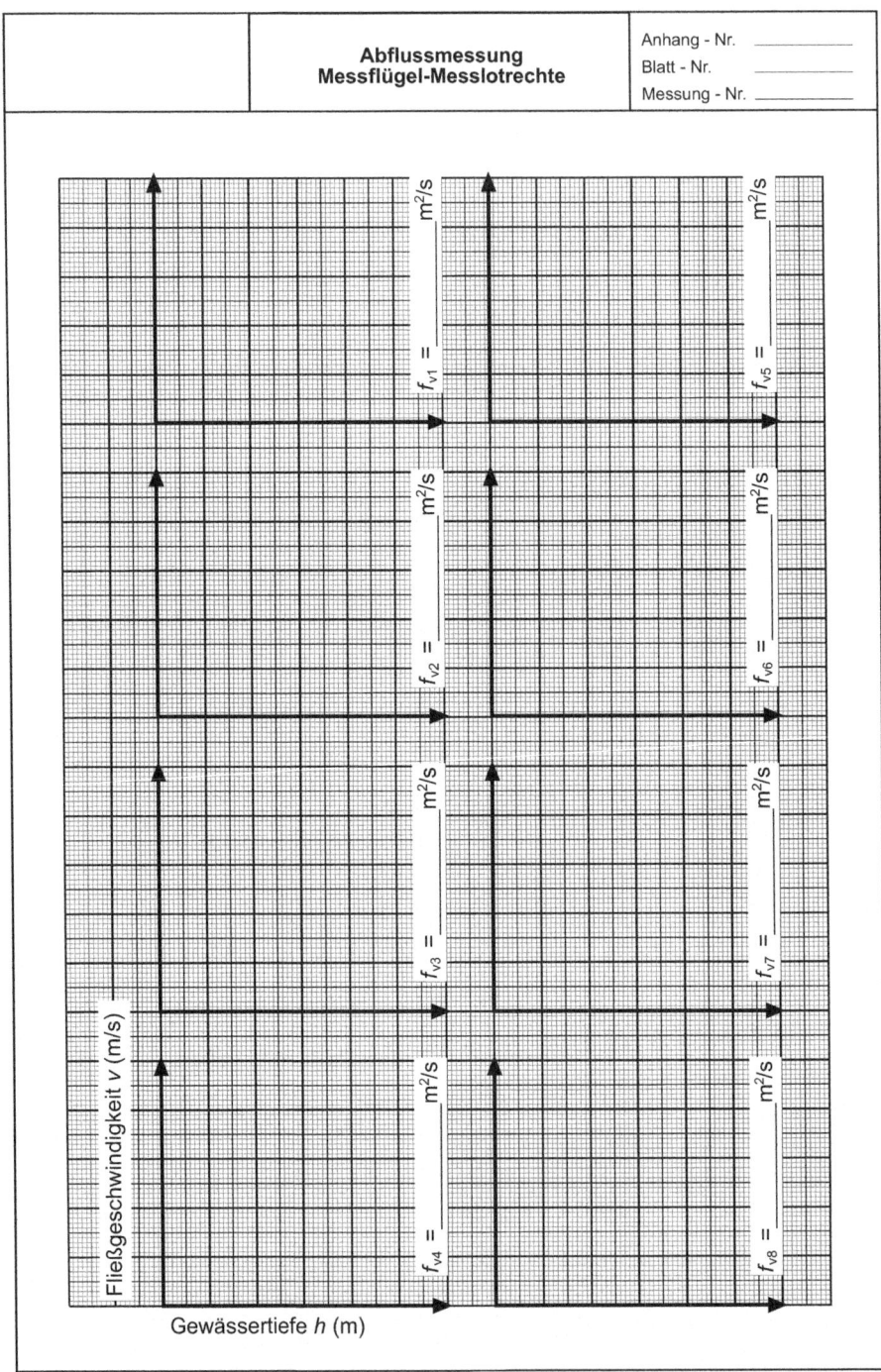

Anhang 209

Formblatt 9: Abflussmessung, Messflügel – Abflussfläche

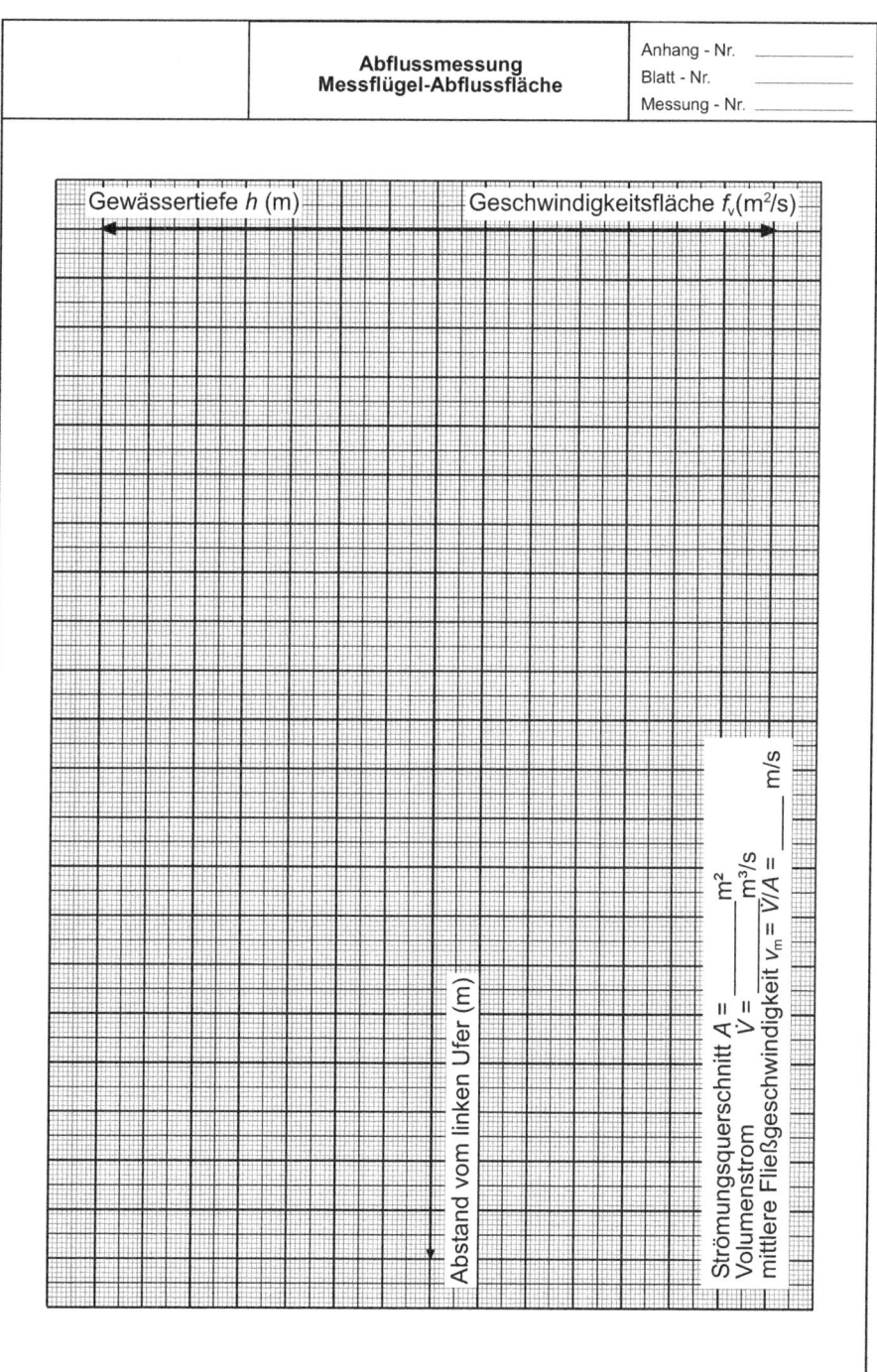

Formblatt 10: Hydrochemie

	Hydrochemie	Anhang - Nr. _____ Blatt - Nr. _____ Messung - Nr. _____

Entnahmestelle		
Messstelle _____	Probenbezeichnung _____	
TK 25 Blatt _____	Rechtswert _____	Hochwert _____
Messpunkt (MP) _____	Höhe (MP) _____	+m NHN
bearbeitet von _____	Datum _____	Uhrzeit _____
Art der Entnahmestelle _____		
Bezeichnung des Grundwasserleiters _____		

Probenahme
Art der Probenahme _____ Leitungsmaterial ☐ PVC ☐ Teflon ☐ Edelstahl
Wasserspiegel _____ m ü./u. MP Filter _____ von _____ bis _____ m u. MP
Förderrate _____ m³/h Entnahmetiefe _____ m u. MP
Fördervolumen _____ m³ Abpumpdauer _____ min
Beprobter Tiefenbereich ☐ Mischwasser ☐ Oben ☐ Mitte ☐ Unten Tiefe _____ bis _____ m u. MP

Organoleptische Prüfung
Färbung _____ Bodensatz _____
Trübung _____ Geruch _____
Ausgasung _____ Besonderheiten _____

Vorortanalytik
Grundwassertemperatur _____ °C pH-Wert _____ 1
Lufttemperatur _____ °C Sauerstoff O_2 _____ mg/l
elektr. Leitfähigkeit (bei 25°C) _____ µS/cm Redoxspannung _____ mV

Stabilisierung / Konservierung Filterweite _____ µm ☐ Mineralsäure-Zusatz ☐ Kühlung ☐ Gefrierung

Analytik im Labor
Säurekapazität bis pH 8,2 _____ Freie Kohlensäure CO_2 _____ mg/l
Basekapazität bis pH 8,2 _____ Kalkaggr. Kohlensäure CO_2 _____ mg/l
Säurekapazität bis pH 4,3 _____ Methode _____
Gesamthärte _____ mg/l Kieselsäure SiO_2 _____ mg/l
Karbonathärte _____ mg/l Oxidierbarkeit Mn(VII) nach Mn(II) als O_2 _____ mg/l

Kationen	$\beta(X)$	$M(1/z\,X)$	$c(1/z\,X) = \dfrac{\beta(X)}{M(1/z\,X)}$	$\chi(1/z\,X) = \dfrac{c(1/z\,X)}{\Sigma c(1/z\,X)} \cdot 100\%$	
Calcium (Ca^{2+})	_____ mg/l	20,04	_____ mmol/l	_____	%
Magnesium (Mg^{2+})	_____ mg/l	12,15	_____ mmol/l	_____	%
(Gesamthärte ≙ $Ca^{2+}+Mg^{2+}$)	_____ °dH	2,80	_____ mmol/l	_____	%
Kalium (K^+)	_____ mg/l	39,10	_____ mmol/l	_____	%
Natrium (Na^+)	_____ mg/l	22,99	_____ mmol/l	_____	%
Eisen (Fe ges.)	_____ mg/l	27,92	_____ mmol/l	_____	%
Mangan (Mn^{2+})	_____ mg/l	27,47	_____ mmol/l	_____	%
Ammonium (NH_4^+)	_____ mg/l	18,02	_____ mmol/l	_____	%
Anionen			$\Sigma_1 c(1/z) =$ _____ mmol/l	$\Sigma =$ _____	%
Hydrogenkarbonat (HCO_3^-)	_____ mg/l	61,02	_____ mmol/l	_____	%
(Karbonathärte ≙ HCO_3^-)	_____ °dH	2,80	_____ mmol/l	_____	%
Sulfat (SO_4^{2-})	_____ mg/l	48,03	_____ mmol/l	_____	%
Chlorid (Cl^-)	_____ mg/l	35,45	_____ mmol/l	_____	%
Nitrat (NO_3^-)	_____ mg/l	62,01	_____ mmol/l	_____	%
Nitrit (NO_2^-)	_____ mg/l	62,11	_____ mmol/l	_____	%
Phosphat (PO_4^{3-})	_____ mg/l	48,08	_____ mmol/l	_____	%
			$\Sigma_2 c(1/z) =$ _____ mmol/l	$\Sigma =$ _____	%
Grundwassertypisierung	_____		Fehlerquote _____		%

Anhang

Formblatt 11: Pumpversuch, Bericht – Entnahmebrunnen

	Pumpversuch **Bericht - Entnahmebrunnen**	Anhang - Nr. _____ Blatt - Nr. _____ Messung - Nr. _____

Bohrung / Brunnen Nr. _____ zugehörige Messstelle Nr. _____
TK 25 Blatt _____ Rechtswert _____ Hochwert _____
Messpunkt (MP) _____ Höhe (MP) _____ +m NHN _____
bearbeitet von _____ Datum _____
ausgewertet von _____ Datum _____
gebohrt von _____
geleitet von _____ Pumpversuchs Nr. _____
Ableitungsrohre _____ m Einleitung in _____
Überfallbreite des Messkastens _____ m Rechteck / Dreieck
Wasserzählerstand   Beginn _____ Ende _____ andere Verfahren _____

Pumpversuch   von _____ bis _____ Uhr

1. Pumpversuch   von _____ bis _____ Uhr = _____ h
   Wiederanstieg von _____ bis _____ Uhr = _____ h

2. Pumpversuch   von _____ bis _____ Uhr = _____ h
   Wiederanstieg von _____ bis _____ Uhr = _____ h

3. Pumpversuch   von _____ bis _____ Uhr = _____ h
   Wiederanstieg von _____ bis _____ Uhr = _____ h

Pumpzeit, gesamt _____ h
Wiederanstiegzeit, gesamt _____ h

Bohrverfahren _____ Spülungszusätze _____
Wasserproben _____ (Eintrag in Formblatt Hydrochemie)
Bohrlochtiefe _____ m u. Gel. Ausbautiefe _____ m u. Gel.
Einbautiefe Pumpe _____ m u. Gel. Ruhewasserspiegel _____ m u. Gel.

Intensität der Trübung nach DIN EN ISO 7027
0	1	2	3
klar	schwach	stark getrübt	undurchsichtig
☐	☐	☐	☐

Intensität der Färbung nach DIN EN ISO 7887
0	1	2	3
farblos	schwach	hell	dunkel
☐	☐	☐	☐

Farbton _____

Ausbauskizze in Formblatt Grundwassermessstelle

Formblatt 12: Pumpversuch, Bericht – Messstelle

	Pumpversuch **Bericht - Messstelle**	Anhang - Nr. _____ Blatt - Nr. _____ Messung - Nr. _____

Messstelle _____
TK 25 Blatt _____ Rechtswert _____ Hochwert _____
Messpunkt (MP) _____ Höhe (MP) _____ +m NHN _____
bearbeitet von _____ Datum _____
ausgewertet von _____ Datum _____
Ruhewasserspiegel _____ m ü./u. MP _____ +m NHN _____
Gelände _____ m ü./u. MP _____ +m NHN _____
Sohle _____ m u. MP   Filter von _____ bis _____ m u. MP   Filterlänge _____ m
Wetter _____

   Pumpversuch   von _____ bis _____ Uhr

1. Pumpversuch   von _____ bis _____ Uhr = _____ h
   Wiederanstieg von _____ bis _____ Uhr = _____ h

2. Pumpversuch   von _____ bis _____ Uhr = _____ h
   Wiederanstieg von _____ bis _____ Uhr = _____ h

3. Pumpversuch   von _____ bis _____ Uhr = _____ h
   Wiederanstieg von _____ bis _____ Uhr = _____ h

                Pumpzeit, gesamt   _____ h
                Wiederanstiegzeit, gesamt _____ h

   Bohrverfahren _____   Spülungszusätze _____
   Wasserproben _____   (Eintrag in Formblatt Messwerte)
   Bohrlochtiefe _____ m u. Gel. Ausbautiefe _____ m u. Gel.
   Einbautiefe Pumpe _____ m u. Gel. Ruhewasserspiegel _____ m u. Gel.

Intensität der Trübung nach DIN EN ISO 7027
 0   1   2   3
 klar   schwach   stark getrübt undurchsichtig
 ☐   ☐   ☐   ☐

Intensität der Färbung nach DIN EN ISO 7887
 0   1   2   3
 farblos   schwach   hell   dunkel
 ☐   ☐   ☐   ☐

Farbton _____

Ausbauskizze in Formblatt Grundwassermessstelle

Anhang

Formblatt 13: Pumpversuch, Entnahmebrunnen

	Pumpversuch Entnahmebrunnen	Anhang - Nr. _____ Blatt - Nr. _____ Messung - Nr. _____

Bohrung / Brunnen Nr. _____
TK 25 Blatt _____
Messpunkt (MP) _____ Rechtswert _____ Hochwert _____
bearbeitet von _____ Höhe (MP) _____ +m NHN
ausgewertet von _____ Datum _____
Ruhewasserspiegel _____ m ü./u. MP _____ Datum _____
Gelände _____ m ü./u. MP _____ +m NHN
Sohle _____ m u. MP   Filter von _____ bis _____ m u. MP   Filterlänge _____ m
Wetter _____

Zeitangaben			Wasserstands-angaben		Volumenstrom		Beschaffenheitsangaben					
1	2	3	4	5	6	7	8	9	10	11	12	13
Datum	Uhrzeit	Dauer seit Pumpbeginn	Wasserstand unter Messpunkt	Absenkung	Spez. Messwert (Wasserzähler Messkasten)	Entnahmerate	elektrische Leitfähigkeit	pH-Wert	Temperatur	Sandführung	Trübung	Färbung
		Δt	h	h_s		$\dot{V}$	κ	pH	ϑ			
d:m:a	h:min:s	s	m	m		m³/s	µS/cm		°C			

Formblatt 14: Pumpversuch, Messstelle

	Pumpversuch **Messstellen**	Anhang - Nr. _____ Blatt - Nr. _____ Messung - Nr. _____

Messstelle _____
TK 25 Blatt _____ Rechtswert _____ Hochwert _____
Messpunkt (MP) _____ Höhe (MP) _____ +m NHN
bearbeitet von _____ Datum _____
ausgewertet von _____ Datum _____
Ruhewasserspiegel _____ m ü./u. MP _____ +m NHN
Gelände _____ m ü./u. MP _____ +m NHN
Sohle _____ m u. MP   Filter von _____ bis _____ m u. MP   Filterlänge _____ m
Wetter _____

Zeitangaben			Wasserstands- angaben		Volumenstrom		Beschaffenheitsangaben		
1	2	3	4	5	6	7	8	9	10
Datum	Uhrzeit	Dauer seit Pumpbeginn	Wasserstand unter Messpunkt	Absenkung	Spez. Messwert (Wasserzähler Messkasten)	Entnahmerate	elektrische Leitfähigkeit	pH-Wert	Temperatur
		Δt	h	h_s		$\dot{V}$	κ	pH	ϑ
d:m:a	h:min:s	s	m	m		m³/s	µS/cm		°C

Anhang

Formblatt 15: Auffüllversuch

	Auffüllversuch	Anhang - Nr. _____ Blatt - Nr. _____ Messung - Nr. _____

Messstelle	_____
TK 25 Blatt	_____ Rechtswert _____ Hochwert _____
Messpunkt (MP)	_____ Höhe (MP) _____ +m NHN
bearbeitet von	_____ Datum _____
ausgewertet von	_____ Datum _____
Ruhewasserspiegel	_____ m ü./u. MP _____ +m NHN
Gelände	_____ m ü./u. MP _____ +m NHN
Sohle ____ m u. MP Filter von ____ bis ____ m u. MP Filterlänge ____ m
Radius ____ m Filterfläche ____ m²
Vorratsbehälter ____ Volumen ____ m³ Höhe ____ m Radius ____ m
Wetter _____

Zeitangaben			Wasserstand im Vorratsbehälter		Infiltrations- angaben		Bemerkungen
1	2	3	4	5	6	7	8
Datum	Uhrzeit	Dauer seit Versuchsbeginn	Wasserstand	Vorratsänderung/ Infiltrationsvolumen	Infiltrationsrate	Infiltrationsfähigkeit	Trübung, Aufwirbelung, Quellung, Sonnenschutz, Temperaturveränderungen etc.
		Δt	h	V	$\dot{V}$	K_U	
d:m:a	h:min:s	s	m	m³	m³/s	m/s	

Formblatt 16: Doppelring-Infiltrometerversuch, stationär

	Doppelring-Infiltrometerversuch Stationär	Anhang - Nr. _____ Blatt - Nr. _____ Messung - Nr. _____

Messstelle _____
TK 25 Blatt _____ Rechtswert _____ Hochwert _____
Messpunkt (MP) _____ Höhe (MP) _____ +m NHN
bearbeitet von _____ Datum _____
ausgewertet von _____ Datum _____
Wasserspiegel _____ m ü./u. MP _____ +m NHN
Gelände _____ m ü./u. MP = _____ +m NHN
Vorratsbehälter Volumen _____ m³ Höhe _____ m Radius _____ m Fläche A_V _____ m²
Infiltrometer Aussenring Ø _____ m Innenring Ø _____ m Einbautiefe _____ m u. Gel. Fläche A_I _____ m²
Wasser Herkunft _____ Stauhöhe (innen) _____ m Temperatur _____ °C Trübung _____
Wetter _____

Zeitangaben			Beschaffenheits-angaben	Wasserstands-angaben	Infiltrationsangaben	
1	2	3	4	5	6	7
Datum	Uhrzeit	Dauer	Temperatur	Wasserstand im Vorratsbehälter	Infiltrationsvolumen	Infiltrationsfähigkeit des Untergrundes
		Dt	ϑ	h_V	$V = A_V \cdot h_V$	$K_U = V / (A_I \cdot Dt)$
d:m:a	h:min:s	s	°C	m	m³	m/s

Anhang

Formblatt 17: Doppelring-Infiltrometerversuch, instationär

	Doppelring-Infiltrometerversuch Instationär	Anhang - Nr. _____ Blatt - Nr. _____ Messung - Nr. _____

Messstelle	_____		
TK 25 Blatt	_____	Rechtswert _____	Hochwert _____
Messpunkt (MP)	_____	Höhe (MP) _____	+m NHN
bearbeitet von	_____		Datum _____
ausgewertet von	_____		Datum _____
Wasserspiegel	_____	m ü./u. MP _____	+m NHN
Gelände	_____	m ü./u. MP = _____	+m NHN
Infiltrometer Aussenring $\varnothing$ ____ m Innenring $\varnothing$ ____ m Einbautiefe ____ m u. Gel. Fläche A_I ____ m²			
Wasser Herkunft _____ Temperatur ____ °C Trübung ____			
Wetter _____			

Zeitangaben			Beschaffenheits-angaben	Wasserstands-angaben	Infiltrationsangaben	
1	2	3	5	4	6	7
Datum	Uhrzeit	Dauer	Temperatur	Stauhöhe im Innenring	Infiltrationsvolumen	Infiltrationsfähigkeit des Untergrundes
		Dt	ϑ	h_I	$V = A_I \cdot h_I$	$K_U = V / (A_I \cdot Dt)$
d:m:a	h:min:s	s	°C	m	m³	m/s

12 Sachregister

A

Abfluss 11, 14, 30, 36–49, 54–69, 72–73, 146, 154
Abflussmessung 11, 36–40, 41–55, 58, 60–63, 66, 72–74, 203–208
Absenkrate 97
Abstandsgeschwindigkeit 178
Abstandsmessung 2, 15
Abstich 15, 18
Abstrom 41
Alkalinität 88
Altlastverdachtsfläche 103
Anstrom 41
Archivplan 133
Aufbewahrung 111
Auffüllversuch 97–100, 214
  Auswertung 99
Aufsatzrohr 118, 127
Auftrieb 125
Ausschreibung 143
Azidität 88

B

Bail-Test 94
Bakterien 125
Baugrund 114
Befragung 103, 107
Behältermessung 39–40
Berechnungsverfahren 66
Berichte 106–107, 156–157
Bestandsaufnahme 102–111
Bezugsniveau 72
Bodenart 29
Bohrlochgeophysik 101
Bohrplan 143
Bohrung 28–29, 143, 185
Breite 11
Brunnen 15, 77, 133–135, 159–160, 187
  -abdeckungen 116
  -pfeife 16, 20, 20–21

C

Class A-Pan *Siehe* Verdunstungskessel

D

Danaide 58–59
Darcy 99–100
Darstellung 147
Daten 102–111, 131–146, 147–155
Datenlogger 25
Deponie 114
Differenzdruckaufnehmer 16, 25
Diffusion 65
Dispersion 65
Doppelring-Infiltrometer 100
Drillstem-Test 94
Druckrohrleitung 56–59
Durchflussmesser 56
Durchflussmessung 56, 58
Durchlässigkeit 67
Durchlässigkeitsbeiwert 97, 182
Durchsickerungs-Messgerät 68–71

E

Effluenz 68, 181
Einschwingverfahren 94
Einzugsgebiet 36
Elektrische Leitfähigkeit 83
Elektrisches Kabellichtlot 16, 23–25
Elektrisches Lichtlot 16, 23–24
Entnahme
  -brunnen 95, 210, 212
  -menge 79
Ergiebigkeit 105
Evaluierung 109
Evaporation 30

F

Färbung 82, 87, 128
faunistisch 128
Festgestein 28, 44, 61, 97, 100
Filterrohr 71, 81, 118
Fläche *Siehe* Strömungsquerschnitt
Fließgeschwindigkeit 40–43, 48, 50, 51, 52–54, 65–66
floristisch 128
Flurabstand 15–17, 178, 193
Flurabstandskarte 150–151

Sachregister

Flurabstandsmessung 26
Flurabstandsplan 141–142
Freispiegelleitung 58–60
Funktionsprüfung 117–118, 201

G

Gelände
 -arbeiten 109, 112–130
 -aufnahme 112
 -höhe 4–5, 193
 -höhenplan 135, 135–137
Geographisches Informationssystem 109–111
Geophysikalische Messungen 100
Geruch 82–83, 87
Gesamtabfluss 40
Geschmack 82–83
Gesundheitshinweise 158
Gewässer
 -abmessungen 10–14
 -breite *Siehe* Breite
 oberirdisch 16
Grundwasser
 -absenkung 154, 189
 -anzeigepegel 25
 -austritt 185–186
 -blänke 186
 -differenzenkarte 152
 -druckfläche 150, 178
 -entnahme 188
 -fließrichtung 147–148, 178
 -flurabstand *Siehe* Flurabstand
 -ganglinie 137
 -gefälle 148
 -hemmer 184
 -höhenplan 137–140
 -körper 71
 -leiter 67, 182
 -mächtigkeit 150
 -messstelle 15, 21, 24, 76, 96, 116–118, 185, 200–202
 -neubildung 152
 -nutzung 152, 187
 -oberfläche 21–22, 138, 150, 152, 178
 -proben 77–78
 -sohle 149, 184
 -spiegel 15, 137
 -standsmessung 15–26
 -stockwerk 76, 149
 -vorrat 36

 -zustrom 10
Gutachten 156–157

H

Hangneigung 36
Höhenmesser 5
Höhenmessung 3, 5–10, 192–193
Hubkolbenpumpe 79, 80
Hydrochemische Karte 152
Hydrogeologie 105, 154, 175, 185
hydrogeologisch 105, 133, 175
Hydrogeologische Einheiten 26, 105, 110, 147, 194
Hydrogeologische Karte 147–149, 194–196
Hydrogeologischer Schnitt 149
Hydrogeologische Teilräume 126
Hydrometrischer Messflügel 37, 48–55

I

Influenz 68–71, 181–182
Informationen
 geologische 103
 hydrogeologische 105
 hydrologische 105
 klimatische 106
 topographische 103–104

K

Kabellichtlot *Siehe* Elektrisches Kabellichtlot
Karten 2–4, 102–105, 109–111, 147–155
Kartenwerke 105, 155, 194
Kartierarbeiten 118
Kenngrößen
 geohydraulische 92–101
 geophysikalische 100–102
 hydrochemische 74–91
Kolmation 119–123
Konservierung 82, 86–91
Korngrößenverteilung 72
Kurzzeitpumpversuch 95–97

L

Lattenpegel 61–62, 191
Leakage 10, 119
Leakage-Koeffizient 70
Lichtlot *Siehe* Elektrisches Lichtlot
Lot 11, 16, 18–19

Luftbilder 106

M

Markierungsstoff 65–66
Messflügel *Siehe* Hydrometrischer Messflügel
Messkampagne 126
Messnetz 114
Messprogramm 114–115
Messrinne 37, 47
Messwehr 37, 43–48, 204
Meterstab 16, 19
Minipiezometer 71
Multi-Level-Brunnen 77

N

Nivelliergerät 8–10
Nivellierplan 135

O

Oberfläche 13
Oberflächengewässer 64, 67–68, 76
Oberflächenwasser 67–68, 105–106, 189
Öffentlichkeit 107
Öffnung 116
Open-End-Test 93, 97–100
Organisation 115
Organoleptische Prüfung 82–83, 209

P

Packer-Test 94
Patscher 16, 20
Pegelschreiber 16, 63–65
pH-Wert 84
Pneumatischer Pegelschreiber 16, 64
Positionsbestimmungsgerät 5–6
Probennahme 76, 81–83, 198
 -gerät 77–80
 -plan 143, 145
 -stelle 76–77, 116
Pulse-Test 93

Q

Quellenkartierung 123–126

R

Radar-Messgerät 64

Redoxspannung 84–85
Registrierung 185–186, 192
 kontinuierliche 16, 38, 45

S

Sammlung 102
Satellitenbilder 106
Sauerstoff 85, 87
Saugpumpe *Siehe* Hubkolbenpumpe
Schlauchpumpe 80
Schlauchwaage 6–8
Schnellanalytik 85–86
Schnitt 185
Schöpflot 77–79
Schwimmkörper 40–43, 203
Schwingankerpumpe 81
Sicherheitshinweis 159
Sicherung 111
Slug-Test 94
Stabilisierung 86–91
Staurohr 54–55
Stichtagsmessung 126–127
Strömungsquerschnitt 13–14

T

Tauchstab 55
Temperatur 83
Tiefe 11–12
Tiefenlot 16, 21–23
Tracer *Siehe* Markierungsstoff
Transmissivität 108, 150, 183

U

Überprüfung 115
Übersichtsbegehung 113–114
Uferfiltrat 154, 189
Ultraschall-Messgerät 64
Untersuchungsprogramm 114–115, 115
Unterwassermotorpumpe 79–80

V

Verdunstung 33–35, 106
Verdunstungskessel 34
Verdunstungswaage 34
Volumenstrom 36
Vorauswertung 109
Vorbereitung 109, 112–113
Vorflutfunktion 10, 27, 119

Sachregister

Vor-Ort-Analytik 75, 82–86
Vulnerabilitätskarte 154

W

Wasser
  -waage 6–7
  -wirtschaftliche Karte 154
Wehr *Siehe* Messwehr

Z

Zusammenstellung 107–108

The manufacturer's authorised representative in the EU is Springer Nature Customer Service Centre GmbH, Europaplatz 3, 69115 Heidelberg, Germany. If you have any concerns regarding our products, please contact ProductSafety@springernature.com

Printed and bound by CPI Group (UK) Ltd, Croydon, CR0 4YY

25/03/2026

02078175-0018